U0226297

本书受国家经济安全预警工程北京实验室资助（项目编号：B20H100020、B20H100060）

国家能源安全与生物质能资源利用研究

Research on National Energy Security and Biomass Utilization

李孟刚 肖志远◎著

科 学 出 版 社

北 京

内 容 简 介

本书基于人类应对全球气候变化、开发利用可再生能源、缓解传统能源资源短缺压力的背景，对世界主要国家和地区的能源安全战略及政策措施、经验启示等进行了全面梳理，着重分析和评价了中国的能源安全环境，全面阐述了人类能源革命与生物质能开发利用的发展历程，以及生物质能发展对能源革命的重要推动作用，并对中国生物质能资源储量及资源区域分布进行了科学预测。同时依据《联合国气候变化框架公约》《京都议定书》《巴黎协定》等相关协定要求以及联合国清洁发展机制相关方法学规定，选取某大型畜禽养殖场开发粪污沼气工程生物质能利用项目为研究对象，以此探讨中国开发利用生物质能资源的经济、资源与环境前景，为中国能源安全发展新战略、生物质能资源利用、温室气体减排的深入践行提出了相应的战略措施和对策建议。

本书适合从事能源安全、生物质能开发利用领域的研究人员和政府相关部门工作人员阅读参考，也可作为能源经济管理、农林经济管理等专业的大中专院校师生的专业参考书。

图书在版编目（CIP）数据

国家能源安全与生物质能资源利用研究 / 李孟刚，肖志远著. —北京：科学出版社，2021.9

ISBN 978-7-03-069583-3

Ⅰ. ①国… Ⅱ. ①李… ②肖… Ⅲ. ①能源-国家安全-研究-中国 ②生物能源-能源利用-研究-中国 Ⅳ. ①TK01 ②TK6

中国版本图书馆 CIP 数据核字（2021）第 162548 号

责任编辑：张　莉　姚培培 / 责任校对：郑金红

责任印制：李　彤 / 封面设计：有道文化

科学出版社 出版

北京东黄城根北街 16 号

邮政编码：100717

http://www.sciencep.com

北京建宏印刷有限公司 印刷

科学出版社发行　各地新华书店经销

*

2021 年 9 月第　一　版　开本：720×1000　1/16

2023 年 1 月第二次印刷　印张：14 1/4

字数：248 000

定价：86.00 元

（如有印装质量问题，我社负责调换）

前　　言

习近平总书记在中央财经领导小组第六次会议上强调："能源安全是关系国家经济社会发展的全局性、战略性问题，对国家繁荣发展、人民生活改善、社会长治久安至关重要。"（习近平，2014）经过长期发展，我国已成为世界上最大的能源生产国和消费国，形成了煤炭、电力、石油、天然气、新能源、可再生能源等全面发展的现代能源供给体系，技术装备水平得到明显提升，生产生活用能条件有了显著改善，新时期我国能源事业在高质量发展的道路上迈出了新步伐。但同时我们也应该清楚地看到，当前世界能源安全形势严峻而复杂。从国际层面来看，世界主要国家和地区在全球能源领域的战略博弈持续深化且更加激烈，能源秩序深刻变革。新型冠状病毒肺炎（COVID-19）疫情在全球继续传播和大肆蔓延，国际人员流动、跨境商贸旅游等活动受到严重阻碍，世界经济持续低迷且深度衰退，国际油价仍旧低位震荡运行，未来世界能源安全面临的风险挑战将进一步加剧。从国内层面来看，随着经济社会的进一步发展，我国面临的能源需求压力将进一步凸显，能源供给制约问题尚未得到合理解决，能源生产和消费对生态环境的损害还较为严重，能源技术总体上还处于较为落后的水平，加之国内外新型冠状病毒肺炎疫情叠加所产生的阶段性挑战等因素，这些都将进一步加剧能源安全问题和困难。

在当今世界能源供应日益紧缺、能源安全问题日趋凸显、环境污染日趋严重的背景下，开发利用清洁可再生能源逐渐成为能源建设和发展的方向，成为践行能源安全新战略的重要途径，也成为建立清洁、经济、安全可靠的世界能源供应体系的重要方式。生物质能作为可再生清洁能源，其开发利用越来越受到重视，并备受国内外关注。我国是农业大国，党的十九大报告提出了"乡村振兴""大力保障和改善生态环境"等发展战略，这对发展生物质能产业尤其是农村生物质能产业具有重要的指导意义。

基于上述目标，本书在全面梳理世界能源安全内涵要义的基础上，归纳总结了世界主要国家和地区的能源安全战略和政策措施，以及对我国能源战略制定和调整的经验启示，深刻剖析和评价了中国的能源安全环境，系统阐述了人类能源革命的发展历程以及生物质能产业的发展对能源革命的意义及影响，并对中国生物质能资源储量及资源区域分布进行了较为合理的预测，同时依据《联合国气候变化框架公约》《京都议定书》《巴黎协定》这三个应对气候变化的国际法律文本的相关规定及配套政策措施的要求，通过利用联合国清洁发展机制（Clean Development Mechanism，CDM），选取某大型畜禽养殖场开发粪污沼气工程生物质能利用项目作为典型案例进行分析，充分说明中国开发利用生物质能资源的巨大潜力和可观的经济、资源与环境前景，为中国能源安全发展新战略、生物质能资源利用、温室气体减排的深入践行提出了相应的战略措施与对策建议。

大型畜禽养殖场粪污沼气工程是中国粪污资源清洁化、新型能源化利用的重要途径，对促进资源节约、改善能源结构、减缓能源危机等具有重要意义。本书在分析中国能源安全环境、世界生物质能开发利用、中国生物质能资源储量预测及区域分布、中国生物质能资源能源化利用潜力分析，以及中国基于能源安全和能源利用的生物质能清洁发展机制（CDM）项目开发的基础上，参考和借鉴自愿减排项目方法学和清洁发展机制方法学，构建了适用于大型养殖场沼气工程的温室气体减排计量方法体系，以企业选取具体生物质能开发利用CDM项目来参与碳国际交易为例，定量评价了该工程项目温室气体减排的潜力，并在此基础上就大型禽畜养殖场通过延伸建设沼气发电等项目来开发利用生物质能资源，为企业项目主提供了一整套的开发CDM项目和参与碳国际交易的案例范式，以期能够在国家能源安全和全球应对气候变化的背景下，为国内相关企业参与生物质能CDM项目带来额外的经济效益、社会效益和生态效益。

本书的主要结论如下。

（1）中国拥有丰富的生物质能资源，据测算，其理论资源量约为5.0×10^9吨。目前，利用技术较为成熟的资源有：①工农业和日常生活中产生的各类废弃物，如农业废弃物、林业废弃物、畜禽粪污、生活垃圾、工业有机废渣和有机废水等；②人工培育的各种生物质能资源，如各类油料作物、能源林木、工程微藻等。对于这些资源的利用，能够有效实现“变废为宝、变害为利”。

（2）大型畜禽养殖场沼气工程温室气体减排计量方法主要包括项目边界、额外性论证与评价、基准线下的温室气体排放量计算、工程实施过程中的温室气体排放量计算、温室气体泄漏量计算、温室气体减排量计算、项目监测 7 部分内容。基准线排放是指在不实施大型养殖场畜禽粪污沼气工程的情景下，畜禽粪污处理、该区域居民生活用能、农田施用化肥生产耗能等产生的温室气体排放。工程排放指的是工程活动（粪污好氧处理、厌氧消化等）、维持项目运行的电耗、化石燃料消耗以及多余沼气火炬燃烧产生的排放。

（3）2018 年，我国新疆地区某一大型养殖场沼气发电工程基准线下温室气体的年排放量为 70 466 吨二氧化碳当量；项目实施中，温室气体的年排放量为 8497 吨二氧化碳当量，温室气体的年泄漏量为 3395 吨二氧化碳当量，项目实施后的温室气体的年减排量为 61 969 吨二氧化碳当量，约相当于每年耗能 23 297 吨标准煤的二氧化碳排放量。项目的年减排量相当于每年工程总排放量（工程排放量与泄漏量之和）的 5.21 倍。根据中华人民共和国农业行业标准《NY/T 1222—2006 规模化畜禽养殖场沼气工程设计规范》，按照规模化畜禽养殖场沼气工程的设计使用年限（不低于 15 年），则该沼气工程至少可实现温室气体总减排量约为 929 535 吨二氧化碳当量。

（4）开发利用生物质能资源的相关企业通过延长产业链，实施 CDM 项目和碳交易，有利于减少企业在生产活动中的温室气体排放，增加企业的额外性收益，调整和改善当地与企业内部的能源消费结构，能够获得较为可观的经济效益、社会效益、生态效益和能源安全效益。

（5）我国生物质能资源储量丰富，分布广泛，但目前已利用的生物质能资源项目规模较小，关联性企业对相关政策的知晓率和项目的参与度还不够高。近年来，随着国内大力鼓励和支持发展可再生能源，投资生物质发电的热情得以迅速提升，各类农林废弃物发电项目纷纷启动建设。作为全球第一大能源消费国，节能减排和能源结构调整一直是中国能源事业的发展重点与发展方向。具备资源优势的生物质能资源开发和利用项目也受到了中国政府的重视并得到了相应政策的倾斜。在国家能源安全战略的驱动下，随着生物质能资源开发利用政策的落实和技术的突破，我国生物质能资源的开发利用以及相关项目的建设将会取得越来越突出的成效。

目　录

第一章 绪　　论

第一节　研究背景与意义

一、研究背景

习近平总书记在中央财经领导小组第六次会议上强调："面对能源供需格局新变化、国际能源发展新趋势，保障国家能源安全，必须推动能源生产和消费革命。推动能源生产和消费革命是长期战略，必须从当前做起，加快实施重点任务和重大举措。"（习近平，2014）实践证明，习近平总书记提出的"四个革命、一个合作"能源安全新战略[①]，从全局和战略的高度指明了保障我国能源安全、推动我国能源事业高质量发展的方向和路径。"十三五"期间，我国大力推动能源消费改革、能源供给改革、能源技术改革、能源体制改革，全方位加强国际合作，不断完善清洁低碳、安全高效的能源体系。

当今世界正经历百年未有之大变局，一些国家的逆全球化思潮兴起，保护主义、单边主义抬头，霸权主义依然存在，局部战争和争端冲突时有发生，地缘政治风险不断加剧，国际能源市场充满变数且频繁而剧烈波动。我们在实现"两个一百年"奋斗目标、全面建成社会主义现代化强国的伟大征程中，必须要贯彻落实好习近平总书记提出的"四个革命、一个合作"能源安全新战略，继续加强国内油气干线管网建设，务实推进"一带一路"国际能源合作，建立多元化的能源供应体系，倡导并推动建设全球能源互联网；构建起清洁低碳的能源生产新体系，大力推动能源科技和装备的创新发展，积极带动能源产业的优化升级；坚持"节能优先"的发展方针，把节能贯穿于经济社会发展的全过程和各领域，积极抑制不合理的能源消费，努力开创现代、绿色、低碳、高效的能源消费新局面；还原能源的商品属性，形成并完善主要由市场决定的能源价格机制，充分发挥市场在资源配置中的决定性作用，更好地发挥政府作用，激活各类能源市场主体，不断推进能源产业供给侧结构性改革；充分发挥我国在能源技术、资金、装备、市场、人才等方面的优势，积极参与国际能源治理及

① "四个革命、一个合作"能源安全新战略：一是推动能源消费革命，抑制不合理能源消费；二是推动能源供给革命，建立多元供应体系；三是推动能源技术革命，带动产业升级；四是推动能源体制革命，打通能源发展快车道；五是全方位加强国际合作，实现开放条件下能源安全。

能源生产和消费等相关规则的制定，推动国际能源组织改革，构建公正、合理的全球能源治理机制；深化国际能源双边、多边合作，提升中国在国际能源领域的话语权和影响力，不断巩固全球能源共同安全观，实现开放条件下的国际能源安全，构建能源合作命运共同体。

在当今世界能源供应日益紧缺、能源安全问题日趋凸显、环境污染日趋严重的背景下，开发利用清洁可再生能源逐渐成为能源建设和发展的方向，成为践行能源安全新战略的重要途径，也成为建立清洁、经济、安全可靠的世界能源供应体系的重要方式。目前国际国内对生物质能资源的开发利用越来越重视，生物质能作为可再生清洁能源，备受各方的广泛关注。我国是农业大国，党的十九大报告提出了“乡村振兴”“大力保障和改善生态环境”等发展战略，这对发展生物质能产业尤其是农村生物质能产业具有重要的指导意义。

生物质能是一种清洁的可再生能源，开发利用生物质能对缓解石油资源紧缺、调整我国能源结构、减少大气污染物排放、改善城乡环境质量，以及促进农村经济社会可持续发展等具有重要意义，是解决人类面临的能源、资源、环境和经济等问题的重要手段之一。充分发展和利用好生物质能，将会在保障我国能源安全、调整能源消费结构、优化能源消费模式等方面发挥积极作用，同时将能够为我国开展能源领域的国际合作、实现全球能源供需优化和共赢创造有利条件。

作为生物质能载体的生物质能资源，其主要来源于农作物秸秆、林业废弃物、畜禽粪污、城市生活垃圾及工业废水、加工企业的副产品等。全球的生物质能资源呈现分布广阔、地域性强等特点，与环境、气候、土壤、土地利用等关系密切。生物质能资源的开发与利用研究，需要获取各地区生物质能资源的理论储量、可利用量及其空间分布、地区经济发展状况及发展水平、能源消费结构及需求量等信息，且生物质能的研究还涉及环境、气候、土地利用等方面的空间数据，使其在生物质能资源研究和开发利用过程中具有显著优势，并对CDM 项目开发产生积极影响。

二、研究意义

（一）理论意义

目前，国内对生物质能方面的研究主要集中在开发预测等方面，如生物质能资源开发的可行性、现状、前景研究等，以及生物质能资源加工转化技术等的研发和运用层面，而对全国生物质能资源量及其分布评估、各企业具体加工利用方案、各区域产业布局优化等方面的研究相对较少，很多企业由于往往不熟悉《联合国气候变化框架公约》的相关规定，以及在发达国家、发展中国家以及不发达国家推行的CDM项目的申报和运行规则等,不能很好地运用从规则中温室气体的排放权交易得来的“资金+技术”，从而不能更进一步地促进本国或者本地区产业的升级和经济的可持续发展。

此外，本书还将深入开展生物质能资源量预测、分布评估等方面的应用研究，同时利用CDM的应用模式，引导企业参与CDM项目，通过国际碳汇市场中利用“资金+技术”换取温室气体的排放权的方式，不仅能够实现全球碳排放的降低，而且可以增加生物质能企业的经济收益和技术提升，从而进一步促进清洁发展机制在社会经济发展中作用的发挥，促进社会经济发展和环境改善的和谐统一。

（二）实践意义

发展生物质能是克霾减排、保护生态环境的有效手段之一。煤炭在我国能源消费结构中一直占据主导地位，以煤炭为主的能源结构和粗放式的增长方式是造成我国环境污染的重要因素。此外，大量水资源被消耗或污染，煤矸石堆积占用大量土地并造成严重的土壤污染，酸雨影响面积达1.2×10^6千米^2，主要污染物排放总量居世界前列，二氧化碳（CO_2）排放量位居世界第一。近年来，区域性的雾霾天气仍然较为严重。《2017年中国气候公报》显示，2016年，中国雾天和霾天呈现“此消彼长”的格局，尤其是年初霾天持续时间长，对空气质量和人体健康产生较大影响。总体来看，我国生态环境日益退化，难以继续承载粗放式的经济发展模式和化石能源消耗排放的大量污染物。同时，在国际环境中，我国应对气候变化和环境质量下降的压力也日益增大。生物质能原料可通过光合作用吸收大气中的CO_2，其能源化利用对全球碳减排具有重要意义；生物质能与煤炭相比，氮（N）、硫（S）等物质含量低、灰分小，其能源化利用可有效减少硫氧化物、氮氧化物等污染物以及烟尘的排放，对缓解酸雨、灰霾等大气污染，改善大气环境质量具有较大贡献。同时，发展生物质能还可以减少农村面源污染，改善农村环境，促进我国农村地区的生态文明建设。

发展生物质能是缓解化石能源短缺、维护国家能源和化工原料安全的重要途径。我国能源消费仍以化石能源为主。根据《中国统计年鉴 2019》数据，2018 年全国能源消费总量约为 4.64×10^9 吨标准煤[①]，其中煤炭消费量占 59.0%，比上年下降 1.4 个百分点；石油消费量占 18.9%，比上年增长 0.1 个百分点；天然气消费量占 7.8%，比上年增长 0.8 个百分点；一次电力及其他能源占能源消费总量的 14.3%，比上年增长 0.5 个百分点，并呈逐年增长的趋势。在能源供应体系中，油气资源供需紧张。2017 年，我国石油净进口量达 4.91×10^8 吨，石油对外依存度上升至 65.9%，且油气进口来源相对集中，进口通道受制于人，能源储备应急体系不健全，能源安全压力大。同时，随着我国汽车保有量的逐年增加，车用燃料占石油消耗的比例也在逐年增高。在可再生能源中，生物质能是唯一可转化为液体燃料的。利用生物质能资源生产生物液体燃料替代石油资源，这对石油资源异常紧缺的我国来说至关重要。我国是农业大国，有着丰富的生物质能资源，且开发利用条件较好，充分利用资源优势，科学发展生物质能产业，部分替代化石能源消费，对优化我国能源利用结构、增强能源安全保障等具有重要意义。

第二节 相关概念的界定

能源短缺问题已经成为世界各国普遍关注的问题。中国人均石油资源匮乏，能源安全问题日益凸显，生态环境压力逐渐显现，大气污染等形势严峻，酸雨、温室效应等与使用化石原料有紧密关联的环境问题日益突出，必须找到一条能够保障国家能源安全的解决路径以及一种能够替代化石能源的新能源。中国拥有较为丰富的生物质能资源，大量的农林畜产品废弃物、食品加工产业废弃物、餐饮废弃物、城市生活垃圾、草本植物等生物资源都可以利用。就目前人类社会科学技术的发展水平来看，大力推进工业生物技术，并以此取代传统的石化工业，才是改善环境、从源头治污的根本出路。

① 标准煤亦称煤当量，具有统一的热值标准。我国规定，每千克标准煤的热值为 7000 千卡（1 卡≈4.184 焦）。一般情况下都会将不同品种、不同含量的能源按各自不同的热值换算成每千克热值为 7000 千卡的标准煤，以便于能源统计（《能源统计知识手册》，国家统计局工交司编，2006 年 8 月）。

一、能源及能源安全概述

中国是目前世界上最大的一次能源消费国。根据《中国统计年鉴 2019》数据，2018 年一次能源消费总量为 3.27×10^9 吨油当量[①]（其中石油占 19.6%，天然气占 7.4%，煤炭占 58.3%，核能占 2.0%，水电占 8.3%，可再生能源占 4.4%）。能源安全问题已经成为影响我国经济社会发展的战略性问题。

（一）能源的基本概念及分类

能源是人类活动的重要物质基础，也是国民经济和社会发展、居民生活水平提升的重要保障，在经济社会体系中占据极其重要且不可或缺的地位。针对能源这一问题，历史上人类对其相关探讨不多，直至进入工业化时代之后尤其是两次“石油危机”后，能源才逐渐成为人类探讨的热点。目前，我们能找到的对能源的定义有多种，其中具有代表性的有：拉佩兹（1990）认为，能源是可从中获得热、光和动力之类能量的资源；《能源百科全书》编辑委员会（1997）指出，能源是可以直接或经转化后提供人类所需的光、热、动力等任一形式能量的载能体资源。能源虽然可以像其他货物一样买卖，但并不只是一种货物而已，而是一切货物的先决条件，是与空气、水和土地等同的要素。根据以上具有代表性的定义以及结合日常知识，我们可以认为，能源是一种可以以多种形式存在的，并且相互之间能够发生转化的能量源泉。简而言之，能源即人类能够直接利用或者经加工和转化后利用等方式获得的有用能，其中包括一次能源（煤炭、原油等）、二次能源（热力、电力等）以及其他新的和可再生能源等。综合能源的特征，能源是可以进行交易的，它对人类经济社会发展以及人们的生产生活具有重要的保障作用。

然而，人类对能源的不断开发与使用，使得能源在来源方式、状态方式、使用方式、影响方式等方面呈现出不同特征，因此按照不同的特点，能源可分为以下几种主要类型。

一是按照能源的来源不同，可将其分为以下三种类型：第一类是直接或间接来源于地球以外天体的能源，如直接可获取的太阳能等，由埋在地下的古生物将太阳能转化而成的煤炭、石油、天然气等，以及由地球以外天体转化而来的水能、风能等；第二类是蕴藏于地球内部的能源，如地热能等；第三类是地

① 油当量又称标准油，按标准油的热值计算各种能源量的换算指标。对于 1 千克油当量的热值，联合国按 42.62 兆焦计算，1 吨油当量=1.4286 吨标准煤。

球与其他天体相互作用产生的能量，如潮汐能等。

二是按照能源的产生方式不同，可将其分为以下两种类型：一类是一次能源（亦称天然能源），指未经人类加工或转化、以天然形式和状态存在的能量资源，如煤炭、石油等；另一类是二次能源（亦称人工能源），指由一次能源直接或间接转化成的能量资源，如电力、沼气等。

三是按照能源对环境的影响不同，可将其分为以下两种类型：一类是污染型能源，如煤炭、石油等；另一类是清洁型能源，如太阳能、核能等。

四是按照能源的使用类型不同，可将其分为以下两种类型：一类是常规能源，如水力、煤炭、石油等；另一类是新型能源，如太阳能、海洋能、生物能等。

五是根据能源产业发展的需要，按照能源能否补充或短期再生，可将其分为以下两种类型：一类是可再生能源，如风能、水能等；另一类是非可再生能源，如煤炭、石油等。此外，我们还应该重点关注、开发和利用好核能，核能的新发展将使核燃料循环从而具有增值的性质，是未来人类能源利用的重要方向。

随着人类经济社会发展对能源需求和依赖程度的不断加深，越来越多的国家和地区更加重视对可再生能源、清洁型能源与新型能源的开发、研究和利用，从而不断满足人类经济社会发展对能源的需求。

（二）能源安全的定义及意义

能源安全是当今世界的一个重大问题，也是实现中华民族伟大复兴和经济社会长期可持续发展面临的一个重大战略问题。习近平总书记指出："能源安全是关系国家经济社会发展的全局性、战略性问题，对国家繁荣发展、人民生活改善、社会长治久安至关重要。"（习近平，2014）加强能源安全理论与战略研究是中国实现能源安全、经济安全和可持续发展的时代要求，在当前具有尤其重要的实践意义。

作为国家经济安全的一个重要子范畴，"能源安全"这一术语，直至20世纪50年代之前都未曾出现过。能源作为全球安全问题首次引起世界各国战略关注开始于20世纪70年代。其时，第四次中东战争爆发，石油输出国组织（Organization of the Petroleum Exporting Countries，OPEC）决定以石油为武器，将基准原油价格大幅度提升，并对西方一些国家实行具有针对性的石油禁运，从而触发了第二次世界大战后全球最严重的经济危机，造成了西方经济的严重衰退，对世界经济社会发展产生了巨大影响。随后的 1979 年，当时西方在中东的重要盟友——伊朗爆发了伊斯兰革命，石油民族主义开始抬头，石油公司被收归国有，西方在中东地区的政治经济及军事战略影响被削弱，也再次导致国际石油市场原油价格的暴涨。上述的这两大重要事件对国际能源安全以及全球经济产生了重大的影响，引起了世界范围内的广泛关注。为应对全球石油危机、确保本国既得利益，以美国为首的西方发达国家实施了以稳定原油供应和价格为中心的国家能源安全理念，并制定了以能源供应安全为核心的能源发展战略和能源政策。

1. 能源安全的内涵

综合前人研究，能源安全的定义有很多种，不过多数定义都是从能源供给的保障角度来阐述的。然而，世界各国能源资源分布的不平衡导致了能源供给严重失衡，能源供给结构极为脆弱。20 世纪 80 年代，学术界对能源安全的认识和研究主要集中于能源供应的安全，认为保证能源安全，意味着必须要减少或降低消费国的石油进口水平，并对石油进口和油价进行实时的风险管理和管控，研究的范围主要涉及能源价格的分析预测及预警、世界能源的供需关系及影响分析、能源价格的承受力分析、能源供应风险的防范等。这一时期，西方出版的主要论著的重点是对能源安全的概念、本质和特征等基本问题进行了分析界定，并且认为能源安全是一种状态，在这一状态中，国家经济和社会发展必须建立在合理的能源价格和充足的能源供应上，并有能力避免和应对能源供应中断所带来的各种风险。在经历了两次石油危机之后，学者把对能源问题的分析视角进一步扩展到了能源安全的政治经济学等领域，如能源安全与全球资源争夺、国家权力、政治和军事影响力、能源外交之间的关系，以及从国际关系、地缘政治的角度研究能源供应、能源安全等问题。代表性人物有梅尔文·柯南特、弗恩·拉辛·戈尔德、约翰·米切尔等，他们的研究除探讨能源供应安全外，也开始重视由能源引起的环境问题和能源竞争中的国家利益等问题。从总体上来讲，20 世纪 70 年代至 80 年代末，能源供应安全是国家能源安全的首要关注对象的看法已经被大多数国家和地区所接受或认同。

20 世纪 90 年代以后，随着全球化进程的不断加快以及世界能源需求和价格的快速增长，人们对环境问题的重视和担忧与日俱增，能源安全也被赋予了越来越多的、过去不为人们所重视的新内涵和新要义。例如，20 世纪 80 年代中期的“逆石油危机”[①]使国际社会认识到，能源安全既包括石油进口国的供应安全，也包括石油生产国的需求安全，只有石油生产国的市场需求得到保障，国际能源市场才能均衡发展。而后，随着2001年“9·11”事件的发生和2002年以来国际石油市场价格的大幅上涨，人们对能源安全风险的防范逐渐扩大到了能源基础设施的建设上来。因此，仅仅强调保障能源供应、减少对进口能源依赖的传统能源安全观已不能适应新时期可持续发展背景下人们对国家能源安全的现实需要，以能源供应安全为主要出发点的传统能源安全观开始逐渐向着综合能源安全观的方向发展，能源安全已从保障国内能源供应的经济问题，演化为一个涉及国家安全、经济社会发展、国家利益和对外战略等多层面综合性的国家战略问题，同时也成为关乎国际能源供应和能源地缘政治的国际战略与外交问题。

这一期间，国际社会及专家学者对能源安全做了不同的定义，如经济合作与发展组织（Organization for Economic Co-operation and Development，OECD）和国际能源署（International Energy Agency，IEA）对能源安全的定义是：以支付得起的价格不中断地获得能源资源的能力。能源安全有不同的范围界定，其中长期能源安全主要处理能源的持续投资以保障经济发展的问题，短期能源安全则主要关注能源系统快速应对供给需求突然变化的能力。2001年，美国《国家能源政策发展报告》（*Report of the National Energy Policy Development Group*）将能源安全和国家能源政策定义为：可靠的、经济的和有益于环境的能源供给。

1997年，世界主要国家共同签署的《京都议定书》中提出到了能源安全的含义，指出能源安全应该包括能源供应、经济竞争力以及环境质量三方面的内容。进入21世纪以来，一些学者针对能源安全的理念，比较分析了各国的能源战略及能源政策。其中，国际能源问题专家丹尼尔·耶金（2002）从不同国家的能源生产消费现状以及国家能源发展战略角度提出：对于俄罗斯等能源出口国而言，能源安全是再次坚持国家对战略资源的控制，实现对主要管线和借以把资源输送到国际市场的市场渠道的支配；对于中国和印度等能源进口国而言，能源安全在于能够就其对全球能源市场的依赖快速做出调整；对于发展中国家

① 20世纪80年代中期，国际石油供过于求，油价暴跌，被称为“逆石油危机”。长期低迷的供求和价格形势使国际能源安全环境大为改善，有利于能源进口国的安全。然而这种形势却导致了能源生产国的能源出口收入剧减，经济社会发展缓慢，引发了地区动荡与冲突。重要的是，能源生产国的能源勘探和生产投资严重不足，可持续能源供给能力下降，反过来又严重影响国际能源的供应和价格安全。

而言，能源安全是能源价格的变动如何影响其国际收支的平衡；对于日本等能源匮乏国而言，能源安全意味着通过多元化贸易和投资来抵消能源资源严重缺乏的负面影响。荷兰学者认为，能源安全战略有短期和长期之分，短期的能源安全战略主要考虑供应中断的风险，长期的能源安全战略则偏重考虑能源系统的结构，以及造成中断的原因。美国安全问题专家约瑟夫·罗姆（1993）在《对国家安全的重新界定》中将能源安全界定为：能源安全是国家安全的重要组成部分，从传统的安全概念来看，能源安全的关键问题是其供应的脆弱性，当出现能源供应危机时，需要付出高昂的经济和社会代价，甚至会引起国家和社会动荡。能源安全中的另一个问题是对环境的影响，石油及其他化石燃料的使用和燃烧是全球气候变暖的主要原因之一，而环境恶化也是对国家安全的重要威胁之一。因此，约瑟夫·罗姆认为，20 世纪 90 年代能源安全的目标是通过增加经济竞争力和减少环境恶化，确保充足可靠的能源供应和能源服务，这就为能源安全增加了环境保护的内涵。弗雷德里克·赫德鲁斯分别对目前欧盟的石油政策如何影响国际市场以及对 OPEC 的战略行为进行了研究，并为欧盟地区能源安全政策的制定提出了建议。

此后，随着经济社会的不断发展，传统的能源安全及其内涵逐渐扩大，能源安全观的理念不断丰富，逐渐从单一安全转向全面安全，从狭义安全转向广义安全，从单向安全转向双向安全，从对抗安全转向合作安全，从短期安全转向长期安全。

在中国，学者同样对能源安全进行了广泛的研究和探讨。第一，从国家能源供应安全的角度出发，张雷（2001）认为国家能源安全概念应由两个有机部分组成：一是能源供应的稳定性（经济安全性），是指满足国家发展与人民生存正常需求的能源供应保障的稳定程度；二是能源使用的安全性，是指能源消费及使用不应对人类自身的生存与发展环境构成任何威胁。王家枢（2002）通过研究世界上近百年来有关石油的经济、政治、外交、战争和石油战略等诸多方面的问题，探讨了世界和中国石油供应安全的对策以及替代能源和新能源的发展前景。第二，从地缘政治的角度出发，申玉铭（2003）探讨了全球经济一体化背景下国际形势对国家能源安全的影响。第三，从中国的能源安全指标体系出发，部分学者同样也给出了不同观点。郭小哲和段兆芳（2005）以系统能源观念为指导，建立起了 6 个方面的监测子系统，涵盖了能源安全中的灾变、效益、供需、环保、效率等环节，以及能源安全的重中之重——石油安全的特殊监测，集合而成反映能源安全观念新转变下的系统体系。刘强等（2007）重点分析了中国能源安全预警系统的框架，并提出了供需状态要素、运输通道要素等5个指标。第四，从国家能源安全角度出发，林伯强（2010）认为，中国能源安全内涵的转变也要求在能源开发利用的基础上针对不可再生资源的问题逐渐实现向发展清洁能源的多元化能源结构的方向转变。在能源供应方面，不断提高能源开采和使用的效率，逐渐改变以煤炭为主的能源结构，增加天然气、水电、核电、生物质能以及其他新能源比例，形成清洁能源多元化的能源结构；在能源消费方面，实施石油替代消费（如电动汽车等）和节能减排。换言之，就是需要在新的能源安全观指导下，将发展新能源纳入能源战略的规划和调整中，在节约使用现有能源的同时，开发和利用新能源，建立一个新兴的清洁、安全、可持续的能源系统。

综合能源安全的研究成果，本书对能源安全的定义是：消费者和经济部门在所有时间内能够以支付得起的价格获得充分能源供应的能力，同时不会对环境造成不可接受或不可逆转的负面影响，以此来保障国家经济社会稳定发展和人们生产生活的现实需要。也就是说，能源安全至少有以下三个层次的具体要求。

（1）稳定的供给，即能够在总量上满足消费者和经济部门在每一个时点的消费需求。稳定的供给既包括足够的能源资源保障，也包括运输过程的稳定性，还包括能源生产过程（如石油冶炼、电力生产等）的稳定性，并保证资源能够被连续地送达最终消费者处。

（2）合理的能源价格，即保证消费者能够消费得起所需要的各种能源，其中，主要包括直接影响人们生产生活的燃油、燃气、电力等，并且能源价格作为国民经济的基础性价格，不能对下游产业造成过大的成本压力。

（3）能源的勘探、开发、生产、转化、运输和消费环节不能对环境产生不可接受或不可逆转的负面影响。不可逆转是指在一个比较长的时期内，即使停止与能源生产和消费有关的活动，也不能恢复或接近恢复原有的状态。

2. 中国能源安全观的发展与演变

能源安全是国家经济安全系统中一个十分重要的组成部分，保证能源安全是维护国家经济安全的基础前提和重要方面，它直接影响到国家安全、社会稳定及资源环境的可持续发展。作为能源主体的一次性能源，其所具有的不可再生的性质，使人类在评估和研究能源资源的可供给性时，不得不面对和考虑这些资源的消耗与可能枯竭的问题。尤其是工业化程度高以及经济实力雄厚的国家，它们有着日益严重的对外部能源供应的依赖性。关键性能源的供应一旦中断，将使得社会体系、经济体系以及国防体系等变得脆弱。可以说，能源资源供应体系与国家安全有着紧密的联系。此外，能源与国家安全的关系还在于，世界上没有任何一个现代化的国家能做到在所有能源、资源和原材料的供应上都能够自给自足。如果严重依赖于国外，就会成为制约国家发展的经济问题，也会成为影响国家稳定的安全问题。因此可以说，一个国家只有在能源实现了安全的基础上，国家的经济发展、社会稳定才有保障。

随着世界政治、经济、军事力量的不断变化，结合国家的具体情况，中国政府一直致力于解决国家的能源安全问题。从2003年开始，在传统的以能源供应为主的安全观的基础上，中国政府逐渐调整能源发展方向，实施了“走出去”的能源安全战略，并逐步形成了能源安全新战略，即“四个革命、一个合作”能源安全新战略。强调要严格按照总体国家安全观的要求，始终保持战略定力，不断增强忧患意识，坚持稳中求进的工作总基调，坚持底线思维，深入贯彻落实党中央的决策部署，着眼应对我国能源供应体系面临的各种风险挑战，着力增强能源供应的保障能力，提高能源系统的灵活性，强化能源安全风险管控，保障国家能源安全，为经济社会持续健康发展提供坚实有力的支撑。主要表现在以下两个方面。

第一，在党和国家重要会议上逐步明确了“优化能源发展，保障能源安全”的能源安全观。2005年10月，中国共产党第十六届中央委员会第五次全体会议审议通过了《中共中央关于制定国民经济和社会发展第十一个五年规划的建议》。这次会议提出，“十一五”时期要做到资源利用效率显著提高，单位国内生产总值能源消耗比“十五”期末降低20%左右。2007年10月，中国共产党第十七次全国代表大会提出，必须坚持全面协调可持续发展、建设资源节约型、环境友好型社会，加强能源资源节约和生态环境保护，增强可持续发展能力。2010年3月，温家宝在《政府工作报告》中指出：打好节能减排攻坚战和持久战，加强环境保护，积极发展循环经济和节能环保产业，积极发展新能源和可再生能源，要努力建设以低碳排放为特征的产业体系和消费模式。2014年6月，习近平在中央财经领导小组第六次会议上，就推动能源生产和消费革命提出五点要求：一是推动能源消费革命，抑制不合理能源消费；二是推动能源供给革命，建立多元供应体系；三是推动能源技术革命，带动产业升级；四是推动能源体制革命，打通能源发展快车道；五是全方位加强国际合作，实现开放条件下能源安全。从全局和战略的高度指明了保障我国能源安全、推动我国能源事业高质量发展的方向和路径。2017 年 10 月，党的十九大报告把能源工作纳入绿色发展的体系之中，提出要建立绿色、低碳、循环发展的经济体系，壮大清洁生产产业、清洁能源产业，推进能源生产和消费革命，构建清洁低碳、安全高效的能源体系。2020 年 12 月，国家发展和改革委员会召开的 2021 年全国能源工作会议指出，要贯彻总体国家安全观，多措并举，守住能源安全底线；紧扣高质量发展主题，推进能源供给侧结构性改革，不断优化能源供给结构，全面支撑和保障社会主义现代化国家建设；坚定不移地推动能源绿色转型发展，推进能源清洁低碳高效利用；坚持创新驱动发展，尽快补齐产业链安全短板；坚持系统观念，满足经济社会发展和能源转型需要，为实现经济平稳健康可持续发展提供坚实支撑。

第二，在国家发展规划中体现的能源安全观。2004 年 6 月，国务院常务会议讨论并原则通过的《能源中长期发展规划纲要（2004—2020 年）》（草稿）确立了中国的能源发展战略和政策目标，提出了以“节能优先、效率为本；煤为基础、多元发展；立足国内、开拓海外；统筹城乡、合理布局；依靠科技、创新体制；保护环境、保障安全”的能源发展方针。2006 年 3 月，第十届全国人民代表大会第四次会议通过的《中华人民共和国国民经济和社会发展第十一个五年规划纲要》中专门设立了“优化发展能源”的篇章，进一步明确了“坚持节约优先、立足国内、煤为基础、多元发展，优化生产和消费结构，构筑稳定、经济、清洁、安全的能源供应体系”的能源发展目标。2007 年 4 月，国家发展和改革委员会制定的《能源发展“十一五”规划》确立了贯彻落实节约优先、立足国内、多元发展、保护环境，加强国际互利合作的能源战略，努力构筑稳定、经济、清洁的能源体系，以能源的可持续发展支持我国经济社会可持续发展的指导方针。2011 年 3 月，《中华人民共和国国民经济和社会发展第十二个五年规划纲要》强调，面对日趋强化的资源环境约束，必须增强危机意识，树立绿色、低碳发展理念，以节能减排为重点，健全激励和约束机制，加快构建资源节约、环境友好的生产方式和消费模式，增强可持续发展能力。2014 年 6 月，国务院办公厅印发《能源发展战略行动计划（2014—2020 年）》（国办发〔2014〕31 号），明确了 2020 年我国能源发展的总体目标、主要任务是：增强能源自主保障能力；推进能源消费革命；优化能源结构；拓展国际能源合作；推进能源科技创新，同时也明确了能源发展的战略方针与目标：坚持“节约、清洁、安全”的战略方针，加快构建清洁、高效、安全、可持续的现代能源体系。2016 年 12 月，国家发展和改革委员会、国家能源局印发《能源发展“十三五”规划》，该规划强调：牢固树立和贯彻落实创新、协调、绿色、开放、共享的发展理念，遵循能源发展“四个革命、一个合作”战略思想，深入推进能源革命，着力推动能源生产利用方式变革，建设清洁低碳、安全高效的现代能源体系，是能源发展改革的重大历史使命。2019 年 12 月，在 2019 年能源研究会年会上，国家能源局有关领导明确指出，“十四五”时期，我国能源领域要重点谋求以下 5 个方面的新突破：一是着力补强安全短板（如供应安全、运行安全、技术安全等）；二是着力推进清洁低碳转型（如壮大清洁能源产业、推进煤炭清洁高效利用等）；三是着力构建智能高效的能源系统（如需求侧管理、调峰能力建设、智慧能源系统构建等）；四是着力推动能源创新开放发展（如科技创新、体制改革、国际合作等）；五是着力增进能源民生福祉（如增强能源普遍服务能力，满足电、气、热等多样化能源需求等）。

3. 能源安全的重要意义

能源是人类现代工业文明不断向前发展的基础，倘若人类所有的现代物质文明没有能源以及能源技术的支撑，那么人们的一切都将无法存在。从这个意义上说能源安全是国家战略安全的基础之一毫不为过。能源安全对战略安全的意义体现在两个方面：其一是能源资源保障，即提供足够使用的能源；其二是能源利用技术的先进性，这代表着更大的力量和更快的速度，比如蒸汽机拉动的火车运输具有传统的人力、畜力拉动的物流无法比拟的优势，这对军事安全和战略安全的意义也是显而易见的。

工业革命的过程，实际上就是一个能源技术革命的过程。英国率先实现了从薪柴、水力、风力等传统能源向燃煤蒸汽动力等化石能源的转变，从而成为其后两百年的世界领袖。这一方面得益于英国本土大量的煤炭资源，另一方面得益于英国保护知识产权的各项市场经济制度带来的大量技术创新。英国工业革命之后，欧洲军事均衡被打破。为争夺欧洲大陆的主导地位，法国与普鲁士及后来的德国展开了长期的、拉锯式的争夺，其焦点就是洛林—阿尔萨斯—鲁尔地区的煤炭与铁矿石资源。

19 世纪 60 年代，伴随着美国宾夕法尼亚油田和俄罗斯巴库油田的相继投产，人类社会进入了石油能源的时代，这也预示着两个未来的工业强国的诞生。石油能源提供的液体燃料，加上车辆技术的突破，构成了现代交通体系的基础，促使世界经济的运转和人口的流动大大加快。正是依靠丰富的石油资源，美国与俄罗斯开始建立基于石油的现代工业体系，并超越英国、法国、德国等诸传统强国，成就了其在世界经济与政治中的大国地位。美国丰富的石油资源带来的廉价汽油，使美国成为现代汽车工业的引领者，并且促进了其他各种现代制造业的发展和全国高速公路网络的形成。

从民国时期，中国就开始在广阔的国土上寻找石油，这种努力终于在20世纪60～70年代开出了胜利之花。继民国时期开发的玉门油田，中华人民共和国成立之后，又陆续发现了大庆油田、江汉油田、胜利油田、克拉玛依油田、华北油田、辽河油田、塔里木油田等一大批油田，建立了现代化的石油生产基地。20世纪70～80年代，石油成为中国经济的“宠儿”并大量出口。

但是，计划经济时期的政策并没有考虑到中国进入汽车时代的可能性，同时对中国陆上以及海上的油田储量的预期过于乐观。因此，在外汇紧缺的年代，国家把石油这种重要的战略物资作为出口创汇的重要工具，使得全国大部分油田很快进入了产量高峰期，有的油田出现了产量锐减的现象。改革开放之后，中国经济迅速发展，但是对汽车、空调等高耗能产品的需求预测远远滞后，几乎所有的五年规划都远远低于实际。以汽车为例，当年规划到2020年汽车年产量为300多万辆。实际上，2003年之后，汽车进入家庭的势头不可阻挡，2013年，中国一年的汽车产量即达到2211.7万辆，全社会民用汽车拥有量超过1亿辆。因此，根据中国石油经济技术研究院《2013年国内外油气行业发展报告》数据，到1993年，中国已经成为石油的净进口国，并且进口依存度迅速上升，2013年石油的对外依存度就已经高达58.1%。

伴随中国经济的快速增长，中国的煤炭资源也被迅速消耗。尽管从总量上看，中国的煤炭资源依然排名世界前列，但是优质煤矿资源——埋藏浅、热量高、灰分低、含硫低的煤矿被大量开采。其他煤炭大国（如美国、俄罗斯、澳大利亚）的煤炭资源，几乎很少开采。由于对能源资源形势和能源消费增长潜力估计不足，中国的能源供给能力和能源安全形势迅速逆转，由自给有余到极度依赖进口，贫油的帽子摘下又戴上，富煤很快会变成贫煤。可以说，中国的能源安全问题比世界上其他大国都要严重得多。

为改善能源安全形势，中国采取了多项措施。历史上，为确保能源总体存量，能源供给主要依靠国内的煤炭资源，从而形成了以煤炭为主体的能源结构。但是随着国内煤炭资源的快速消耗，加上煤炭开采利用带来的严重环境污染和土地生态破坏问题，中国不得不转向使用其他非煤能源。尤其是2013年以来频繁出现的严重的雾霾污染，迫使中国必须快速实现能源的清洁化，包括传统化石能源的清洁化，如洁净煤利用技术、新能源、节能技术等。中国的新能源发展速度是世界上最快的，目前风电和光伏发电的装机容量及规模均居世界首位，其他新能源包括新能源汽车也有了长足的发展和针对其宏伟的中长期规划。中国未来也将大规模发展核电来替代化石能源。

中国能源对外依存度的快速提高，要求中国通过优化国内和国际两大能源市场来实现自身的可持续发展和能源安全，并且要切实保障海外能源运输通道的安全。同时，为减轻对中东石油和马六甲海峡的过度依赖，中国也在尝试能源进口来源和渠道的多元化。除传统的中东石油之外，中国也从中亚国家，以及俄罗斯、安哥拉、委内瑞拉等国进口石油，并从澳大利亚、卡塔尔等国进口液化天然气。此外，中国与俄罗斯也达成了从俄罗斯进口天然气的协议，并共同建设输送天然气的管道。中国目前已经建设运行了中亚、缅甸和俄罗斯三条跨国油气运输管道，这三条管道对改善中国的能源安全形势起到了重要作用。

世界各国普遍关注能源安全。美国在 2001 年之后就宣布了“能源独立计划”，开始增加国内石油产量和页岩气等非常规油气的开采，并增加从美洲地区的进口量，逐渐减少对中东石油的依赖。欧洲致力于发展可再生能源，减轻对化石能源和核能的依赖，德国还宣布了弃核计划。乌克兰危机的发生和深化，使欧洲势必要采取必要措施来降低对俄罗斯能源的依赖。日本自身几乎没有化石能源资源，所以一直致力于提高能源效率来减少能源消费，日本经济的能源强度几乎是世界上最低的。福岛核事故之后，日本能源政策的走向受到了国际社会的密切关注。如果日本选择弃核，那么将大大增加其对进口天然气（主要是液化天然气）的需求；如果日本重新启动核电，那么将减轻世界石油和天然气市场的供应压力。2020 年 12 月，日本政府发布的“绿色增长计划”强调，日本计划将尽可能地扩大可再生能源供电规模，减少对核能的依赖，同时最大限度地利用现有工厂并开发下一代核反应堆。

能源安全不是中国一个国家的问题，而是全球普遍关注的重要问题，是全球治理结构的一个重要议题。在世界经济日益全球化的背景下，能源安全只有在全球的框架下才能实现。很少有国家尤其是需要进口能源的大国能够关起门来实现自己的能源安全，即使是美国，也需要从加拿大、墨西哥和南美洲进口石油，不可能真正实现能源的独立；OPEC 国家和俄罗斯也需要引进国外的技术、资本与劳工来生产石油，甚至需要外部资本在本国建立炼油厂。

因此，中国也需要参与全球能源安全治理机制的建设。

能源安全是世界各国面临的共同挑战，与世界地缘政治格局、全球经济格局、能源技术进步、社会结构转型等方面都有密切的联系。中国作为全球经济增长最快的发展中国家，今后在能源安全方面势必面临更为复杂的形势和挑战。

（三）世界能源的消费现状与趋势

1. 世界能源消费结构

《BP[①]世界能源统计年鉴（2019 年）》的统计数据显示，2018 年世界能源消费所产生的碳排放增速创下了近年来的新高，达到了自 2011 年以来的峰值。这种发展态势与《巴黎协定》所设定的人类发展与减排目标是背离的。2018 年全世界所有能源燃料的消费均在增长，许多燃料的消费增速都超过了其近期历史平均水平，尤其是天然气。天然气正经历着近三十年来最强势的增长，在 2017 年贡献了一次能源消费增量的 40%。从世界能源的供给方面来看，2018 年美国石油和天然气的年度产量增速均是有史以来各国年度增速的最高增速，其中的绝大部分来源于陆上页岩油气，从而反映出了美国页岩革命的重要性。更为可喜的是，以风能、太阳能等为主要代表的可再生能源的产量以及增速均远远超过了其他能源。

从世界能源市场的发展情况来看，2018 年，世界一次能源消费增长 2.9%，几乎是过去 10 年平均增速（1.5%）的两倍，也是 2010 年以来的最高增速。从世界能源消费的区域分布来看，中国、美国和印度 3 个国家，推进了世界能源需求增长的 2/3。目前，美国能源需求增长迅猛，创下了近 30 年来的新高。从世界能源的消费品种来看，天然气消耗是世界能源消费增长的主要驱动因素，其贡献率超过了 40%。可再生能源的使用是世界能源消费增长的第二大驱动因素，人类所能利用的燃料增速均超过了过去 10 年的平均速度。其中，世界石油消费增长率为 1.5%，每天消费约 140 万桶。中国每天消费约 68 万桶，美国每天消费约 50 万桶，这两个国家是石油消费最主要的增长来源。全球天然气消费增长 1950 亿米^3，增速为 5.3%，是 1984 年以来最快年增速

① BP 的正式英文全称为 BP p.l.c.，全称为 British Petroleum（英国石油公司），后 BP 简称成为正式名称。BP 是世界上最大的石油和石油化工集团公司之一。

之一。其中，美国增长 780 亿米^3，中国增长 430 亿米^3，俄罗斯增长 230 亿米^3，伊朗增长 160 亿米^3。世界煤炭消费增长 1.4%，为近 10 年来平均增速的两倍。印度和中国是世界煤炭消费增长主要的两大国家，其中印度 3600 万吨油当量、中国 1600 万吨油当量。OECD 国家的煤炭需求降至 1975 年以来的最低水平，可再生能源增长 14.5%，尽管其 7100 万吨油当量的增量十分接近 2017 年的创纪录高位，但这一速度仍略低于历史平均水平。在可再生能源增长方面，中国增长约为 3200 万吨油当量，超过了 OECD 国家 2600 万吨油当量的总和。

从分地区世界一次能源消费结构来看，非洲、欧洲和美洲地区的主要能源仍是石油，天然气是独立国家联合体成员国和中东地区的主要能源，亚太地区的主导能源则是煤炭。2018 年，北美洲和欧洲地区一次能源消费中煤炭的比重降至现有数据的历史最低。从分区域的燃料消费量来看，亚太和北美洲共占全球一次能源消费的六成，是石油的主要消费国（表 1-1）。煤炭消费高度集中在亚太地区，而超过 2/3 的核电消费集中在北美洲和欧洲。亚太地区和中南美洲的水电消费占全球总量的近 60%。超过九成的可再生能源消费由亚太地区、欧洲和北美洲完成。

2. 世界能源需求预测

以 IEA 发布的《世界能源展望 2018》（*World Energy Outlook 2018*）、EIA 发布的《国际能源展望 2018》（*International Energy Outlook 2018*）、OPEC 发布的《世界石油展望 2018》（*World Oil Outlook 2018*）和 BP 公司发布的《世界能源展望 2019》（*Energy Outlook 2019*）等全球能源长期展望完备的数据支撑和科学的发展预测为基础，对一定时期内世界能源生产及消费现状、趋势以及需求等做出预测，是人们探索未来世界能源市场及能源产业发展趋势和规律的关键因素。

2019 年，全球各能源预测机构对 2040 年世界一次能源需求及增长情况分别进行了预测（表 1-2），其预测的增长率为 27%～33%，其中 OPEC 和 BP 预测的增长值为 27%～33%，IEA 和 EIA 预测的增长值为 27%～28%。这四家能源预测机构预测的能源需求增长，主要贡献均来自中国和印度两大发展中国家。

表 1-1　分地区世界一次能源消费总量

地区/组织	一次能源消费量/百万吨油当量											年均增长率/%		2018 年占比/%
	2008 年	2009 年	2010 年	2011 年	2012 年	2013 年	2014 年	2015 年	2016 年	2017 年	2018 年	2018 年	2007～2017 年	
北美洲	2 751.0	2 623.1	2 709.8	2 714.4	2 657.4	2 730.1	2 758.9	2 736.2	2 737.2	2 755.5	2 832.0	2.8	−0.2	20.4
中南美洲	600.8	594.2	627.1	655.3	670.9	685.9	692.9	695.3	691.1	699.8	702.0	0.3	1.8	5.1
欧洲	2 173.3	2 048.4	2 124.6	2 077.7	2 072.3	2 054.7	1 978.3	1 996.8	2 027.5	2 050.0	2 050.7	—	−0.6	14.8
独立国家联合体成员国	844.7	810.2	843.2	878.0	886.7	872.1	880.3	867.9	881.5	891.2	930.5	4.4	0.5	6.7
中东地区	653.7	673.8	709.8	738.4	767.3	792.5	817.2	843.7	864.9	881.4	902.3	2.4	3.8	6.5
非洲	355.4	372.0	383.8	385.3	399.2	409.7	422.6	430.1	439.4	448.6	461.5	2.9	2.7	3.3
亚太地区	4 316.2	4 418.7	4 701.5	4 954.5	5 121.6	5 274.4	5 389.6	5 475.7	5 587.0	5 748.0	5 985.8	4.1	3.2	43.2
世界	**11 705.1**	**11 540.3**	**12 099.9**	**12 403.7**	**12 575.5**	**12 819.4**	**12 939.8**	**13 945.6**	**13 228.6**	**13 474.6**	**13 864.9**	**2.9**	**1.5**	**100.0**
其中：经济合作与发展组织	5 636.3	5 365.1	5 570.8	5 517.5	5 463.8	5 522.7	5 483.5	5 495.7	5 530.6	5 586.9	5 669.0	1.5	−0.2	40.9
非经济合作与发展组织	6 058.8	6 175.2	6 529.1	6 886.2	7 111.7	7 296.8	7 456.3	7 549.9	7 698.0	7 887.7	8 195.9	3.9	3.0	59.1
欧盟	1 818.1	1 714.8	1 777.1	1 719.1	1 705.8	1 694.4	1 631.7	1 652.9	1 670.4	1 691.8	1 688.2	−0.2	−0.8	12.2

资料来源：《BP 世界能源统计年鉴》，2019 年第 68 版

注：①在本次数据统计中，一次能源包括进行商业交易的燃料，如用于发电的现代可再生能源。石油消费以百万吨为单位计量，其他燃料以百万吨油当量为单位计算。表格中数值为空缺的表示数值低于 0.05%。

②因四舍五入原因，计算所得数值有时与实际数值有些微出入，特此说明。

表 1-2　2040 年世界一次能源需求预测

一次能源	2017 年		2040 年					
	实际数据		当前政策情景		新政策情景		可持续发展情景	
	数值/百万吨油当量	占比/%	数值/百万吨油当量	占比/%	数值/百万吨油当量	占比/%	数值/百万吨油当量	占比/%
煤炭	3 750	27	4 769	25	3 809	22	1 597	12
石油	4 435	32	5 570	29	4 894	28	3 156	23
天然气	3 107	22	4 804	25	4 436	25	3 433	25
核能	688	5	951	5	971	5	1 293	9
水能	353	3	514	3	531	3	601	4
生物质能	1 385	10	1 771	9	1 851	10	1 504	11
其他可再生能源	254	2	948	5	1 223	7	2 132	16
总计	13 972	100	19 327	100	17 715	100	13 716	100

资料来源：IEA《世界能源展望 2019》（*World Energy Outlook 2019*）

根据 IEA 的新政策情景预测，到 2040 年，世界人均收入的不断增加以及全球约 17 亿新增人口的涌现将对世界能源需求的增长带来很大影响，能源需求量将增长 1/4 以上。如果不是能源利用效率的不断提升，世界能源的需求量还可能增加一倍以上。

《世界能源展望 2019》对 2040 年全球能源市场情况进行了探讨，在人类经济社会飞速发展的推动下，从当前到 2040 年，世界 GDP 年均增速约 3.25%（基于购买力平价），全球 GDP 将增加 1 倍以上，快速的经济增长助推了全球能源需求的上涨。我们可以看到，在 BP 的渐进转型情景中，预测 2040 年世界一次能源消费量与 2017 年相比将提升 32%左右，印度、中国和其他亚洲国家作为主要的推动力量，合计占到能源需求增量的 2/3。

此外，EIA 在《国际能源展望 2004》中预测，2020 年、2025 年北美洲、欧洲的能源需求世界占有量比例在不断下降，而亚洲、中东、非洲、中南美洲等地区的能源需求世界占有量比例在不断上升，如表 1-3 所示。

表 1-3　未来世界各地区的能源需求预测

地区	2010 年		2020 年		2025 年	
	需求量/亿吨油当量	比例/%	需求量/亿吨油当量	比例/%	需求量/亿吨油当量	比例/%
北美洲	33.56	29.47	37.71	29.26	39.62	29.02
欧洲	33.16	29.12	34.99	27.15	35.76	26.20

续表

地区	2010 年		2020 年		2025 年	
	需求量/亿吨油当量	比例/%	需求量/亿吨油当量	比例/%	需求量/亿吨油当量	比例/%
亚洲	31.77	27.90	37.73	29.27	40.55	29.71
中东	5.85	5.14	6.85	5.31	7.51	5.50
非洲	3.38	2.97	3.98	3.09	4.30	3.15
中南美洲	6.14	5.39	7.63	5.92	8.76	6.42
世界	113.86	100.00	128.89	100.00	136.5	100.00

资料来源：EIA《国际能源展望 2004》

另外，从能源的使用类型来看，世界终将面临替代石油和其他化石燃料的新能源时代。据预测，未来的 10～20 年，可再生能源将成为重要的替代能源，而且推广可再生能源将成为减少温室气体排放的重要举措之一。

（四）中国能源的消费现状与趋势

中国能源研究会发布的《中国能源展望 2030》预测，未来我国在能源需求上的增速将会放缓，到 2020 年，能源需求总量将达到 48 亿吨标准煤；到 2030 年，能源需求总量、人均能源消费量将分别达到 53 亿吨标准煤和 3.9 吨标准煤。我国能源需求进入低速增长的“新常态”，其主要原因在于经济增速的放缓、产业结构的深度调整优化以及能源利用效率的显著提升。该报告指出，中国煤炭消费峰值可能已经过去。在越来越严厉的资源环境约束和越来越严峻的碳减排压力下，随着我国一次能源消费结构的持续优化，对环境污染产生较大影响的煤炭消费比重将会出现较大幅度的下降。预计到 2030 年，煤炭消费量将降至 36 亿吨左右，其所占能源需求总量的比重也将降至 49%。在石油消费方面，全球石油消费量有望在 2025～2030 年达到峰值，约 6.6 亿吨。随着其他品种燃料的出现以及汽车产业的快速发展，世界石油消费峰值也许会提前到来。我国的碳排放路径也将发生重大变化，更加重视清洁型能源的开发利用。2020 年、2030 年我国非化石能源消费占比将分别达到 15%和 22%。据预测，我国碳排放的峰值到来时间将可能提前至 2025 年，自 2016 年至 2030 年，我国碳排放的强度将累计下降 54%。

具体来说，未来我国一次能源生产总量的增速伴随着能源需求增速的放缓而相应走低。《中国能源展望 2030》预测，2020 年、2030 年我国一次能源的生产总量将分别达到 41 亿吨标准煤和 43 亿吨标准煤，2016～2030 年一次能源生产的年均增长率约为1.1%。这一时期，我国清洁型能源将得到大力发展，一次能源的生产结构明显向非化石能源倾斜，煤炭产量占比大幅下降，2020年、2030年原煤产量占比将分别下降至68.8%和58.7%，非化石能源占比则分别提升到17.7%和26.9%。2030年，我国的能源对外依存度仍将接近20%。

在国家各项能源政策的不断完善、制度的不断落实以及应用技术的不断提升的多元因素影响下，我国新能源及可再生能源发展势头依旧较为迅猛。《中国能源展望2030》预计，至2020年，我国新能源及可再生能源的装机规模可以达到约8.6亿千瓦，占总装机规模比重的42.9%，利用量达7.2亿吨标准煤，占能源消费总量的15%；至2030年，我国新能源及可再生能源的装机规模将达14.4亿千瓦，占比上升至60%，利用量也随之增加至11.7亿吨标准煤，占能源消费总量的22%。水电方面，2020年我国水电总装机容量达到3.8亿千瓦左右，发电量实现1.3万亿千瓦·时的建设目标；至2030年，装机总规模将达4.5亿千瓦，发电量将实现约1.45万亿千瓦·时。核电方面，2020年，我国在运核电总装机容量可达到5300万千瓦，发电量约3800亿千瓦·时，是2015年我国核电装机容量的2.2倍；至2030年，我国核电装机容量将达到1.36亿千瓦，发电量将实现10 000亿千瓦·时的目标。风电方面，到2020年，我国力争实现2.5亿千瓦风电装机规模，这占到总装机规模的12.5%；至2030年，我国风电累计规模将达到4.5亿千瓦，上网电量约为9000亿千瓦·时。太阳能光伏发电方面，到2020年，我国太阳能光伏发电的装机规模约为1.6亿千瓦（实际已经达到约2.53亿千瓦）；到2030年，我国太阳能装机规模将达到3.5亿千瓦左右，发电量增加至4200亿千瓦·时，将占到总发电量的5%。此外，分布式光伏将是未来光伏产业发展的重要方向和趋势。

二、生物质、生物质能及其特点

（一）生物质及其特点

生物质是指通过光合作用而形成的各种有机体，包括所有的动植物和微生物。生物质是一种重要的可再生能源资源，也是唯一可直接转化为液体燃料的可再生资源，包括自然界中所有的动植物、微生物以及由这些生命体排泄和代谢而来的有机物质，被誉为“碳中性资源”。程备久（2008）从生物学的角度将生物质分为植物性生物质和非植物性生物质两大类。植物性生物质是指植物体，以及人类利用植物体时所产生的植物废弃物；非植物性生物质是指动物及其排泄物、微生物体及其代谢物，以及人类在利用动物、微生物时所产生的废弃物。从生物质开发利用的历史角度来看，生物质可以分为传统生物质和现代生物质两大类。其中，传统生物质主要是指薪柴、作物秸秆、畜禽废弃物以及人类生活废弃物等。现代生物质则是指着眼于可进行规模化利用的生物质，如林业或其他工业的木质废弃物、制糖工业与食品工业的加工废弃物、城市有机垃圾、大规模种植的能源植物、能源作物和薪炭林等。

在各种可再生能源中，生物质能具有可再生、储量巨大、分布广，以及低硫、低氮含量等特点，且可在生长过程中吸收大气圈中的 CO_2，形成碳汇；生物质能又经过直接利用或转化为现代化能源产品进行燃烧，这一过程释放 CO_2，形成碳源。这种由生物质作为载体的碳源碳汇转化过程对大气碳库净增量具有一定的影响。目前，生物质能的利用同样还存在着一些问题，主要表现为：仅限于小规模利用、植物光合作用太阳能转化效率低、燃料密度低以及长途运输困难等。在当前能源供应日益紧缺、环境污染日益严重、气候异常现象日益凸显的背景下，生物质能的开发利用在国内外政府界、科研界和企业界越来越受到重视。生物质能是人类一直赖以生存的重要资源，已经成为第四大消费能源。目前，我们所认知的生物质能主要呈现以下特征。

（1）具有时空不受限性。生物质对时空的无限制性，促使地球生命活动为人类发展提供了丰富的生物质能资源，它遍布于世界陆地和水域的生物之中，使得生物质能的存在具有广泛性，这一特性也是化石能源无可比拟的。Mukherji 等（2002）估计，每年地球上的植物通过光合作用可固定碳 2.0×10^{11} 吨，贮存于植物体内的太阳能达 3 泽[①]焦耳，相当于全球能源年消耗量的 10 倍左右，并且生物质能具有可再生性，因此生物质能资源的储量和可利用量是相当可观的。

（2）具有可再生性与减少 CO_2 排放特性。生物质能是以有机体实物的形式存在的，是通过植物的光合作用形成的可储存和可运输的可再生资源，资源量丰富，可永续开发和利用。生物质的可再生性表明，利用生物质能可实现温室气体的零排放，因为在生物质合成过程中可以通过光合作用吸收大气中的 CO_2。张培栋和杨艳丽（2016）认为，在实际生物质能开发利用过程中，需投入一定的外在能量，若这些能量全来自生物质能，则利用生物质能可实现 CO_2 零排放；若这些能量来自化石能源，且能量投入产出比小于 1，则生物质能利用虽不能实

① 1 泽=1.0×10^{21}。

现 CO_2 零排放，但可替代化石能源利用，具有减少 CO_2 排放的特性；若能量投入产出比大于 1，则生物质能利用不仅不能实现 CO_2 零排放，反而会增加 CO_2 排放。目前，生物质能现代化利用方式中，投产运行的项目基本上需满足“投入产出比小于 1”的条件，因此可以说，生物质能资源的利用具有减少 CO_2 排放特性，主要表现为以下两点。

一是具有洁净性。生物质燃料含硫、氮量较低，灰分含量小，因此其燃烧所产生的硫氧化物、氮氧化物以及灰尘排放量均比化石燃料少，是一种清洁低碳燃料。张培栋和杨艳丽（2016）以生物质秸秆资源为例，1 万吨的生物质秸秆资源与能量相当的煤炭相比，在它们的使用过程中，生物质秸秆燃烧所产生的 CO_2 排放量比煤炭燃烧所产生的减少 1.4 万吨，二氧化硫（SO_2）排放量减少 40 吨，烟尘减少 100 吨。

二是具有分散性。生物质能资源的分布极为分散，这种分散性在很大程度上增加了人们对生物质的收集难度，延长了运输生物质的距离，大大提高了生物质的转化成本，在一定程度上影响了生物质能资源的规模化利用。程备久（2008）认为，生物质的集中处理必然会加大资源的运输成本，这是目前生物质能在能源系统中所占比例不高的重要原因之一。

（二）生物质能及基本分类

生物质能是太阳能以化学能形式贮存在生物质中的能量类型，即以生物质为载体直接或间接地来源于绿色植物的光合作用的能量，具有可再生、易燃烧、污染少、灰分低等特点，但也存在着一定的不足之处，如热值及热效率低、体积大而不易运输等。生物质能是人类一直赖以生存的重要资源，目前是仅次于煤炭、石油和天然气而居世界能源消费总量第四位的能源。张培栋和杨艳丽（2016）认为，在世界能源消耗中，生物质能约占 14%，在不发达地区可占 60%以上。钱伯章（2010）认为，全世界约 25 亿人的生活能源的 90%以上是生物质能，它的生成过程如下：

$$CO_2 + H_2O \xrightarrow{光} (CH_2O) + O_2$$

在能源的转化过程中，生物质是一种理想的燃料。目前，世界各国正逐步采用热化学转化法、生物化学转化法、机械成型、转化为电力等方法利用生物质能。

常见的生物质能资源有农林废弃物、能源作物、畜禽排泄物、江河湖海的沉积物及藻类、农副产品加工后的废水废渣、城市生活废弃物等。

（1）农业生物质能资源是指农作物（包括能源作物）、农业生产或加工过程中的废弃物，如农作物秸秆（玉米秆、麦秆、稻草以及棉花秆等）。根据《2008年中国新能源产业年度报告》，作为能源的秸秆消费量在全国农村每年在 2.86×10^8 吨左右，但大多数还处于低效利用（即直接柴灶燃烧）阶段，其能源转化效率低，仅为 10%~20%。尤其是在较为接近商品能源产区的农村地区或较为富裕的农村地区，商品能源（如煤炭、天然气等）已成为主要的家庭用能，而以传统方式利用的秸秆成为被商品能源替代的对象。我国新疆地区处于干旱半干旱地区，降水较少，加之棉花秆等农作物秸秆含水量低，质地坚硬，既会增加切碎难度，又不利于棉花秆腐烂分解，致使被弃于田间地头的农作物秸秆量逐年增大，许多地区已达到 60%以上，这既危害了环境，又造成了资源浪费。因此，加快秸秆的优质化利用势在必行。

（2）林业生物质能资源是指可用于能源的林业生物质或加工过程中提供的剩余物，包括薪炭林、森林抚育和间伐的零散木材、残留树枝、树叶等；木材采运和加工过程中的枝丫、锯末以及木屑等；林业副产品的废弃物，如果壳和果核等。

（3）城市生活废弃物主要由城镇居民生活垃圾，商业、服务业垃圾等固体废弃物构成，其受当地居民的平均生活水平、能源消费结构、传统习惯等因素影响。中国城市的垃圾构成已呈现向现代化城市过渡的趋势，具有以下特点：一是垃圾中的有机物含量接近 1/3，甚至更高；二是食品类废弃物的主要组成部分是有机物；三是易降解有机物含量高。

（4）畜禽废弃物是畜禽排泄物的总称，它包括了畜禽排出的粪污、尿及其与垫草的混合物。在我国，主要的畜禽包括猪、牛、羊和鸡等，其资源与畜牧业生产有关。根据这些畜禽的品种、体重、粪污排泄量等因子，可估算出畜禽粪污的资源实物量。在畜禽粪污资源中，大中型养殖场的畜禽粪污便于集中开发和规模化利用，有较大的利用潜力。

（5）有机废水主要是指城镇居民生产生活过程中所产生的污水，如洗衣排水、厨房排水等，以及工业化生产过程中所产生的废水，如工业生产冷却水、各行业生产排放的废水等。对这些行业的污水、废水进行治理，一直是国家环境治理整顿的重要方面，如若对这些污水加以科学合理处理（如厌氧处理等），将会产生大量的沼气资源以供人类发展利用。

总之，生物质能资源不仅储量丰富，而且可以再生。开发生物质能，可以促进经济发展，增加就业机会，具有经济效益与社会效益双重效益。生物质能的开发与利用，可以为农村和边远山区、林区、牧区等地就近提供廉价能源，以促进经济的发展和生活的改善。农业的现代化发展必然会造成劳动力过剩，开发生物质能还具有向农村剩余劳动力提供就业岗位的潜力。因此，这也是促进农村发展、构建和谐农村的重要保障因素。

（三）生物质能资源研究现状

1. 对生物质能资源预测研究

刘刚和沈镭（2007）对我国2004年生物质能资源进行了定量评估，并从地理分布上进行了详细说明，得出：当前我国蕴含生物质能资源总量较大，但分布不均，传统能源量较低的区域更具备开发生物质能资源的潜力，传统能源与新兴的生物质能资源在地域分布上呈现互补态势。此外，现阶段我国对生物质能资源的利用以低效率的直接燃烧等为主，主要集中在农村，缺乏有效的集中开发利用。魏可迪和吕建燚（2008）评估了河北省2002～2005年农作物秸秆资源量、农作物加工剩余物资源量、林业“三剩物”资源量，结果显示，河北省生物质能资源潜力丰富，生物质能产业在河北省有广阔的发展空间，适合生物燃料、成型燃料的生产。蔡亚庆等（2011）将秸秆燃烧比例、饲料比例等视为影响因素，对我国分区域进行生物质能资源量及能源量评估后认为，我国长江中下游、东北、华北等地区的生物质能资源量及能源量较为丰富。田宜水（2012）评估了2009年我国生物质能产业中畜禽粪便生物质能资源潜力，我国畜禽粪便主要来源于肉猪及牛类的养殖，主要分布于我国北方地区，结果表明，2009年我国畜禽粪便生物质能资源总量可达8.37亿吨，总量较为丰富，为生物质能产业的持续发展提供了有力支撑。杨鹏宇（2015）运用实地调研、理论分析、数学建模等方法对北京市生物质能资源量进行了评估及预测，结果可见，北京市生物质能资源量较为丰富，若充分开发利用，其折标煤量可达到900万吨，其中大兴区、密云区、平谷区的生物质能资源更为丰富。此外还对未来生物质能资源量进行了预测，结果显示，未来北京市秸秆生物质能资源将持续上升。于丹（2016）根据获取方式的不同，将林业生物质能资源分为森林抚育修枝剩余物、林业“三剩物”和能源林开采剩余物等类型，并估算了1999～2013年我国各省（自治区、直辖市）的林业生物质能资源的可获取量以及全国总体的林业生物质能资源可获取量，研究发现，我国总体的林业生物质能资源可获取量呈现出逐年递增的趋势，未来我国开采林业生物质能资源的基础较好。张培栋和杨艳丽（2016）对我国生物质能资源储量（如农业废弃物、林业废弃物、畜禽粪便、生活垃圾、生活污水、工业有机废渣和有机污水等）进行了预测分析，指出我国拥有丰富的生物质能资源；据测算，2013 年我国生物质能资源的理论资源量约为 5.0×10^9 吨。张蓓蓓（2018）评估了我国现有农林剩余物资源量与能源潜力以及我国边际土地资源量及其能源潜力，将农林剩余物资源主要分为农作物秸秆、农产品加工剩余物、畜禽粪便、林业剩余物、城市生活垃圾、工业废水、生活废水、餐饮废油等，并将可用作能源用途的边际性土地进行了分类，评估出了我国生物质能产业的发展潜力。史英栋（2018）通过对甘肃省秸秆生物质能资源、畜禽粪便生物质能资源以及果木薪柴生物质能资源进行估算发现，甘肃省秸秆生物质能资源量呈现出逐渐上升的趋势，全省生物质能资源总量从 2007 年的 1526 吨标准煤增长到了 2016 年的 1826 吨标准煤。全省生物质能资源的来源中占比最大的是禽畜粪便，其次是秸秆生物质能资源，此外还指出，秸秆生物质能资源的开发利用具有良好的经济效益和社会效益。宓春秀（2018）通过引入回归分析、灰色系统模型等，对江苏省 2007～2016 年的畜禽粪便、农作物秸秆、林业生物质、城市生活垃圾等进行了生物质能资源的定量评估，进而评价了江苏省生物质能源开发潜力及其影响因素。

2. 生物质能资源利用的影响因素研究

王欧（2007）对我国生物质能资源利用现状进行了较为详细的描述，发现了生物质能产业持续发展进程中存在的一些主要问题，进而指出，政策不完善、生物质能资源供应不充分、技术较落后、工业体系不完备、产品竞争力低等是制约我国生物质能产业持续发展的主要因素。并以此对未来生物质能产业发展的特点进行了分析。吴创之等（2007）对未来生物质能产业进行了分析，认为除农村户用沼气与农业生产、生态环境相结合的综合利用模式外，未来生物质能产业还趋向于向小型生物质气化发电、联合循环发电及电热联供方向发展。傅志华等（2008）针对我国生物质能产业发展面临的困难，寻找出制约我国生物质能产业发展的因素，认为研发成本高、风险高、缺乏有效竞争是影响我国生物质能产业发展的主要因素。刘延春等（2009）对我国林业生物质能发展现状进行了概述，介绍了制约我国生物质能产业持续发展的主要因素是生物质能资源的供应不足、缺乏完善的产业扶持政策、投资建设成本的不足等，并指出了未来我国发展生物质能产业的基本路径。王朝才和刘金科（2010）从多角度探讨了影响我国生物质能产业持续发展的因素：对企业而言，主要是支持产业发展的核心技术缺乏，初期经营资本投入较高且产出及回报较低，企业内部研发创新动力不足等；对国家而言，主要是缺乏对生物质能产业发展的长期规划，补助不充足，缺乏配套支持体系等。沈西林（2011）分析了我国生物质能产业发展的现状，并对生物质能资源种类进行了具体分类，总结出了若干影响我国生物质能产业持续发展的相关因素，其中包括观念因素、资金因素、生物质资源供给因素、技术因素等，并对其影响进行了机制分析。苏晋（2012）以循环经济、公共经济学等理论为基础，分析了我国生物质能产业发展的现状，查找出了影响和制约我国生物质能产业持续发展所面临的主要问题，并对影响我国生物质能产业持续发展的相关因素进行了实证研究，认为国家应该在政策、技术、人力三方面加大投入力度，以保障生物质能产业的持续健康发展。闫金定（2014）根据国内生物质能产业发展的现状，阐述了未来有关生物质能资源开发利用技术的主要发展趋势，包括完善生物质能资源开发利用技术、升级生物质能资源转化利用技术等。普罗（2018）对国外政策进行了相关研究，认为生物质能研发及开发利用成本都相对较高，相关企业需要国家层面实施相应的政策来维持生物质能产业的发展；此外，还认为国外的财政政策、农业政策、能源政策等对生物质能产业发展也会起到一定的积极作用。刘页辰（2014）对我国2012年可利用生物质能资源量及能源量进行了评估，并基于“结构—行为—绩效”分析范式（SCP范式）对我国生物质能产业的发展现状进行了进一步分析，认为生物质能资源供给“瓶颈”问题、资金不足、缺乏政策支持、技术水平较低等，影响着我国生物质能产业的进一步发展。高文永和李景明（2015）系统分析了我国生物质能产业的发展情况以及其所产生的经济带动效应，并对我国生物质能资源量进行了评估分析，归纳出了制约我国生物质能产业发展的相关因素，如产业化技术水平不够高、原材料来源较为分散、产业不够完善等，并针对相关问题提出了相应的政策及建议。张迪茜（2015）分析了当前我国能源利用的现状，归纳出了我国生物质能发展的重点和方向，主要包括着重发展非粮生物质能资源、发展农林废弃物再利用、制定科学规划技术路线等。吕指臣（2016）发现，高燃烧替代率对生物质能资源利用率的提升具有促进作用，有助于建设相应规模的发电机组，进而对相应的农作物生物质能源进行开发。随着社会发展，未来农业生物质能资源的开发潜力也将会越来越大。吕宏涛（2018）采用比较分析法和层次分析法相结合的分析方法对山东省生物质能产业发展状况进行了分析，认为农村居民对生物质能资源的使用意识是可再生能源得以充分利用的前提条件。马隆龙等（2019）对比生物质能资源开发利用的现状，总结出了生物质能资源将向生产成本低、多技术融合、开发新型生物质能资源的方向发展的趋势。

当前，学界对生物质能产业发展方向、重点以及趋势等问题进行了详尽分析，并取得了较为丰硕的成果。其中生物质能资源分类及估算方法、影响因素分析及对策建议等为本书的撰写提供了一定的理论依据。但学界的研究仍存在一些不足，如对影响生物质能产业的原因分析过于理论化，缺少对影响生物质能持续发展的诸多因素进行机制分析及实证研究，也无法从数量关系上解释影响生物质能产业发展的各种因素。

三、生物质能资源开发利用的国内外政策环境

（一）国际政策环境

回顾国外发达国家和地区的生物质能及相关产业发展历程，其快速发展的一个重要推动因素就是政府制定了较为详尽的政策规划和勾勒了能源战略发展蓝图，通过不断加大对产业的政策引导，从而推动产业的快速发展。美国政府于 2011 年 3 月发布了《能源安全未来蓝图》，该蓝图清晰地展现了确保美国未来能源供应和安全的三大战略以及美国能源安全的发展战略和主要措施。2012 年 4 月，美国政府又发布了《国家生物经济蓝图》，提出了发展建立在生物资源可持续利用、生物技术基础上的生物经济，进一步加速了人类对生物资源的利用步伐，将生物资源、生物技术以及生物经济有机地结合了起来。2014 年 5 月，美国政府再次对该国的能源发展战略进行了调整，发布了《作为经济可持续增长路径的全方位能源战略》（美国白宫网站，2014），该战略积极鼓励可再生能源的发展及相关产业的建设，明确了可再生能源在交通等行业转型中的引领作用，重点发展包括混合动力电车、电动汽车、生物质能燃料等在内的行业产业，并将可再生能源作为替代性交通能源的重要选择。2008 年，欧盟陆续制定了一系列关于可再生能源的发展战略，如《欧盟 2020 年能源战略》，启动了战略性能源技术计划，计划到 2020 年欧盟各成员国在运输能耗中至少有 10%来自生物燃料。但由于欧盟生物柴油以甘蔗、大豆和油菜籽等粮食作物为主，随着产业规模的扩大，其对粮食安全和温室气体减排的负面效应日益凸显。该战略还将目标设定为，到 2050 年降低温室气体排放至少 80%（闫瑾和姜姝，2013）。欧盟的部分成员国也非常重视清洁能源的利用与发展。欧盟于 2013 年 3 月公布了

《清洁燃料战略》，该战略提出了要大量增设电动汽车充电站等，大力推进氢、生物燃料、天然气等替代燃料的使用。2014 年，欧盟还出台了《欧盟 2030 年能源与气候战略》，该战略主要注重节能减排领域，应对气候变化，完善碳排放交易体系，计划减少温室气体排放 40%，将可再生能源比重提高到 27%，能源效率提高 27%，通过"碳排放交易系统"、《减排分担协议》、《可再生能源指令》和《碳捕获和储存指令》四大机制进行推动，成为欧盟关于应对气候变化领域目标的重要指导文件。在亚洲国家中，日本等发达国家也高度重视可再生能源的发展和利用（张敏，2015）。2012 年，日本通过了《可再生能源上网电价方案》，该方案指出，日本公共事业部门在未来 20 年内需按照可再生能源消费和使用的约定价格购买可再生能源电力，从而促进可再生能源的发展。此后，日本政府在福岛核事故后更加坚定地将新能源发展的重点由核能转向了可再生能源，提出 2030 年海上风力、地热、生物质能、海洋 4 个领域的发电能力要扩大到 2010 年的 6 倍以上。日本在生活垃圾焚烧发电产业上推进发展的速度也较快，截至 2015 年底，日本垃圾焚烧发电处理量已经占生活垃圾无害化处理量的 70% 以上。

在推进可再生能源发展的财税补贴方面，一些发达国家除对可再生能源（如燃料乙醇等）给予销售补贴外，还会对可再生能源（如生物燃料等）生产商给予奖励。2013 年，美国农业部宣布，将支付 1400 万美元对国内的 162 个使用生物质生产生物燃料的生产商进行奖励。2014 年 2 月，美国政府投入了 8.81 亿美元对国内的生物化学品等生物基产品提供奖励，并在《农业法案》中设立生物基作物援助计划，资助符合条件的项目。

在推进可再生能源发展的研发投入方面，我们都不难发现，当前各国家和地区均十分重视生物质能的开发和利用，不断加大本国或本地区的科技支持力度，进一步促进本国或本地区生物质能产业的快速发展。

（1）美国。2011 年，美国能源部宣布与美国农业部联合向国内的 8 个研发项目提供 4700 万美元的资金来促进生物质能的研究和发展。该资助项目包括了生物燃料的生产、生物能源以及来自各种生物资源的高价值生物基产品的生产等。2013 年 5 月，美国国防部相继与 3 家规模较大的燃料公司签署了合同，共计投资了 1600 万美元作为这些企业用于开发可直接使用的军事生物燃料。2014 年 9 月，美国国防部通过了《国防生产法案》，为艾米绿（Emerald）生物燃料公司、美国支点（Fulcrum）生物能源公司以及美国红宝石（Red Rock）生物公司提供了共计 2.1 亿美元的资金资助，用于生产有成本竞争力的军用生物燃料的生物精炼厂的建设与发展。当时所确立的发展目标是，到 2016 年，使生物燃料价格降至 3.5 美元/加仑[①]，可与石油基燃料竞争，并实现温室气体减排 50%的目标任务。2014 年 10 月，美国能源部宣布对 5 个生物燃料和生物产品项目提供 1340 万美元的资助，目的是降低生物汽油、柴油和喷气燃料的成本，以促进到 2022 年生物燃料成本降至每加仑 3 美元目标的实现。

（2）欧盟。2014 年 6 月，欧洲工业生物技术研究与创新平台中心推出了生物技术（BIO-TIC）项目，目标是为欧洲不断增长的工业生物技术产业进行技术创新并奠定坚实基础。该中心还公布了旨在研究解决阻碍欧洲工业生物技术发展创新问题，主要涉及市场潜力、研究与发展的优先领域、工业生物技术创新的非技术障碍等的三大路线图草案。2014 年 6 月，德国尤利希研究中心与亚琛工业大学化学石油工程、化学过程工程、机械过程工程和过程系统工程等领域的 4 个部门开展合作，建立了新的藻类研究中心，主要研发生产微藻航空生物燃料，并对其进行经济性能和环保性能的测试，联邦农业、食品和消费者保护部向该中心提供了 575 万欧元的支持资金。

（3）巴西。生物质能在巴西能源利用量中约占 25%，其中薪柴和甘蔗占生物质能原料的 50%～60%，其余的主要是农业废弃物。巴西实施了世界上规模最大的乙醇开发计划（原料主要是甘蔗、木薯等），截至 2015 年，巴西的甘蔗燃料乙醇已经规模化应用，大大减少了该国进口石油的外汇支出，并为国内提供了 130 万个工作岗位。

（二）国内政策环境

我国的生物质能资源丰富。一直以来，党和国家高度重视我国生物质能的开发利用，先后出台了一系列关于可再生能源尤其是生物质能资源开发的规划、政策、实施方案和指导性意见，为生物能源及其相关产业的发展提出了明确的目标和工作任务等。2012 年 12 月，国家能源局印发了《生物质能发展“十二五”规划》（国能新能〔2012〕216 号），提出计划到 2015 年，我国的生物质能年利用量超过 5.0×10^7 吨标准煤。2012 年 12 月，国务院印发了《生物产业发展规划》（国发〔2012〕65 号），规划中再次重申了我国生物能源利用目标，即到 2015 年，我国生物能源年利用总量超过 5.0×10^7 吨标准煤。2014 年 11 月，国务院在其公布的《能源发展战略行动计划（2014—2020 年）》（国办发〔2014〕31 号）中提

① 1 加仑（美制）≈3.785 升，1 加仑（英制）≈4.55 升。

出，坚持煤基替代、生物质替代和交通替代并举的方针，科学发展石油替代，力争到2020年我国形成石油替代能力达4.0×10^4吨以上的规模。2016年10月，国家能源局印发的《生物质能发展“十三五”规划》（国能新能〔2016〕291号）中提出，到2020年，生物质能基本实现商业化和规模化利用。生物质能年利用量约为5.8×10^7吨标准煤。“十四五”期间，生物质能也将是我国能源产业中的重要发展方向和发展环节。

在推进生物质能产业发展的财税补贴制度方面，我国也相继出台了多项扶持生物质能产业发展的政策措施。2012年12月，财政部、国家发展和改革委员会联合发布了《战略性新兴产业发展专项资金管理暂行办法》（财建〔2012〕1111号），对包括生物质能在内的战略性新兴产业设置了专项资金来支持重大关键技术攻关和技术突破、产业的创新发展、重大的应用示范以及产业的区域集聚发展等目标任务。2013年4月，财政部发布了《关于预拨可再生能源电价附加补助资金的通知》（财建〔2013〕83号），通知中规定了当年全国可再生能源电价的补贴金额，其中生物质能发电的补助金额为305 512万元，占到了补助总金额的20.63%。2015年4月，财政部、科学技术部、工业和信息化部、国家发展和改革委员会联合发布了《关于2016—2020年新能源汽车推广应用财政支持政策的通知》（财建〔2015〕134号），指出在全国范围内开展新能源汽车推广应用工作，中央财政对购买新能源汽车给予补助，实行普惠制。2020年4月，财政部等又发布了《关于完善新能源汽车推广应用财政补贴政策的通知》（财建〔2019〕138号），提出持续支持新能源汽车产业的高质量发展和新能源汽车的推广应用工作。

在推进生物质能产业发展的研发支持方面，我国政府对生物质能领域的科技发展也给予高度重视。2006年2月，国务院发布了《国家中长期科学和技术发展规划纲要（2006—2020年）》，指出把生物质能等开发利用技术作为能源领域中的优先发展主题，重点研究开发高效、低成本、大规模农林生物质的培育、收集与转化关键技术，沼气、固化与液体燃料等生物质能，以及生物基新材料和化工产品等生产关键技术。此外，我国政府还在国家高技术研究发展计划（简称“863计划”）和国家重点基础研究发展计划（简称“973计划”）中设置了关于生物质能资源开发利用及可再生能源相关的重点项目及技术专题。近年来，“863计划”又资助了纤维素和木质素制备液体燃料新技术、生物质燃油制备新技术、生物质能转化与利用新技术等，同时还针对生物质能转化中的关键环节，如生物质制备醇醚燃料、生物质直接脱氧催化液化制备燃油、甜高粱茎秆生产燃料乙醇、连续固体酸碱催化酯化制备生物柴油等关键技术与工艺给予了资助。

第三节 生物质能产业国内外研究与发展现状

生物质能是指以生物质为原料加工转化生成的二次能源。随着化石能源的日益枯竭以及温室气体减排和环境保护的需要，发展生物质能产业成为世界各国重要的能源战略选择之一。当前，全球生物质能产业主要集中在生物质燃气（沼气等）、生物质致密成型燃料等方面，其中对沼气、生物质发电、生物液体燃料等的研究和应用最多，技术也最为成熟。20 世纪 70 年代，我国也逐步开始了对生物质能的研究、开发和利用，但产业发展较缓慢，尚处于发展的初期阶段。技术发展领域则主要集中在燃料乙醇、生物柴油、沼气、生物质发电/供热、生物质成型燃料等方面。

一、生物质能产业国外研究与发展现状

目前，国际上发展的生物质能终端产品主要包括燃气、电力、生物燃料等，已形成规模产业的主要包括生物质燃气、燃料乙醇、生物柴油、生物质发电和生物质成型燃料等。

（一）生物质燃气

生物质燃气是指以生物质为原料，通过厌氧发酵或热化学转化得到的可燃气体，以及经过净化提纯或进一步转化得到的可燃气体，包括沼气、气化气及其提纯所得的生物天然气。目前全球范围内生物质燃气技术已经成熟，基本实现产业化。其中，欧美以集中式规模化的工业沼气为主，所产沼气经过进一步提纯净化可制备成车用生物质燃气和管道天然气，且开发出了世界上首辆沼气火车。中国、印度等发展中国家以分散式的农村沼气为主，但沼气集中化、高值化是其未来的发展趋势。

欧洲是生物质燃气产业发展和利用较好的地区。根据欧洲可再生能源协会（Renewable Fuels Association，RFA）统计，2011 年，欧盟生物质燃气总产量达到了约 2.07×10^{10} 米^3（折合约 1.01×10^7 吨标准煤）。其中，德国生物质燃气量约为 1.01×10^{10} 米^3，占欧盟总量的 48.79%，主要用于发电或热电联供等。自 2011

年开始，德国生物质燃气利用方式逐渐向生物天然气转变，主要用于制备管道天然气和车用压缩天然气。据德国能源署统计，截至 2012 年 6 月，德国已建成并运行投产的生物天然气工程共 87 处，生产能力为 55 930 标米^3/时[①]。德国能源署的统计数据表明，德国正在搭建的生物天然气工程共有 39 处，计划建设的有 63 处，等建成后，189 个生物天然气工程的输入天然气管道的能力为 106 790 标米^3/时。2012 年，德国沼气发电量为 26 650 吉瓦・时，约占欧洲沼气发电总量的 50%（Leibniz Institute for Agricultural Engineering，2013）。瑞典是率先开发车用生物燃气的国家，生物燃气广泛地运用于交通运输等行业，其中生物燃气的 60%作为车用。根据国际能源署 2013 年 4 月统计数据，瑞典共有 195 个生物天然气加气站，其中 138 个公共加气站、57 个非公共加气站，有 44 000 辆小汽车、1800 辆公交车及 600 辆大型货车使用生物天然气。同时，瑞典还拥有世界上第一辆生物天然气火车。瑞典提出到 2020 年 50%的天然气将由生物燃气替代，到 2050 年天然气将完全被生物燃气替代的目标（Swedish Gas Center，2013）。截至 2015 年底，全球沼气产量约为 570 亿米^3，其中德国沼气年产量超过 200 亿米^3，瑞典生物天然气满足了全国 30%车用燃气的需求。

（二）燃料乙醇

燃料乙醇是指以淀粉质、糖质以及纤维素类等物质为原料，经发酵、蒸馅等工艺制成的无水乙醇。燃料乙醇产业发展是由原料种植、收集和运输，辅料研制生产，原料加工与转化，产品分析与包装，副产品资源化利用，以及市场销售等多个环节构成的有机体系。

2019 年，世界燃料乙醇产量近 8617 万吨。其中，美国产量约为 4708 万吨，占全球总产量的 54.64%；巴西产量约为 2569 万吨，占全球产量的 29.81%（表 1-4 和图 1-1）。美国和巴西燃料乙醇的年产量和消费量居世界前两位，二者之和占到了世界总量燃料乙醇年产量与年消费量的 80%以上。全球燃料乙醇产量经历了 2005～2010 年的快速增长阶段后，受粮食消耗争议的影响，2011～2013 年增速逐步放缓，2013 年全球产量达到 2.34×10^{10} 加仑（约 7.09×10^{7} 吨），其中美国（56.77%）和巴西（26.75%）仍然是主要产出国，此时两国产量之和就已占到了全球总产量的 80%以上（能源基金会，2014）。

① 标米^3 即标准立方米，是气体的计量单位，指气体在标准状态下（20℃，1 个标准大气压）的体积。1 标米^3/时意思是指 1 个小时内设备、装置消耗或者产出的气体是多少标准立方米。

表 1-4　2014～2019 年全球主要地区燃料乙醇产量（单位：万吨）

地区	2014 年	2015 年	2016 年	2017 年	2018 年	2019 年	2019 年产量全球占比/%
美国	4265	4412	4593	4749	4786	4708	54.64
巴西	2014	2146	2014	2044	2360	2569	29.81
欧盟	431	413	410	417	426	429	4.98
中国	189	242	252	256	313	268	3.11
加拿大	152	130	130	140	143	149	1.73
印度	25	58	82	63	119	158	1.83
泰国	92	100	96	110	116	125	1.45
阿根廷	48	63	79	86	86	86	1.00
世界其他地区或组织	258	117	146	123	164	125	1.45
合计	7474	7681	7802	7988	8513	8617	100.00

资料来源：美国可再生能源协会

注：100 万加仑乙醇按 2980 吨计算

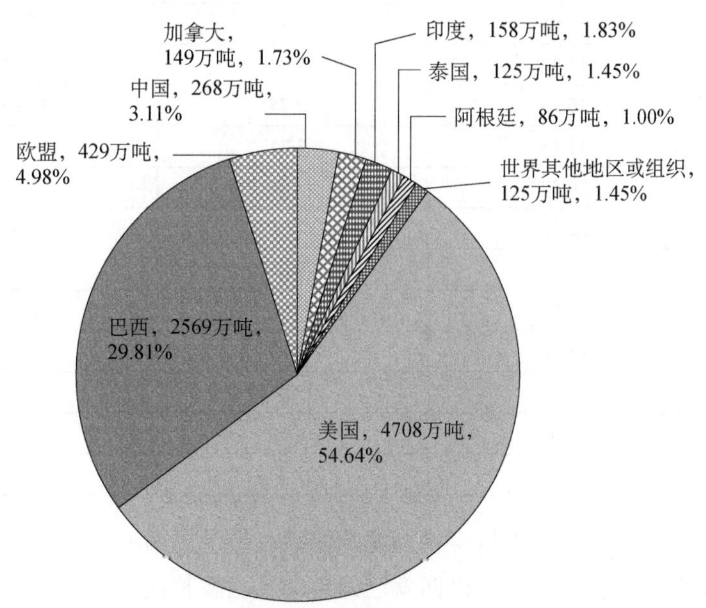

图 1-1　2019 年世界燃料乙醇产量分布区域

资料来源：美国可再生能源协会

美国由于玉米原料充足，且玉米原料价格较中国低 50%以上，因此燃料乙醇生产主要以玉米为原料。OECD 和联合国粮农组织发布的《农业展望 2007～

2016》估计，2016 年美国将有 1.1×10^8 吨玉米用于燃料乙醇生产，占美国当年玉米产量的 32%。由于粮食乙醇存在“与粮争地，与人争粮”问题，美国目前正在开发以农业废弃物和微藻为原料的纤维素燃料乙醇与微藻燃料乙醇。美国政府于 2007 年通过的《能源独立与安全法案 2007》规定了 2006～2022 年美国生物燃料的使用标准，预计到 2022 年美国的可再生能源使用量约为 360 亿加仑，其中生物燃料使用量约为 210 亿加仑，玉米乙醇使用量约为 150 亿加仑，如表 1-5 所示。

表 1-5　美国《能源独立与安全法案 2007》规定的生物燃料使用标准

（单位：10 亿加仑）

年份	可再生能源使用量	生物燃料使用量	玉米乙醇使用量
2006	4.00	0	4.00
2007	4.70	0	4.70
2008	9.00	0	9.00
2009	11.10	0.60	10.50
2010	12.95	0.95	12.00
2011	13.95	1.35	12.60
2012	15.20	2.00	13.20
2013	16.55	2.75	13.80
2014	18.15	3.75	14.40
2015	20.50	5.50	15.00
2016	22.25	7.25	15.00
2017	24.00	9.00	15.00
2018	26.00	11.00	15.00
2019	28.00	13.00	15.00
2020	30.00	15.00	15.00
2021	33.00	18.00	15.00
2022	36.00	21.00	15.00

巴西是全球最早立法支持生物能源的国家，是世界第一个发展乙醇汽油的国家。早在 20 世纪 70 年代，巴西就已经启动了乙醇替代石油的战略。目前，其燃料乙醇行业发展极为成熟，燃料乙醇已替代该国国内约一半以上的汽油消费量。此外，巴西还是全球最为重要的蔗糖生产基地之一，该国燃料乙醇的生产主要以甘蔗为原料。在第二代燃料乙醇技术开发及生产方面，巴西目前正在

重点开发甘蔗渣制燃料乙醇和含糖木薯制燃料乙醇技术等。

欧盟成员国把燃料乙醇作为重要的消费能源。2018 年，欧盟修订《可再生能源指令》，提出到 2030 年，其可再生能源消费将达到能源消费总量的 32%。2018 年，欧盟开发利用可再生能源，为化石燃料的进口节约资金超过了 150 亿欧元，预计到 2030 年节约资金将达到 550 亿欧元以上。

（三）生物柴油

生物柴油是指以动植物油、废弃油脂或微生物油脂等生物质为原料，经过与甲醇或乙醇等低碳醇发生酯交换反应生成的各种长链脂肪酸单烷基酯混合物，可直接与石油及柴油调配使用，是优质的石油及柴油替代品。国外通常采用大豆和油菜籽等食用植物油来生产生物柴油，这造成了生物柴油生产的成本增加，其成本高达 34～59 美分/千克。为了降低生产成本，一些国家开始利用废弃食用油和专门的木本油料植物生产柴油，其生产成本分别下降到了 20 美分/千克和 41 美分/千克左右。据统计，2013 年全球生物柴油产量达 2.44×10^7 吨，较上一年保持着平稳的增长势头，在区域分布方面，主要集中于欧盟国家（50%以上），其次为美国，约占 15%（能源基金会，2014）。

2017 年，全球生物柴油产量约为 2.70×10^7 吨，消费量和产量变动基本一致。欧洲环境署（EEA）《2018 欧洲可再生能源发展报告》数据显示，2018 年欧盟生物柴油产量达到 4.12×10^7 吨。油菜籽、葵花油和豆油是欧盟生产生物柴油的主要原料，其中油菜籽可占原料总量的 80%以上。生物柴油产业规模的扩大，进一步刺激了欧盟油菜籽消费量的快速增加。2011 年，欧盟油菜籽消费量已由 2001 年的 4.06×10^6 吨增至 9.28×10^6 吨，年均增长率达到了 8%，致使欧盟在 2006 年由油菜籽净出口国转变为净进口国（张培栋和杨艳丽，2016）。为了抑制生物柴油对油菜籽的过度依赖，欧盟开始将价格相对廉价的棕榈油作为生物柴油生产的重要原料，用于生物柴油生产的油菜籽比重也由 2006 年的 78%下降至 2013 年的 58%。据统计，2018 年欧盟生物柴油产量约为 1419 万吨，消费量约为 1427 万吨，生物柴油内需保持较为稳定。

近年来，美国的生物柴油产业得到了迅速发展，该国对生物柴油的需求呈现出进口快速下滑、内需逐步提高的特点。2005 年，美国生物柴油的产量仅约为 3.3×10^5 吨，2011 年达到了 2.71×10^6 吨，年均增长率约为 42%。据当时预测，2015 年全美生物柴油产量将达到 5.6×10^6 吨，约占全国运输柴油消费量的 5%。在生物柴油的使用方式上，美国主要是在普通柴油中掺入 20%的生物柴油，应用于对环保要求高的城市公共交通、卡车和地下采矿业等。美国用于生产生物柴油的原料来源广泛，其中豆油占了 60%以上。在生物柴油的进口方面，2017 年美国开始对阿根廷、印度尼西亚征收生物柴油进口反补贴税，导致美国生物柴油进口量迅速减少，由 2016 年的 2.3×10^6 吨减少到了 2018 年的 5.5×10^5 吨。

（四）生物质发电

生物质发电主要是指以农林废弃物以及城市生活垃圾为原料，经直接燃烧或转化为可燃气体燃烧发电的技术，包括直燃、气化以及沼气发电等方式。

根据国际可再生能源机构（International Renewable Energy Agency，IRENA）最新发布的《2020 年可再生能源统计》（*Renewable Capacity Statistics 2020*），2019 年全球可再生能源发电装机容量达到 253.7 兆瓦，比 2018 年增长了 17.6 兆瓦。其中，全球生物质发电装机容量达到 124.0 吉瓦，约占整个可再生能源发电装机容量的 4.9%，如图 1-2 所示。

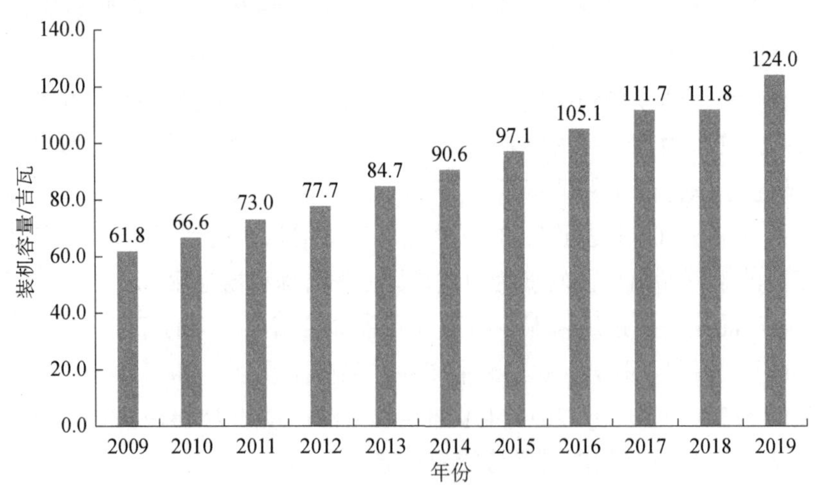

图 1-2　2009～2019 年全球生物质发电装机容量

资料来源：IRENA，2020

从全球生物质发电装机容量分布的区域来看，2008～2017 年全球生物质发电装机容量持续增长的主要动力来自亚洲地区（图 1-3），尤其是中国生物质发电市场的快速发展。

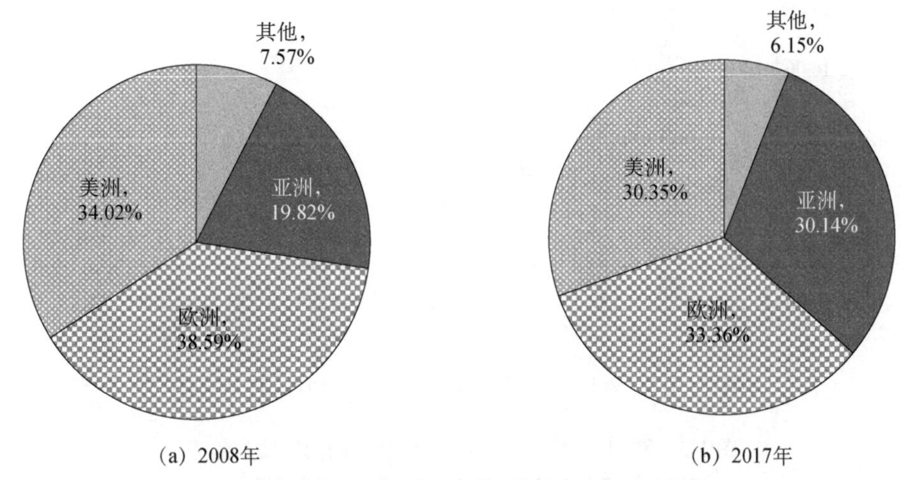

图 1-3 2008～2017 年全球生物质发电装机容量区域分布情况

资料来源：IRENA，2020

2018 年，欧洲生物质发电装机容量累计达到了 39.00 吉瓦，比 2017 年增长了 6.15%。目前，欧洲已经开始大范围、快速发展和应用可再生能源技术，以推进欧洲能源转型和能源结构优化，如图 1-4、图 1-5 所示。

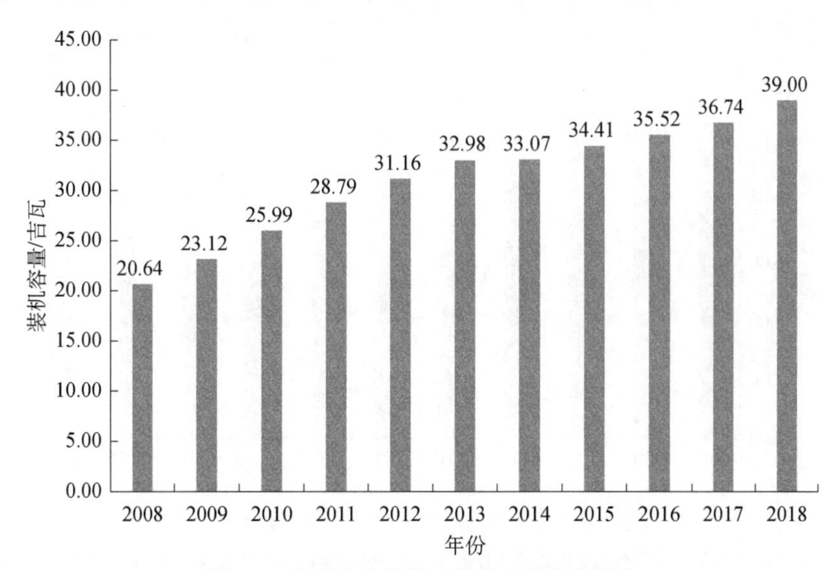

图 1-4 欧洲生物质发电装机容量变化趋势

资料来源：欧洲环境署《2018 欧洲可再生能源发展报告》

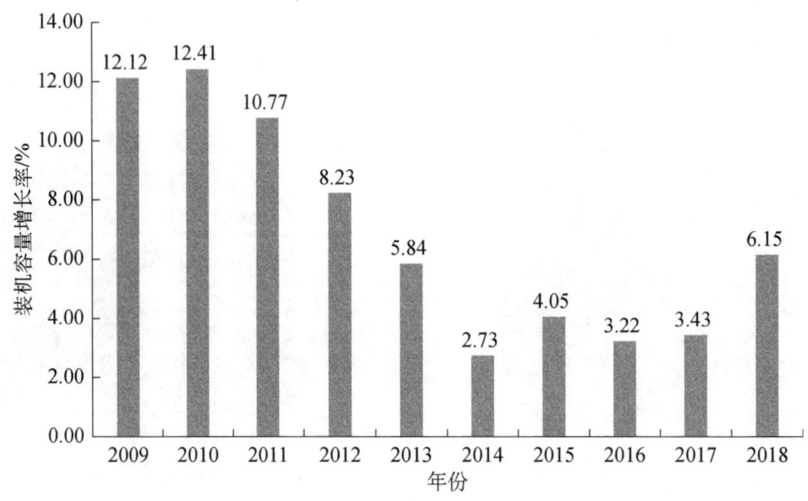

图 1-5　欧洲生物质发电装机容量变化的同比增长趋势

资料来源：欧洲环境署《2018 欧洲可再生能源发展报告》

截至 2018 年底，美国已经建立了超过 450 座生物质发电站，且该数据仍在不断增长。与此同时，美国生物质发电累计装机规模仍在不断增长。数据显示，2018 年，美国生物质发电新增装机容量为 0.23 吉瓦，装机规模为 13.30 吉瓦，同比增长 1.76%（图 1-6、图 1-7）。

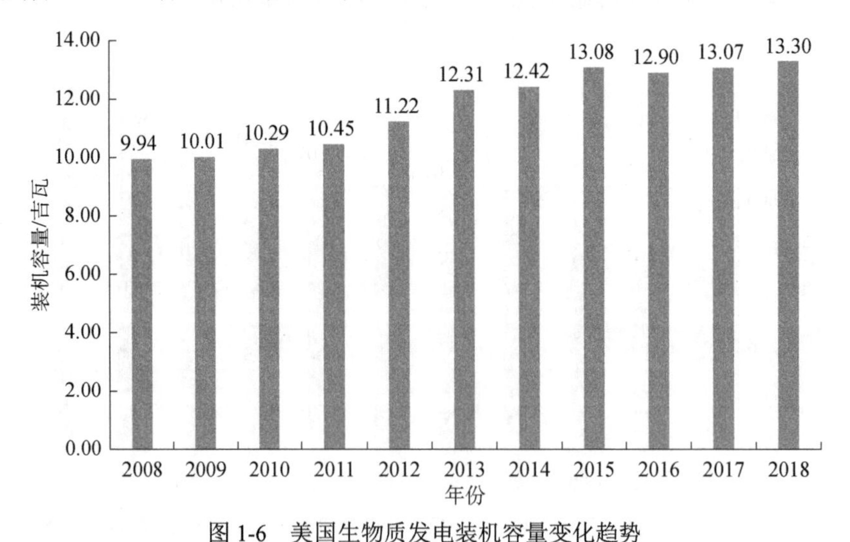

图 1-6　美国生物质发电装机容量变化趋势

资料来源：IEA《全球木质颗粒工业市场及贸易研究》（*Global Wood Pellet Industry Market and Trade Study*）

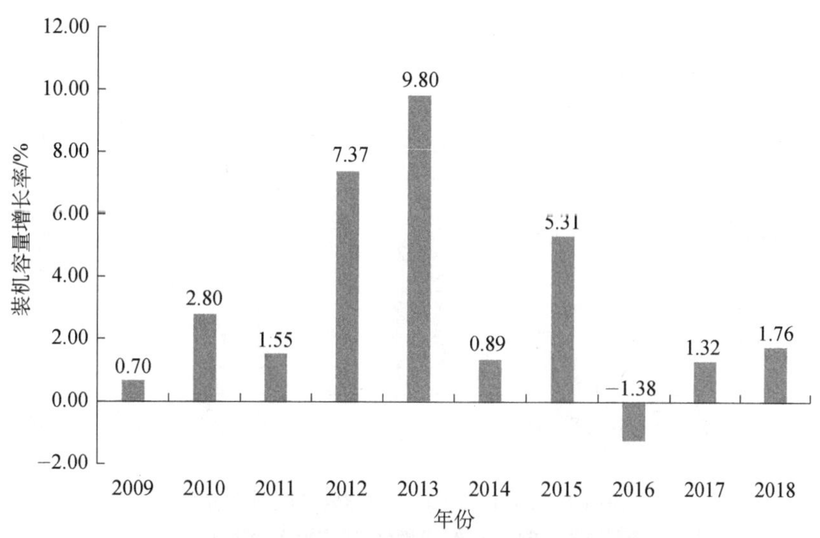

图 1-7 美国生物质发电装机容量变化的同比增长趋势

资料来源：IEA《全球木质颗粒工业市场及贸易研究》

（五）生物质成型燃料

生物质成型燃料是指一种性能优异的可再生清洁燃料，主要是以农林废弃物（如农作物秸秆、稻壳、木屑等）为原料压制而成的具有一定形状、密度较高的固体燃料，可分为压缩成型、热压成型和碳化成型三类。生物质成型燃料排放的污染物比煤低，是一种高效、清洁的可再生能源，在全球的应用较为广泛。据统计，2012 年全球生物质成型燃料生产能力达到了约 7.04×10^7 吨，主要集中在加拿大、美国、俄罗斯、瑞典等国；90%以上的生物质成型燃料以木质材料为原料，产品主要用于取暖（张培栋和杨艳丽，2016）。根据 IEA 的《全球木质颗粒工业市场及贸易研究》报告：2010 年超过 80%的在美国生产的成型燃料颗粒是在该国国内使用的（约 1.60×10^6 吨），其余的部分出口到了欧洲（约为 4.0×10^5 吨）。欧盟以农林废弃物为原材料，制备各种成型燃料，2010 年欧盟生物质成型燃料产量超过了 1.10×10^7 吨，主要用于取暖炉、锅炉发电等，丹麦、德国、比利时等国家已实现了工厂化生产。2010 年，德国已建成 40 多座生物质燃料厂，2012 年产量约 2.40×10^6 吨，已建立 1100 多个生物质工业供热设施和超过 10 万台民用生物质颗粒采暖炉。截至 2016 年，全球生物质成型燃料产量约为 3000 万吨，欧洲已经成为世界最大的生物质成型燃料消费区，年均消费约 1600 万吨。北欧国家生物质成型燃料消费比重较大，其中瑞典生物质成型燃料供热约占供热能源消费总量的 70%（图 1-8）。

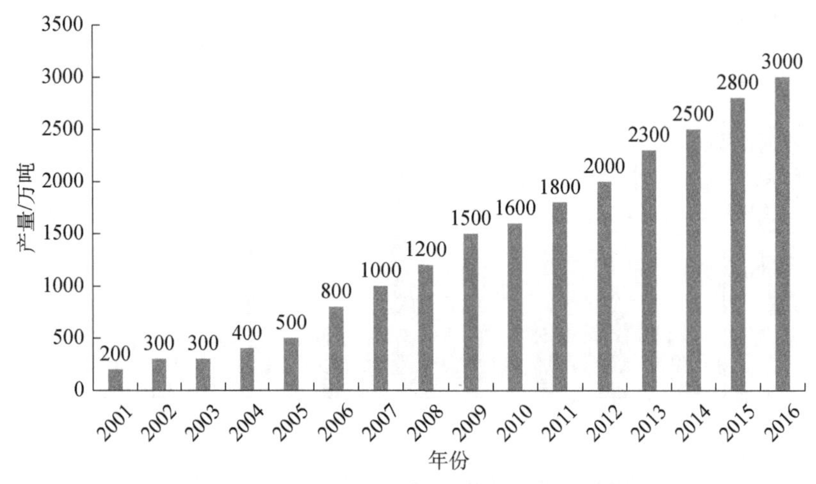

图 1-8 2001～2016 年全球成型燃料产量

资料来源：IEA《全球木质颗粒工业市场及贸易研究》

从全球来看，目前全球成型燃料的供热市场主要集中在欧洲、美国以及亚洲的中国、韩国和日本。其中，欧洲是全球最大的生物质成型燃料供热消费市场，占据了全球市场 70%的份额，2015 年其消费量为 2030 万吨，2016 年为 1900 万吨。欧洲已形成了集收储运、生产、应用于一体的较完善的产业体系，构建了欧盟内部便利的贸易模式，成型燃料在工业领域大规模应用以及家庭小规模使用的模式都已成熟，甚至在超市都可以买到家用的成型燃料。

二、中国生物质能产业研究与发展现状

国家能源局发布的《生物质能发展“十三五”规划》中明确提出了“十三五”时期我国生物质能发展的主要目标和任务。其中，“十三五”期间生物质发电的利用规模达到 1500 万千瓦，年产量达到 900 亿千瓦·时，替代化石能源 2600 万吨/年；生物天然气的年产量目标为 80 亿米^3，替代化石能源 960 万吨/年；生物质成型燃料和生物液体燃料的利用规模分别达到 3000 万吨和 600 万吨，分别替代化石能源 1500 万吨/年和 680 万吨/年（表 1-6）。

表 1-6 “十三五”时期中国生物质能发展目标

利用方式	利用规模		年产量		替代化石能源/（万吨/年）
	数量	单位	数量	单位	
生物质发电	1500	万千瓦	900	亿千瓦·时	2600

续表

利用方式	利用规模		年产量		替代化石能源/（万吨/年）
	数量	单位	数量	单位	
生物天然气	—	—	80	亿米^3	960
生物质成型燃料	3000	万吨	—	—	1500
生物液体燃料	600	万吨	—	—	680
生物燃料乙醇	400	万吨	—	—	380
生物柴油	200	万吨	—	—	300
总计	—				5800

资料来源：国家能源局《生物质能发展“十三五”规划》(2016年)

（一）燃料乙醇

早在20世纪30年代，我国就对燃料乙醇有了开发研究，抗日战争时期，河南南阳芳林酒精厂生产燃料乙醇供给抗战军队车辆使用。但我国燃料乙醇的规模化发展始于21世纪初。2001年4月，我国提出大力推广使用车用乙醇汽油，并先后批准建设了4个规模较大的燃料乙醇生产试点项目，如河南天冠集团燃料乙醇有限公司、安徽丰原燃料酒精股份有限公司等，其中河南天冠集团燃料乙醇有限公司以小麦为主要原料，其余3家均以玉米为主要原料。到2005年底，这4家试点企业规划建设的1.02×10^6吨燃料乙醇产能均全部达到规划产能。但随着燃料乙醇生产规模的扩大，陈化粮无法满足燃料乙醇生产的原料需求，致使部分企业的新粮使用比例达到了80%以上，粮食燃料乙醇的盲目扩张对粮食安全问题的潜在影响日益凸显。2006年10月，中粮集团“年产2.0×10^5木薯燃料乙醇示范工程”在广西北海市投资兴建，实现了国内清洁汽油生产以非粮作物为原料的首次突破，该示范项目于2007年12月正式投入生产，2008年4月在广西全区范围内推广使用木薯乙醇汽油。2010年，国家发展和改革委员会核准了中兴能源有限公司于内蒙古自治区启动的年产1.0×10^5吨甜高粱茎秆燃料乙醇项目，该项目是我国第一个甜高粱茎秆燃料乙醇项目。2014年6月，该项目在内蒙古自治区的巴彦淖尔、乌海及阿拉善三个地区封闭销售乙醇汽油。在纤维素乙醇规模化生产方面，我国政府也在不断进行尝试，并于2012年6月批复了山东龙力生物科技股份有限公司年产5×10^4吨的纤维素燃料乙醇项目，开启了纤维素燃料乙醇规模化的发展之路。2013年、2014年，国家发展和改革委员会又先后批准了海南椰岛、浙江舟山等4个木薯燃料乙醇项目，累计产能达到了6.5×10^5吨/年。截至2014年7月，我国已先后批准了11家燃料乙醇企业进行定点生产，核准产能达到了 2.74×10^6 吨/年，其中在建 7.3×10^5 吨/年，原料范围覆盖了小麦、玉米、木薯、甜高粱和纤维素等多种生物质，其中以木薯、甜高粱和纤维素为原料生产燃料乙醇的新技术是未来发展趋势。自 2002 年起，我国燃料乙醇实际产量逐年增长，2018 年达到 3.14×10^6 吨，生产原料为玉米、小麦和木薯，其中玉米、小麦等陈化粮年消耗量约为 5.30×10^4 吨，我国是继美国、巴西之后的世界第三大生物燃料乙醇生产国，先后在 10 个省（自治区）开展车用乙醇汽油推广示范工作（表 1-7）。

表 1-7　2018 年我国燃料乙醇生产企业情况

公司名称	装置地点	原料	产能/（万吨/年）
中粮生物化学（安徽）股份有限公司	安徽省蚌埠市	小麦/玉米	75.0
河南天冠集团燃料乙醇有限公司	河南省南阳市	小麦/玉米/薯类	70.0
吉林燃料乙醇有限公司	吉林省吉林市	玉米	70.0
中粮生化能源（肇东）有限公司	黑龙江省肇东市	玉米	40.0
吉林省博大生化有限公司	吉林省吉林市	玉米	30.0
广西中粮生物质能源有限公司	广西壮族自治区北海市	木薯	20.0
广东生物能源有限公司	广东省湛江市	木薯	15.0
山东富恩生物化工有限公司	山东省莒县	木薯	12.0
陕西延长石油（集团）有限责任公司与中国科学院大连化学物理研究所	陕西省西安市	煤	10.0
中溶科技股份有限公司	河北省迁安市	煤	10.0
山东龙力乙醇科技有限公司	山东省德州市	玉米芯	5.5
辽源市巨峰生化科技有限公司	吉林省辽源市	玉米	5.0
中兴能源有限公司	内蒙古自治区巴彦淖尔市	甜高粱茎秆	3.0
济南圣泉股份有限公司	山东省章丘市	纤维素	2.0
山东泽生生物科技有限公司	山东省东平县	玉米秸秆	2.0

资料来源：环球印象《国内外燃料乙醇生产及市场分析》（2020 年）

我国自 2001 年在黑龙江省建成了第一套燃料乙醇示范装置，实行全省封闭运行车用乙醇汽油（E10[①]）以来，燃料乙醇的产量持续多年超过 200 万吨，目前产量处于世界第三位。国家能源局对扩大试点后组织的评估显示，我国燃料乙醇的技术成熟度、资本回报率以及环境影响等得到了实践的验证，环境、经济和社会效益显著，值得推广。“十三五”时期，发展燃料乙醇产业成为我国应

① E10 是指加入了 10%的变性燃料乙醇。

对温室气体减排和大气污染治理的一项重大举措。2017 年 9 月，国家发展和改革委员会下发了《关于扩大生物燃料乙醇生产和推广使用车用乙醇汽油的实施方案》，标志着我国生物燃料乙醇进入全面推广的新阶段。在发展之初，燃料乙醇的生产原料主要以粮食作物为主，包括玉米、小麦和水稻等，此为最初的燃料乙醇技术；后来受国际经济发展形势的影响，全球粮食价格极其不稳定，波动很大，影响了一代燃料乙醇行业的发展速度，人们开始关注以木薯等淀粉类或玉米茎秆糖汁等非粮作物为原料的新一代燃料乙醇技术（何皓等，2012）。随着燃料乙醇工艺技术的不断发展，目前已经开发的燃料乙醇技术均实现了工业化生产。国内外同行业专家学者投入大量精力研发的最新一代燃料乙醇——以农作物秸秆为原料生产的纤维素燃料乙醇，目前也取得了较大突破，国外已建成了 4 套产业化示范装置，国内有 3 家单位建成了规模不等的中试装置，并有一家企业（山东龙力乙醇科技有限公司）实现了万吨级装置运行。由于有些关键技术环节没有达到国际先进水平，目前暂时还没有一套以秸秆为原料生产纤维素乙醇成功投产运行的万吨级装置。

随着燃料乙醇生产技术的进步，我国燃料乙醇产量实现了稳中有增，2017 年我国生物燃料乙醇产量约为 260 万吨，在全球占比仅为 3%，位列第三。2018 年 8 月，国务院出台了《全国生物燃料乙醇产业总体布局方案》，在国家政策推动下，国内燃料乙醇市场在逐步扩大放开中。中国产业信息网发布的《2018 年中国燃料乙醇市场供需现状及未来发展方向分析》报告显示，截至 2018 年 12 月，我国在黑龙江、广西等 7 个省（自治区、直辖市）和山东、河北等 6 个省的 35 个地市，共计 13 个省（自治区、直辖市）试点推广车用乙醇汽油，车用乙醇汽油消费量已超过同期全国汽油消费量的 22%。此外，还有部分在建、拟建和规划的燃料乙醇项目正在实施当中（表 1-8）。

表 1-8 部分在建、拟建和规划的燃料乙醇项目

企业名称	地点	原料	产能/（万吨/年）	状态
中国石油化工集团有限公司	江西省井冈山市	木薯	10.0	在建
美洁国祯（安徽）绿色炼化有限公司	安徽省阜阳市	纤维素	18.2	在建
黑龙江省万里润达生物科技有限公司	黑龙江省双鸭山市	玉米	30.0	在建
国投生物科技投资有限公司	辽宁省铁岭市	玉米	30.0	在建
吉林省新天龙实业股份有限公司	吉林省四平市	纤维素	—	拟建
吉林燃料乙醇有限公司	吉林省吉林市	纤维素	8.0	筹建
内蒙古仕奇集团有限责任公司	内蒙古通辽市	玉米	30.0	筹建
中粮生物化学（安徽）股份有限公司	安徽省蚌埠市	纤维素	10.0	规划

资料来源：中国产业信息网《2018 年中国燃料乙醇市场供需现状及未来发展方向分析》

（二）生物柴油

中国幅员辽阔，有着十分丰富的原料资源可用于发展生物柴油产业。中国对生物柴油的开发研究起步相对较早，1981 年已经有了用棉籽油、菜籽油等植物油进行生物柴油生产的试验研究。近年来，中国科学技术大学、北京化工大学等单位也先后开展了对生物柴油生产技术的研发工作。从生产技术来看，我国已成功研制出了以麻疯树油、餐饮废油以及米糠油下脚料等为原料生产生物柴油的技术工艺，其中脂肪酸烷基酯生产方法、棉籽油下脚料合成脂肪酸甲酯技术、短链脂肪酸酯化作为酰基受体的酶法生物柴油技术等多项技术达到了国际领先水平。进入 21 世纪初，中国生物柴油开始了规模化生产。自 2002 年经国务院批示、国家发展和改革委员会开始推进该项工作以来，民营企业、大型国有企业以及外资（合资）企业纷纷投资生物柴油的生产建设。目前，中国已有数百家从事生物柴油的生产企业，包括中国石油化工集团有限公司（简称中石化）、中国石油天然气集团有限公司（简称中石油）、中国海洋石油集团有限公司（简称中海油）等大型国有企业，海南正和生物能源有限公司等民营企业，以及美国联美实业集团、奥地利碧路公司、英国中天明生物能源有限公司、英国阳光科技集团等外资（或合资）企业，形成了国有企业、民营企业和外资（或合资）企业共同参与的生物柴油产业发展新格局。用于生产的原料主要以地沟油、植物油下脚料、餐饮废油等为主。但由于原料供应不足等，许多企业面临着停机待产的窘境，2011 年我国生物柴油的实际产量仅为 55 万吨。中国科学院天津工业生物技术研究所、中国科学院成都文献情报中心发布的《中国生物工业投资分析报告 2016》相关数据显示（中国科学院成都文献情报中心，2016），截至 2015 年我国生物柴油产能已达到 332.7 万吨，其中山东省是国内生物柴油厂家最多、产能最大的地区，其产能占到了全国产能的 25%。整体来看，我国生物柴油的产能主要集中在东部沿海的经济发达地区，这与该区域成品油市场的活跃程度是分不开的。从产业发展生命周期来看，中国生物柴油产业正逐渐由高风险、低收益的导入期向高风险、高收益的成长期过渡。结合当前国内外生物柴油产业发展的实际以及发展趋势，合理选育和科学种植油料植物，开发微藻以及海洋藻类资源，建设规模化原料供应基地，探索可靠的生物柴油原料供应体系是未来生物柴油产业规模化发展的重要战略选择。

智研咨询发布的《2018—2024 年中国生物柴油行业深度分析与发展前景预测报告》显示，受国家相关政策措施的积极影响（表 1-9），2017 年我国生物柴油产量约为 100 万吨、年产 5000 吨以上的厂家有 40 余家，并向大规模化趋势发展（图 1-9）。目前，我国生物柴油正进入快速发展阶段，各地纷纷投资建厂。

表 1-9 近年来我国支持生物柴油发展的相关政策

年份	政策名称	发布单位	重点内容
2012	《生物产业发展规划》	国务院	实施生物柴油商业化示范工程，加快生物柴油制备用催化剂开发
2013	《战略性新兴产业重点产品和服务指导目录》	国家发展和改革委员会	支持餐厨废弃物制成生物柴油等资源化产品
2014	《关于印发能源行业加强大气污染防治工作方案的通知》	国家发展和改革委员会等	继续推动非粮燃料乙醇试点、生物柴油等产业化示范
2014	《生物柴油产业发展政策》	国家能源局	对生物柴油产业政策目标、发展规划、产业布局、行业准入、生产供应、推广应用、技术创新、政策措施均做出了规定
2016	《生物质能发展“十三五”规划》	国家能源局	建立健全生物柴油产品标准体系，开展市场封闭推广示范，推进生物柴油在交通领域的应用
2016	《关于全国全面供应符合第五阶段国家强制性标准车用油品的公告》	国家发展和改革委员会等	在全国范围内全面供应符合国 V 标准的车用汽油（含 E10 乙醇汽油）、车用柴油（含 B5 生物柴油）
2017	《“十三五”生物产业发展规划》	国家发展和改革委员会	完善原料供应体系，有序开发利用废弃油脂资源和非食用油料资源，发展生物柴油
2018	《上海市支持餐厨废弃油脂制生物柴油推广应用暂行管理办法》	上海市发展和改革委员会	支持餐厨废弃油脂制生物柴油（B5）在上海市加油站推广应用，并设置应急托底保障机制，鼓励源头补偿

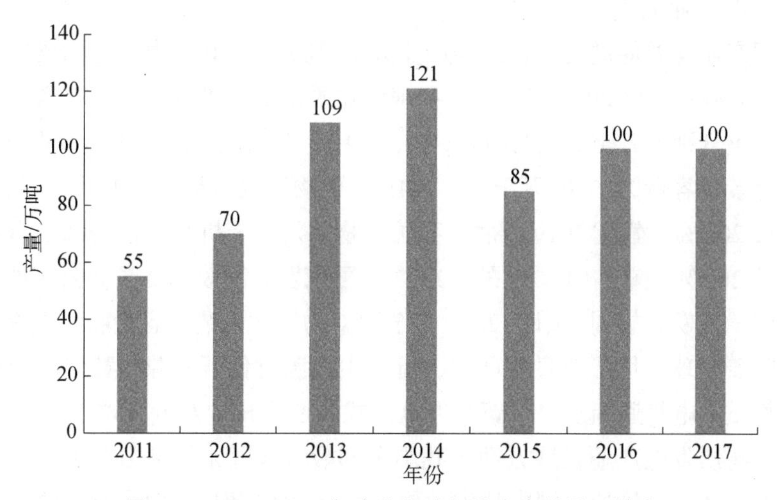

图 1-9 2011～2017 年生物柴油行业生产总量及增速

资料来源：《中国能源统计年鉴 2018》、智研咨询《2018—2024 年中国生物柴油行业深度分析与发展前景预测报告》（2018 年 5 月）

（三）生物质发电

自20世纪60年代，中国开始着手对生物质发电的研究，目前这方面的技术已经相对较为成熟。在生物质发电行业中以甘蔗渣和稻壳为主要原料的气化发电、生活垃圾焚烧发电和填埋气发电均已进入了商业化推广的阶段，生物质直燃发电和秸秆气化发电也已经处于示范阶段。2000年以来，国家电网等大型国企以及民企和外资企业也纷纷投资建设生物质发电项目，产业规模迅速壮大，项目覆盖区域日益扩大。国家能源局发布的《生物质能发展“十二五”规划》指出，到2015年，我国生物质能年利用量超过5.0×10^{7}吨标准煤。其中，生物质发电装机容量约为1.3×10^{4}千瓦，年发电量约为7.8×10^{10}千瓦·时。从整体上来看，中国生物质发电产业发展较为成熟，已步入高风险、高收益的成长期。但产业持续发展仍存在诸多问题。如秸秆直燃发电存在着缺乏核心技术以及设备购置、发电成本偏高等问题；尽管目前我国对生物质气化发电核心技术和设备已经完全掌握，但对原料的大规模收集和储存还依然存在困难，造成了投资回报率低、运行成本高的境况。此外，还存在秸秆与煤混燃发电技术中燃料掺烧量难以准确计量且混燃发电无法享受到补贴电价等，以及垃圾焚烧发电存在初期投资过高、缺乏核心焚烧设备和技术、运行成本高、发电效率低等问题。这些问题的存在，在很大程度上制约了我国生物质发电产业的发展。

中国产业发展促进会生物质能产业分会发布的《2020中国生物质发电产业发展报告》显示，仅2019年一年，我国生物质发电装机容量和发电量占可再生能源的比重分别上升至2.54%和6.31%，其中，全国已投产生物质发电项目744个，累计装机容量为1476万千瓦。2019年生物质发电量为1111亿千瓦·时，同比增长20.4%。截至2019年底，我国生物质发电装机容量达到2254万千瓦，同比增长26.6%（图1-10）。此外，2007年国家发展和改革委员会公布的《可再生能源中长期发展规划》预计，2020年全国生物质发电装机容量将达到3.0×10^{7}千瓦。随着全球环境形势日益严峻，可再生资源对化石能源的替代也会逐渐加速，生物质发电将逐渐从一个新兴发电方式转变为日常发电模式。

在生物质发电产业发展方面，我国东部沿海地区尤其是山东省、广东省的生物质发电装机容量处于国内领先地位。截至2019年底，山东省生物质发电装机容量达到了324.3万千瓦，广东省约为239.4万千瓦，江苏省、安徽省则分别为203.1万千瓦和195.4万千瓦。

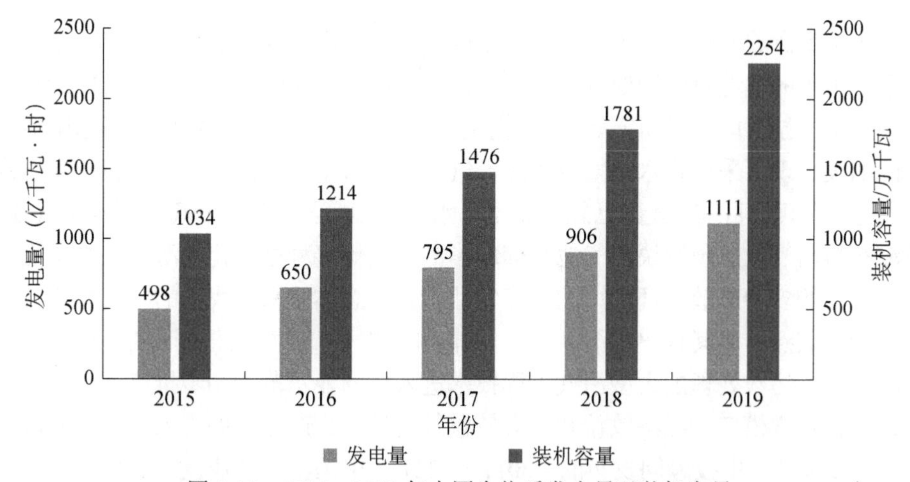

图 1-10 2015～2019 年中国生物质发电量及装机容量

资料来源：中国产业发展促进会生物质能产业分会《2020 中国生物质发电产业发展报告》

在国内，江浙地区的垃圾焚烧发电做得比较好。《2020 中国生物质发电产业发展报告》中垃圾焚烧发电各省（自治区、直辖市）上网电量排行榜显示，浙江省、江苏省和广东省的发电量位列前三。其中，浙江省以垃圾焚烧发电上网电量 53.1 亿千瓦·时列于全国首位（图 1-11）。

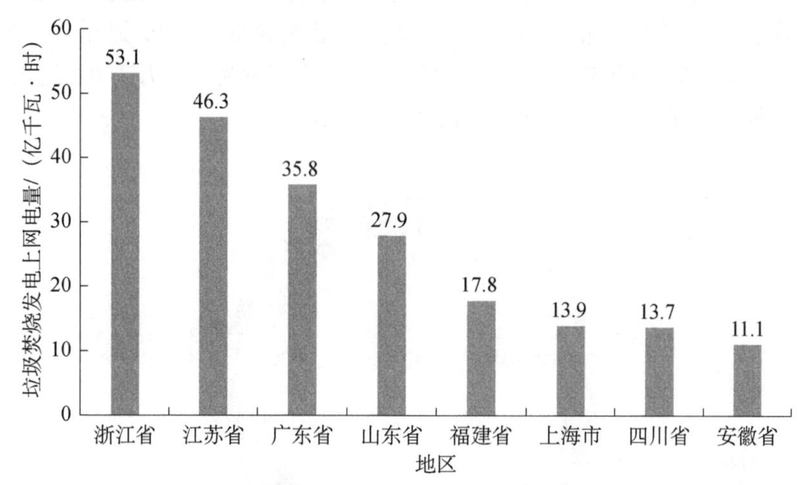

图 1-11 2018 年中国各省（自治区、直辖市）垃圾焚烧发电上网电量排名

资料来源：中国产业发展促进会生物质能产业分会《2020 中国生物质发电产业发展报告》

（四）沼气利用

沼气是指生物质原料（农作物秸秆、粪污、有机废水等）在厌氧环境下通过微生物发酵产生的以甲烷（CH_4）为主要成分的可燃性混合气体。中国沼气工程

主要包括畜禽养殖场沼气工程、养殖小区沼气工程以及联户沼气工程等。由于不同沼气工程的建池目的和处理原料不同，其技术工艺亦有差异（Shen et al, 2010）。中国对沼气技术的开发研究始于19世纪末，此后，20世纪20年代我国东南沿海地区陆续出现了采用排水储气及水压输气原理的人工沼气池，开创了我国水压式沼气池的先河。目前，我国已经研制出了水压式圆筒沼气池、分离浮罩式沼气池、曲流布料沼气池、预制块沼气池和椭球形沼气池等多种标准化池型，建立了围绕沼气生产的多种高效循环利用的生态农业模式。总体看来，我国的沼气利用技术已经较为成熟，尤其是户用沼气和畜禽养殖场沼气工程均已进入了商业化普遍推广的阶段，污水处理的大型沼气工程技术进入了商业示范和初步推广的阶段；沼气推广普及规模广，经济效益和社会效益较为显著，产业发展进入了稳步发展的成长后期阶段。中投顾问发布的《2017～2021年中国沼气产业投资分析及前景预测报告》显示，截至2016年，我国沼气理论产量约为190亿米^3/年，其中户用沼气产量约140亿米^3/年，规模化沼气工程约10万处、产气量约50亿米^3/年，我国沼气产业正处于转型升级的关键阶段。“十三五”期间，中央进一步加大对农村沼气的投资力度，加大向农户集中供气的大中型沼气工程支持力度，不断优化投资结构，积极提升沼气发展的综合效益。2019年，我国生物质发电（农林生物质发电、垃圾焚烧发电以及沼气发电等）的装机容量与2018年相比，在新增装机容量上均有了一定的增加，其中垃圾焚烧发电装机容量为1202万千瓦，约占生物质发电总装机容量的53%；农林生物质发电装机容量为973万千瓦，约占43%；沼气发电装机容量为79万千瓦，约占4%（图1-12）。

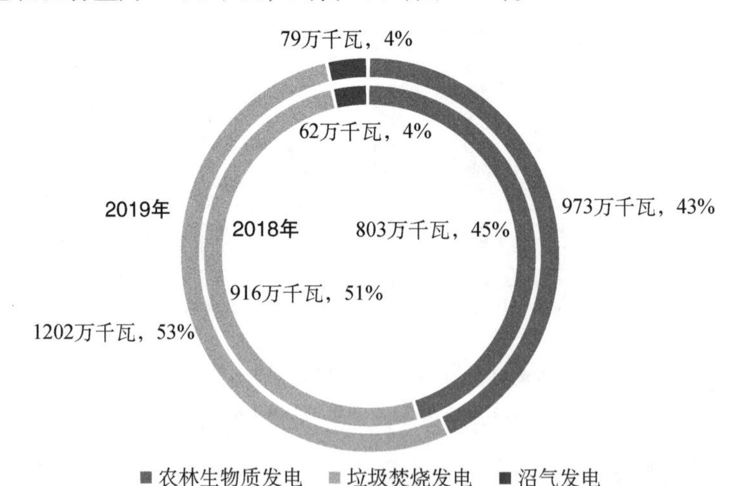

图1-12　2018年和2019年各主要类型生物质发电装机容量及占比

资料来源：中国产业发展促进会生物质能产业分会《2020中国生物质发电产业发展报告》

在沼气发电方面,《2020 中国生物质发电产业发展报告》统计,截至 2019 年底,全国 25 个省(自治区、直辖市)沼气发电累计装机容量为 79 万千瓦,较 2018 年增长 27%。累计装机容量排名前五的省份分别是广东省(15.2%)、江苏省(10.2%)、河南省(10.1%)、山东省(9.2%)、江西省(7.7%)、湖南省(7.7%),合计占全国累计装机容量的 60.1%(图 1-13)。

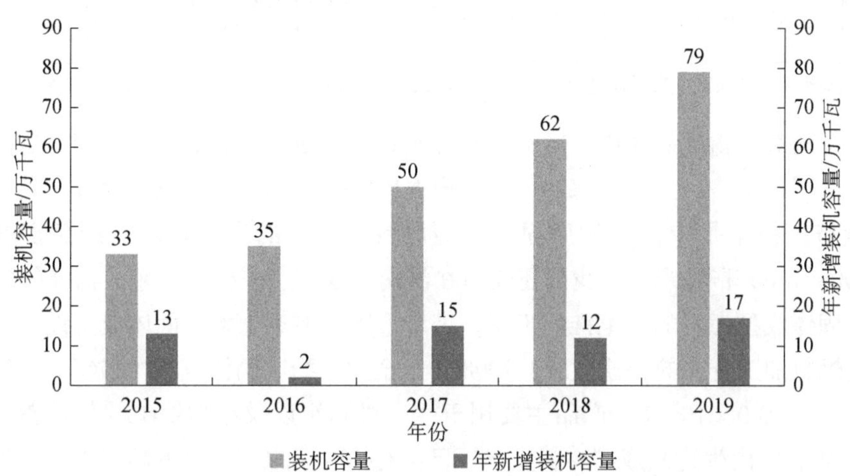

图 1-13 2015～2019 年沼气发电累计装机容量和年新增装机容量

资料来源：中国产业发展促进会生物质能产业分会《2020 中国生物质发电产业发展报告》

(五)生物质成型燃料

生物质固体成型技术主要分为压模辊压式成型、活塞式成型和螺旋挤压式成型等几种形式(表 1-10)。

表 1-10 各类固体成型技术综合比较

技术类型	成型原理	适用原料	燃料形状	主要技术特点	适用场合
环模压辊	采用环形压模和圆柱形压辊压缩成型,一般不需要外部加热	农林生物质	颗粒、块状	生产能力较高,产品质量好;模具易磨损,维修成本较高	适合大规模生产
平模压辊	采用水平圆盘压模与压辊压缩成型,一般不需要外部加热	农林生物质	颗粒、块状	设备简单,制造成本较低;生产能力较低	适合小规模生产
机械活塞	冲压成型	农林生物质	棒状	密度高;设备稳定性差,振动噪声大,有润滑污染问题	适合工业锅炉用户

续表

技术类型	成型原理	适用原料	燃料形状	主要技术特点	适用场合
液压驱动	冲压加热成型	农林生物质	棒状	运行平稳，密度高；生产能力低，易发生“放炮”现象	适合工业锅炉用户
螺旋挤压	连续挤压，加热成型	木质生物质	空心棒状	产品密度高；套筒磨损严重，维修成本高	适合中小规模生产，加工成机械炭

资料来源：中国产业发展促进会生物质能产业分会《2020 中国生物质发电产业发展报告》

中国对生物质固体成型燃料的开发研究始于 20 世纪 80 年代中期，目前已研制出了螺旋挤压式、活塞冲压式、模辗压式等多种生物质成型设备。其中，螺旋挤压技术是中国生物质固体成型燃料最成熟的生产技术，产品密度高（1100～1400 千克/米^3）。我国还先后在河南、辽宁、安徽、山东、河北等省份开展固体成型燃料的示范推广工作，带动了国内多家生物质固体成型设备的生产及燃料加工企业的快速发展。2008 年，全国生物质固体成型燃料年产量仅为 2.5×10^5～3.0×10^5 吨，产品主要用于生产机制炭以及小型锅炉的替代燃料。2013 年，国内生物质成型燃料生产厂已经有 500 余家，其中万吨级以上的生产厂达到了近百家，成型燃料年产量约为 8.0×10^6 吨，折合标准煤约 4.0×10^6 吨。我国的农业秸秆燃料厂主要分布在华北、华中以及东北等地区；林业木质颗粒燃料厂主要集中在华东、华南、东北和内蒙古等区域。从整体来看，中国在生物质成型燃料技术、设施设备、行业标准以及配套服务体系等方面都得到了明显的发展，形成了较为完备的产业链条和产业发展体系，初步呈现出了良好的发展势头，但也仍存在着企业生产规模小、补贴不到位等问题。

中国生物质成型燃料的研发起步较晚，但得益于国家相关政策的支持，其发展迅速。国家能源局发布的《生物质能发展“十三五”规划》对我国生物质成型燃料建设布局、建设区域以及建设规模等进行了具体规划（表 1-11）。截至 2016 年，我国生物质成型燃料的利用量达到了 800 万吨/年（图 1-14），主要用于城镇居民生活的供暖以及工业生产、生活的供热。

表 1-11 “十三五”时期中国生物质成型燃料建设布局

序号	重点区域	重点省份	重点	2020 年规划年利用量/万吨	替代煤炭消费量/万吨标准煤
1	京津冀鲁地区	北京、天津、河北、山东等	农村居民采暖、工业园区供热、商业设施冷热联供	600	300

续表

序号	重点区域	重点省份	重点	2020年规划年利用量/万吨	替代煤炭消费量/万吨标准煤
2	长三角地区	上海、江苏、浙江、安徽等	工业园区供热、商业设施冷热联供	600	300
3	珠三角地区	广东等	工业园区供热、商业设施冷热联供	450	225
4	东北地区	辽宁、吉林、黑龙江	农村居民采暖、工业园区供热、商业设施冷热联供	450	225
5	中东部地区	江西、河南、湖北、湖南等	工业园区供热、商业设施冷热联供	900	450
总计				3000	1500

资料来源：国家能源局《生物质能发展“十三五”规划》(2016年)

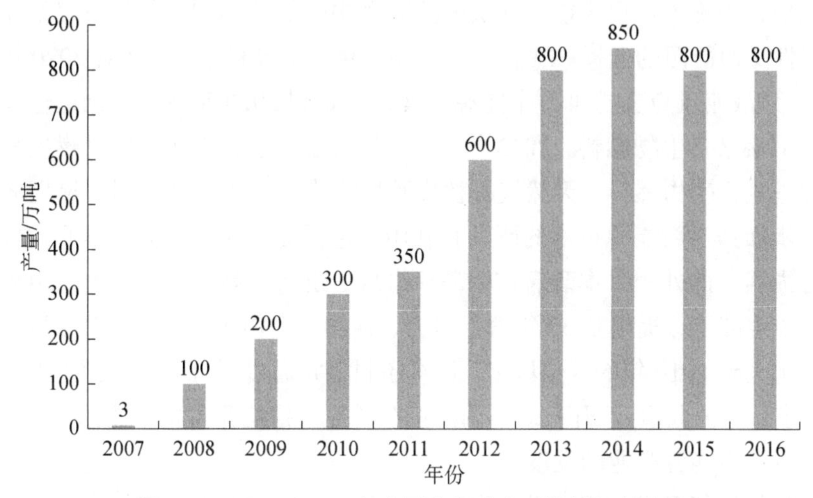

图1-14 2007～2016年中国生物质成型燃料年利用量

资料来源：中国产业调研网《2020—2026年中国生物质能利用市场深度调研与发展趋势预测报告》(2020年)

对比欧美国家成型燃料利用的现状，我国成型燃料在生产技术、生产和应用设备技术方面还亟待提升，此外技术服务体系基础较弱，技术标准、产品检测、认证体系还不完善，还不能完全支撑起相关产业的发展。尽管初步形成的集原料收储运、成型燃料生产加工、产品流通、终端利用的产业体系每个环节都有了一些成功的应用实例，但整体上各产业体系还尚未形成大型专业化集团，特别是在原料及产品的收、储、运等产品流通环节，往往还处于由加工企业来独自承接的现状。我国成型燃料产业的整体规模较小，目前基本上还处于规模化发展初期。

三、促进生物质能产业发展的政策分析

（一）国外生物质能发展现状

在生物质能产业发展政策方面，国外发达国家的生物质能产业能够快速发展的一个重要因素就是政府制定政策规划，并加大对该国生物质能产业发展的政策引导，从而推动生物质能产业的快速发展。2011 年 3 月，美国政府发布了《能源安全未来蓝图》，提出了确保该国未来能源供应和能源安全的三大战略。2012 年 4 月，美国政府发布了《国家生物经济蓝图》，提出了要发展建立在生物资源可持续利用、生物技术基础上的生物经济。2014 年 5 月，美国政府出台了《作为经济可持续增长路径的全方位能源战略》，该战略鼓励可再生能源的发展建设规划，明确了可再生能源在交通业转型中的引领作用，并将可再生能源作为替代性交通能源的选择。欧盟方面，2008 年，欧盟制定了《欧盟 2020 年能源战略》，该战略重点支持可再生能源发展，计划到 2020 年各成员国运输能耗中至少有 10%来自生物燃料。2013 年 3 月，欧盟委员会公布了《清洁燃料战略》，提出促进氢、生物燃料、天然气等替代燃料的使用。2013 年 5 月，欧盟峰会决定进一步加强对新能源技术的研发和利用，包括提高能效、低成本开发可再生能源等内容。此外，日本政府在福岛核事故后也将新能源发展的重点由核能转向了可再生能源，提出 2030 年海上风力、地热、生物质、海洋四个领域的发电能力要扩大到 2010 年的 6 倍以上。日本还制定并通过了可再生能源上网电价方案，要求日本公共事业部门 20 年内需按照约定价格购买可再生能源电力，以促进该国可再生能源产业的发展。

在生物质能开发利用技术研发与投入方面，当前世界各国高度重视生物质能的开发利用，不断加大对生物质能产业发展的科技支持力度，从而促进生物质能产业的快速发展。

（1）美国。2011 年，美国能源部宣布与美国农业部联合向该国的 8 个研发项目提供 4700 万美元的资金，以促进生物质能的研究和发展。此次资助项目涵盖的范围包括生物燃料的生产、生物能源以及来自各种生物资源的高价值生物基产品的生产等。2013 年 5 月，美国国防部与该国的三家燃料公司签署了战略合作合同，投资了 1600 万美元用于开发可直接使用的军事生物燃料。2014 年 9 月，美国国防部通过了《国防生产法案》，为美国艾米绿生物燃料公司、美国支点生物能源公司和美国红宝石生物公司等多家企业提供了 2.1 亿美元的专项资助，用于生产有成本竞争力的军用生物燃料的生物精炼厂的建设，目标是到 2016

年，能够促使生物燃料的价格降至3.5美元/加仑，可与石油基燃料竞争，并实现温室气体减排50%。2014年10月，美国能源部宣布对该国的5个生物燃料和生物产品项目提供1340万美元的资助，目的是降低生物汽油、柴油和喷气燃料的成本，以促进2022年生物燃料成本降至每加仑3美元目标的实现。

（2）欧盟。2014年6月，欧洲工业生物技术研究与创新平台中心推出了BIO-TIC项目，该项目旨在解决阻碍欧洲工业生物技术发展创新的问题。2014年6月，德国尤利希研究中心与亚琛工业大学化学石油工程、化学过程工程、机械过程工程和过程系统工程领域的四个部门开展科技合作，建立了新的藻类研究中心，研发生产微藻航空生物燃料，并进行了经济性能和环保性能的测试，联邦农业、食品和消费者保护部提供了575万欧元的支持资金。

（二）国内生物质能发展现状

我国政府亦高度重视对生物质能的开发利用，先后出台了一系列战略规划和指导性政策。2014年11月，国务院在公布的《能源发展战略行动计划（2014—2020年）》中指出，坚持煤基替代、生物质替代等多措并举的方针，到2020年，我国将形成石油替代能力4.0×10^4吨以上。在生物质替代方面，加强先进生物质能技术攻关和示范。2016年10月，国家发展和改革委员会发布的《生物质能发展“十三五”规划》预测，到2020年，我国生物质能基本实现商业化和规模化利用，生物质能年利用量约为5.8×10^7吨标准煤，发电总装机容量达1.5×10^7千瓦，年发电量达900亿千瓦·时。2017年12月，国家发展和改革委员会、国家能源局下发的《关于促进生物质能供热发展的指导意见》指出，到2020年，我国生物质热电联产装机容量目标将超过1200万千瓦，生物质成型燃料年利用量达到约3000万吨，生物质燃气（生物天然气、生物质气化等）年利用量达到约100亿米^3，生物质能供热合计折合供暖面积约10亿米^2，每年直接替代燃煤约3000万吨，国家可再生能源电价附加补贴资金将优先支持生物质热电联产项目。此外，为进一步促进我国生物质能产业的发展，国家发展和改革委员会、国家能源局还分别于2017年12月和2018年2月相继下发了《关于促进生物质能供热发展的指导意见》《2018年能源工作指导意见》等。

在鼓励生物质能产业发展的财税补贴制度方面，我国亦先后出台了多项相关政策，以扶持生物质能产业的发展。2012年12月，财政部、国家发展和改革委员会联合发布了《战略性新兴产业发展专项资金管理暂行办法》，对包括生物质能在内的战略性新兴产业设置专项资金以支持重大关键技术突破、产业创新发展、重大应用示范以及区域集聚发展等工作。2013 年 4 月，财政部发布了《关于预拨可再生能源电价附加补助资金的通知》，规定了可再生能源电价补贴的金额，其中生物质发电补助金额为 305 512 万元，占总金额的 20.63%。2014 年 12 月，财政部、科学技术部、工业和信息化部以及国家发展和改革委员会等四部委联合发布了《关于 2016—2020 年新能源汽车推广应用财政支持政策的通知》（财建〔2015〕134 号），将新能源汽车补贴延长至 2020 年。2017 年 6 月，国家能源局发布了《关于开展北方地区可再生能源清洁取暖实施方案编制有关工作的通知》，指出生物质发电尽可能实行热电联产集中供暖，不具备建设生物质热电厂条件的地区，可推广生物质锅炉供暖或生物质成型燃料，结合新农村建设，易地搬迁，小城镇、中心村建设等，在农村推广小型可再生能源集中供暖设施。2018 年 6 月，财政部、国家发展和改革委员会、国家能源局公布了《关于可再生能源电价附加资金补助目录（第七批）的通知》，指出现有农林生物质发电、生活垃圾焚烧发电和沼气发电国家电价支持政策之外的，包括燃煤与农林生物质、生活垃圾等混燃发电在内的其他生物质发电项目，不纳入国家可再生能源电价附加资金补助目录，由地方制定出台相关政策措施，解决补贴资金问题。

在生物质能开发利用的技术研发方面，我国政府对生物质能领域的科技发展给予高度重视。《国家中长期科学和技术发展规划纲要（2006—2020 年）》把生物质能等开发利用技术作为能源领域中的优先发展方向，重点研究开发沼气、固化与液体燃料等生物质能生产关键技术。“863 计划”和“973 计划”均设有生物质能资源开发利用及可再生能源相关的重点项目及技术专题。近年来，“863 计划”资助了纤维素、木质素制备液体燃料新技术，生物质燃油制备新技术，生物质能转化与利用新技术等，同时还针对生物质能转化中，如生物质直接脱氧催化液化制备燃油、甜高粱茎秆生产燃料乙醇、连续固体酸碱催化酯化制备生物柴油等关键技术与工艺给予了资助。2016 年 11 月，国家发展和改革委员会、农业部下发了《关于编制“十三五”秸秆综合利用实施方案的指导意见》，立足于各地秸秆资源分布，结合乡村环境整治和节能减排措施，积极推广秸秆生物气化、热解气化、固化成型、炭化、直燃发电等技术，推进生物质能利用，改善农村能源结构。在秸秆资源丰富和农村生活生产能源消费量较大的区域，大力推广秸秆燃料代煤、炭气油多联产、集中供气工程，配套秸秆预处理设备、固化成型设备、生物质节能炉具等相关设备，推动城乡节能减排和改善环境。2017 年 11 月，国家能源局、环境保护部在下发的《关于开展燃煤耦合生物质发电技改试点工作的通知》中指出，组织燃煤耦合生物质发电技改试点项目建设，旨在发挥世界最大清洁高效煤电体系的技术领先优势，依托现役煤电高效发电系统和污染物集中治理设施，构筑城乡生态环保平台，兜底消纳农林废弃残余物、生活垃圾以及污水处理厂、水体污泥等生物质能资源，破解秸秆田间直焚、污泥垃圾围城等社会治理难题，促进电力行业特别是煤电的低碳清洁发展。

以上政策措施的相继出台，对我国发展生物质能产业，促进能源可持续利用，改善能源消费结构，维护能源安全，应对气候变化等都具有积极的促进作用。

第二章　世界主要国家和地区的能源安全战略及政策措施

第一节　世界主要国家和地区能源安全概述

当前，在世界各个国家和地区中，美国、欧盟各主要成员国以及日本等是全球主要能源消费国，这些国家的能源安全战略和政策在发达国家中具有很强的代表性；俄罗斯作为全球主要能源生产国之一，其能源安全战略和政策对世界能源生产和能源消费有着重要的影响。因此，选取美国、欧盟、俄罗斯和日本等的能源安全战略和政策进行分析，并从中总结出这些国家和地区的一些经验，可以为我国能源安全战略的调整和完善、能源产业的发展取向提供经验借鉴。

一、美国能源安全战略及政策措施

（一）美国能源安全战略发展进程

美国能源安全体系是建立在预防发生石油供应大规模中断的基础上的，总体思路是：稳定并减少对海外石油的依存度，实行进口来源多元化；注重开发新型可再生能源，实现国内能源供应品种的多元化；大力研发和应用节能技术，提高能源效率。在减少对潜在的不可靠能源供应地的依赖的同时，加大对世界主要能源产地和供应线的控制与影响力。美国的能源安全保障措施经历了从相对单一的军事保障过渡到军事、外交、经济等多途径保障的过程，在不同阶段，其侧重点有所区别；能源安全保障从单一的石油品种转向石油、天然气等各种能源；保障视野从中东走向全球。

20世纪70年代，美国能源安全政策中有明显的军事成分，保障措施以军事保障为主。美国政府在加强军事力量、保证石油供应的同时，还实行了一个旨在通过取消对国内石油价格控制、促进能源节约、支持替代燃料和可再生能源的开发来减少石油进口的非军事能源计划。20世纪80年代初期，美国政府开始对其能源安全战略进行了一定的调整，通过运用市场机制调节国内石油的供给产业，减少了对能源事务的行政干涉，并逐渐重视海外能源，即世界能源富足的中东产油国家。此外，政府还强调通过提高能源效率、降低国内石油需求、促进国内石油生产、建立战略石油储备以及促进进口来源多元化等多方面来保障美国的能源安全。1980 年，卡特正式提出将能源安全作为国家安全利益与对外军事战略的重要部分（沈小钰，2010）。1981 年，里根上任后提出了运用市场机制调控能源工业，并指出政府的主要职责和目标以及行政原则，为市场运作扫除障碍。老布什政府、克林顿政府期间，仍强调市场机制的作用，并于 1991 年将此政策写入了《国家能源战略》。2001 年，小布什上台后即刻制定了《为美国的未来提供可靠的、可负担的及环境许可的能源》，进一步完善了美国能源安全保障体系（修光利和侯丽敏，2008）。其主要表现在：首先，更加重视依靠国内能源资源，强调增加国内能源供应，利用先进技术来加强国内石油天然气勘探和开发，提高国内油气产量；继续强调煤炭在电力发展中的作用，强调发展核电的重要性，简化审批新建炼油厂和发电厂的手续；重视节能和提高能效；改善和新建能源基础设施；增加政府战略石油储备。其次，在国际方面加强同加拿大、沙特阿拉伯、墨西哥等产油国的贸易关系；加强同海湾产油国的关系；加紧开发里海和俄罗斯的石油资源；关注亚洲特别是中国的石油动向，努力减少对 OPEC、委内瑞拉等的石油依赖。能源政策的对外扩张性和军事化趋势继续加强，越来越多地使用军事手段来保障石油和其他能源的稳定供应，干涉范围从最初的波斯湾扩大到世界其他主要产油区，包括里海盆地、中亚、非洲和拉丁美洲等地区，通过扩大能源供应渠道的多元化来确保美国的能源安全。2010 年 3 月，奥巴马政府宣布了美国能源安全全面战略，提出发展新能源产业以重振衰退的美国经济，并将新能源产业作为美国未来经济的新增长点。政府公布了在能源安全方面的工作重点，包括扩大外大陆架石油和天然气勘探及开发，以加强美国的能源独立性。这一举措的目的是减少对化石能源和海外石油的依赖，更加依赖于本土能源和清洁能源，同时可以增强经济独立性，促进经济恢复，增加就业机会。同时，政府还宣布在未来 10 年内减少汽车产业对从中东和委内瑞拉进口石油的消费，而提高汽油能效是其重要手段之一。2011 年 3 月，美国发布了《能源安全未来蓝图》，将美国的能源安全战略分为三部分：第一部分为开发与保障美国的能源供应，减少石油进口；安全有序地扩大国内石油和天然气的开发与生产；确保多样化能源的发展；开发替代石油的生物燃料和天然气。第二部分为向消费者提供降低成本和节能的选择，发展更高效的交通工具，节省汽油成本。政府制订先进汽车、燃料、技术、高速铁路和公共交通的近期投资计划，包括设置新的燃油经济性标准，为发展先进车辆创造条件和政府带头购买先进汽车。第三部分为以创新方法实现清洁能源未来，主要内容包括建立清洁能源市场和改善建筑节能。

特朗普就任美国总统后，明确提出美国将奉行“能源统治”战略，提出了“美国优先能源计划”，意图通过开发利用美国丰富的化石能源资源，推动经济增长，增加就业，实现能源独立。其主要表现在：一是继续加大美国能源开发，摆脱对进口能源的依赖，积极推销美国能源出口；二是大力振兴传统化石能源，对发展可再生能源和清洁能源政策的态度趋于消极；三是将能源关系作为美国对外交往与地缘政治战略的重要工具；四是坚持“美国优先”，重视国内经济发展而轻视全球气候治理。总体来看，特朗普的能源政策体现了优先考虑经济利益、重能源轻环保的发展思路，继承了美国追求能源独立的一贯立场。“美国优先能源计划”基于美国拥有大量未开采的能源资源矿藏的国情，主张充分发挥这一优势，最大化地利用国内资源，降低美国人的生活成本，减少或消除对国外石油的依赖，为美国带来就业机会和经济繁荣。提出的实施计划包括取消《总统气候行动计划》等限制政策，拥抱页岩油和页岩气革命，发展清洁煤技术并重振美国煤炭工业，与海湾盟友发展积极的能源关系并作为反恐战略的一部分。

（二）美国保障能源安全的政策措施

美国能源对外依赖严重，从总体上看，美国化解能源危机、保障能源安全的主要目标是：保障能源供应畅通，把能源控制在合理的价格水平。美国政府通过调整国内外政策和措施以达到控制世界油气资源、提高能源利用效率、增加替代能源使用、完善战略石油储备体系等目的。

1. 美国对内的能源保障措施

美国国内能源保障的要点是在不破坏环境的前提下，大力开发新能源，提高能源利用效率，尽力避免能源价格出现大的波动，促进经济健康平稳的发展。具体体现在以下四个方面。

1）增加国内的能源生产与供应，实行能源品类多样化

为了保护国内的自然资源和环境，多年来美国政府一直奉行保存本国能源资源、廉价使用国外能源资源的政策。但是近些年来，尤其是布什政府反其道而行之，提出增加国内油气生产、保障能源供应的主张：开发阿拉斯加的石油和对国内能源生产提供减税优惠，并呼吁采用先进技术，提高国内石油资源的开发与炼制能力等。具体包括以下几方面。

一是继续发挥煤炭的作用。美国是世界煤炭蕴藏量较为丰富的国家之一，

估计煤蕴藏量为4000亿吨，约占世界总储量的13%。从长期、稳定的供应观点来看，美国使用煤炭具有明显的优势。按目前美国每年消费煤炭10亿吨的开发利用水平计算，美国煤炭可采储量可供70年的需要；如果按美国煤炭储量计算，可满足250年的需要。美国需要生产大量的电力。按原料划分，2019年美国发电所消耗的能源比例为煤炭23%、石油2%、天然气38%、可再生能源17%、核能20%。由此可见，当前利用煤炭发电占美国总发电量的比例还是较高的，排在了美国发电用能源来源的第二位，是美国安全供电、实现经济稳定发展的重要保证。针对这一现实，美国提出要保障煤炭工业的长期稳定发展，实现能源独立供给，最终实现保障国家能源安全的基本供给。对此，美国政府对煤炭工业制定了优先发展政策，以继续发挥煤炭的作用：重视对煤炭资源的有效保护，实现合理、均衡地利用与开发，积极推进优胜劣汰机制，对管理落后、效益不佳的煤矿企业实行破产或者兼并，将效益低、事故严重的煤矿或资源列为技术不可采，予以暂时关闭，留待以后条件适合时再去开发，推动企业加强管理和使用新技术，提高产量和效益，有力地促进了煤炭工业的发展。自1997年以来，美国煤炭工业整体处于稳定发展状态，但是受经济萧条、可再生能源产业迅速发展等多重因素的影响，2019年美国煤炭总产量为6.29亿吨，较2018年的6.85亿吨下降8.18%，为1978年以来煤炭产量最少的一年。

二是扩大核能、天然气的使用规模。美国每年生产的核能居全世界首位，美国人消耗的电能中有20%左右来自核能。在清洁能源（核能、地热、风力、太阳能，占全部发电量的1/3）中，核能占到了54%左右，而且成本比天然气及燃油发电低。自布什政府起，美国政府就逐渐将发展核能作为解决长期能源供应的重要手段之一，提出加速审核发放新设立核能电厂的营业执照、支持现有核电厂延长使用年限，同时计划每年投入10亿美元促进核电技术开发。目前，天然气已经成为美国第一大发电资源，作为清洁能源之一，其产业发展迅速，潜力巨大。近年来，美国政府高度重视天然气产业的发展，2019年天然气发电量占美国总发电量的38%。仅在布什政府时期，就建议在今后20年内，兴建1300～1900座以核电和天然气为主的发电厂。

三是积极鼓励开发和利用可再生能源。近年来，技术改进使得开发和利用可再生能源的成本下降，加上政府陆续推出的一些向可再生能源倾斜的政策，美国可再生能源政策正日益受到重视。2003年2月，美国参议院首次批准在能源税预案中增加对生物燃料实行优惠税制的内容。美国在以谷物作为新型可替代能源方面已取得巨大进展，尤其是以玉米为原料的乙醇、以大豆油为原料的生物柴油的生产均得到了迅速发展。2005 年底，美国可再生能源生产总量已达到 2.18 亿吨标准煤，约为当年美国一次能源生产总量的 6%。此后，为进一步推进生物质能的利用，美国能源部专门成立了生物质能研发技术咨询委员会和生物质能项目管理办公室，制定了生物质能发展路线图，并明确提出到 2012 年要将美国生物燃料的产量再提高一倍，并投入近 4 亿美元进行下一代生物燃料技术——纤维素乙醇技术的开发，争取在 2030 年用生物燃料替代 30%的运输燃油。

四是努力引导开发利用新能源。氢能是一种没有污染且取之不尽、用之不竭的新能源，一直受到美国政府的高度重视。2004 年 2 月，美国总统布什呼吁国会拨款 12 亿美元用于加快制造以氢为动力的汽车。美国能源部和一家著名的科技企业签订合同，在 2004～2006 年拿出 350 万美元来资助其氢能研究计划，希望在安全高效地提取、储存和转化氢能上有所突破，降低过高的成本。美国此前还与欧洲签署了扩大双方在氢燃料电池等方面合作研究的协议，在氢能动力汽车和燃料电池电力技术等方面取得了一定的突破。

2）推行节能措施，提高能源利用效率

为提高能源的利用效率，美国政府多次通过有关节能和提高能源利用效率的立法。1998 年，克林顿政府颁布了针对制造业的能源利用效率最低标准的立法，要求到 2010 年主要能源密集型工业部门的能源消费总量减少 25%；燃煤发电效率由 35%提高到 60%，燃气发电效率由 50%提高到 70%，推出燃料利用率 3 倍于常规交通工具的新型私人交通工具。呼吁政府通过推行节能措施，推出能源利用措施，提高能源效率和燃料热效率，减少能源需求。2001 年 5 月，布什政府对更有效地利用国家能源资源进行审查并提出建议；通过将“能源明星计划”扩大到办公室建筑以外的学校、零售业建筑物、医疗设施和家庭中，将“能源明星计划”扩大到其他产品、设施和服务中，以及加强与能源效率有关的公共教育计划等方法，尽可能地提高能源效率。

日常生活中的节能也是美国政府致力于减少能源消耗、提高能源效率的一个重要方面。美国有关机构不断酝酿并提出节能新措施，如提高运动型多用途车和轻型卡车等高耗油车型的燃油标准，鼓励人们使用耗油少的车辆。另外，美国从 20 世纪 70 年代开始实施的旨在帮助低收入家庭降低能源消耗成本的计划，通过提供技术服务，提高低收入家庭房屋的保暖性，降低冬季取暖的能耗，达到节省能源的目的。

3）建立和完善战略石油储备体系

战略石油储备是石油消费国应付石油危机的重要手段。美国是世界上战略石油储备最多的国家。石油危机促使美国福特政府在1975年12月颁布了《1975年能源政策和储备法》，开始建立战略石油储备制度并储备石油。美国的战略石油储备制度建立后，石油储备迅速上升，1985年接近5亿桶，相当于180天的进口量；1994年达到最高峰5.92亿桶。美国的战略石油储备对20世纪90年代初海湾战争时期油价涨落起到了明显的调节作用。克林顿政府时期，美国的战略石油储备出现了下降趋势，但是布什一上台，就对美国的战略石油储备政策进行调整：一是提高战略石油储备。2001年11月，布什下令美国能源部迅速增加能源储备，到2005年将战略石油储备增加到7亿桶。2003年11月，美国国会通过了一项庞大的能源法案，要求政府把战略石油储备提高到10亿桶。实际上到2003年底，美国的战略石油储备达到5.99亿桶，在当时创下了美国战略石油储备的历史最高纪录。二是严格控制使用，不轻易动用战略石油储备。2002年伊拉克战争爆发，世界石油价格迅速飙升，中东局势动荡，使得石油供应中断，美国国内石油价格不断攀升，长期处于价格高位。国内要求政府动用战略石油储备以满足供应和压低石油价格的呼声日益高涨，但是布什政府顶住各方面压力，未动用战略石油储备。

此后，美国历届政府都将建立战略石油储备作为保障石油供应安全的重要措施，截至2020年初，美国战略石油储备能力超过20亿桶。战略原油储备起到了平衡石油市场价格的作用，并保护了国家经济在高油价或是石油禁运期间的可持续发展能力，影响巨大，对国家能源安全的意义十分重要，这种作用未来仍将持续相当长的时间。

2. 美国对外的能源保障措施

美国对外能源保障的目的是加强和完善全球能源安全体系、拓展世界能源市场以及解决能源生态问题，核心则是提高美国能源安全保障度，采取相应的对外政策措施来控制可能发生危机的规模。

1）积极寻求能源来源的多元化，确保国家能源安全

从根本上来说，美国的能源安全取决于获得足够多的能源供应，尤其是油气供应。在全世界争夺油气资源、控制世界油气市场就成为美国能源安全战略的重要保障。美国历届政府不仅通过政治、经济和外交种种手段来确保对世界油气资源的控制，有时还借助武力。具体举措如下。

一是极力控制中东地区的油气资源。油气储量丰富的中东地区是美国历届政府关注的首要地区之一，中东地区是美国进口油气的主要来源，从长期来看，美国对中东石油的依赖将会越来越大。为了保障这一地区的石油供应，美国历届政府采取经济、政治、外交和军事手段，对该地区的油气资源加以控制。主要措施包括：稳定与沙特阿拉伯的战略伙伴关系、加强与中东地区其他主要产油国的外交合作、控制伊拉克石油资源等。

二是频繁插手中亚事宜，与俄罗斯展开争夺。中亚地区是20世纪90年代才开始被大规模开发的新兴能源基地，从20世纪90年代中期开始，已经被美国作为其21世纪的战略能源基地，并纳入其能源来源多元化战略。为抢占该地区的油气资源，美国采取的主要举措包括：积极促成美国大石油公司到里海地区抢滩登陆；力主修建多条管线，确保里海油气输出；加强能源外交，为本国石油公司进入该地区铺平道路；主导北大西洋公约组织将手伸向里海，加强与该地区有关国家的军事联系，确保油气的供应安全。

三是想方设法进驻非洲。非洲地区拥有丰富的油气资源，具有巨大的蕴藏潜力，美国通过鼓励石油公司增加对非洲石油开采的投资、强化对非洲产油国的外交攻势、对非洲产油国给予援助等手段，来确保该地区石油开采和供应的安全，力图使非洲成为“第二个海湾”。

2）加强国际能源合作

世界石油市场是一个整体，任何地方发生石油供应中断都会影响世界各地的石油价格和供应安全，美国政府也早已认识到这一点，即一国的力量有限，加强国际能源合作必不可少。所以，美国历届政府都较为重视加强国际能源合作（除特朗普政府奉行“美国优先”的单边主义政策之外），主要包括以下几方面。

一是积极开展双边能源合作。第一，加强与美洲主要产油国的合作。美国与墨西哥、加拿大等美洲主要产油国建立了针对能源合作的对话机制。2000年之后，美国从墨西哥、加拿大等美洲主要产油国进口的石油占到了美国石油进口总量的40%左右。第二，加强与俄罗斯的能源合作。2018年，俄罗斯探明石油储量占世界已探明石油储量的6.6%，石油产量约为5.6亿吨，石油消费量约为1.5亿吨，是世界主要的石油生产国和出口国之一。

二是努力拓展多边能源合作。首先，在国际能源机构的框架下与石油消费国合作，合作方式是进行政策协调及技术和信息交流。美国政府认为，只有西方主要消费国协调立场一致，才会对国际石油市场产生实质性的影响。即便是在世界能源市场供应紧张、油价猛升、要求动用战略石油储备呼声四起的情况下，美国政府仍一再强调，不会单方面采取措施来动用战略石油储备，而要同西方国家协调立场后才会决定是否动用战略石油储备。其次，加强与产油国的对话。美国政府通过美洲能源大会，建立有效和稳定的法律框架，加快该地区所有燃料资源的可靠供应。同时，美国还积极参与各种国际能源组织的活动。通过政府间的努力，为鼓励私营企业投资能源项目设立国际法律框架，努力营造更加开放的全球能源市场。

二、欧盟能源安全战略及政策措施

（一）欧盟能源安全战略发展进程

欧盟经济发达，能源消费量大，而区内能源资源严重不足，是典型的能源输入型地区。石油、天然气是欧盟的主要燃料，且高度依赖进口。管道运输在能源运输中占有主要地位，而且经受过几次世界能源危机的冲击。因此，欧盟能源安全政策措施体系相对完善，一方面是减少对外的依赖程度，另一方面是保障国际能源运输的安全。长期以来，欧盟努力以欧洲的利益视角规划自己的能源安全战略。冷战时期，欧共体一方面通过税制和管制，降低对石油进口的依赖，加大煤炭、天然气、核能的使用率，实现能源供应多元化，推行石油储备，另一方面加大与产油国的对话和经贸合作，甚至开展“军火换石油”的交易，保证欧盟的能源安全。冷战结束，特别是苏联解体后，欧盟能源安全战略做出了调整，期望通过市场自由化，建立包括能源生产国、过境国和消费国共同参与的集体能源安全机制。近年来，欧盟开始推动能源安全与气候变化一体化的战略。

20 世纪 90 年代，面对欧盟签署关于全球气候变化的《京都议定书》，欧洲统一步伐加快和苏联解体、冷战结束等新变化，欧盟开始重新整合其能源安全战略。1997 年 4 月，欧盟委员会发出“关于能源政策和行动的总体看法的通报”，要求把欧盟原来分散在对外关系、内部市场和环境方面的与能源有关的政策加以整合，形成统一的欧洲能源政策，为欧盟国家在能源领域共同行动提供法律依据。按照这一要求，欧盟实施了三个长期能源政策计划。从 2000 年《欧盟能源供应安全绿皮书》开始，欧盟逐年发表能源政策绿皮书。欧盟能源政策绿皮书的连续出台，标志着欧盟对能源安全和整体能源政策的重视。欧盟逐渐丰富和完善能源安全战略，从一种维护单一能源供应安全的战略，发展成为兼顾多重战略目标的综合性安全战略，包括统一内部市场的战略、替代能源开发战略、提高能源效率战略和油气战略储备及应急机制、构建国际供应网络战略、国际对话战略。2006年，欧盟委员会发布了题为“欧洲可持续、竞争和安全的能源战略”的绿皮书，目的是建立共同的、统一的欧洲能源政策，加强能源合作与协调，实现能源供给多元化，进一步改善能源内外市场，加强能源研发，发展可持续能源，确保能源供给安全等，建立欧洲共同能源政策。同时，欧盟通过“提高能源利用效率行动计划”，推行更加严格的节能标准，降低建筑能耗以及能源生产和传输环节的损耗。2007年，欧盟通过“能源行动计划”，明确欧盟2020年能源和气候变化目标，即到2020年，温室气体排放减少20%（如果条件允许，将提高到30%），可再生能源占能源总量的20%，能源利用的效率提高20%。这一目标的制定，在欧盟气候和能源政策方面具有里程碑式意义，突出再生能源作为能源安全战略的组成部分。另外，欧盟于2007年11月通过了“欧盟能源技术战略计划”，提出要鼓励推广包括风能、太阳能和生物能源技术在内的低碳能源技术，以促进欧盟未来能源可持续利用机制的建立和发展。2008年，欧盟委员会通过了欧盟能源安全和合作的行动计划及其他一系列措施，目的是加强欧盟能源安全和合作、提高能源效率，以帮助欧盟实现其制订的能源战略计划的目标。主要措施包括：一是更加有效地支持能源基础设施建设；二是更好地利用再生能源和化石能源；三是加强能源领域的协调行动（如欧盟危机处理机制、石油储备和其他各种机制）；四是采取更多措施，提高能源效率。另外，欧盟委员会还通过了有关能源网络的战略措施，主要涉及波罗的海能源网、环地中海能源网、中欧和东南欧天然气与电力能源网络互联、北海近海风能网络、南部天然气走廊五个网络和欧洲液化天然气供应战略，以确保欧盟的能源安全。2010年11月，欧盟委员会正式出台了面向2020年的能源新战略——《能源2020：具有竞争力的、可持续的和安全的能源战略》，这一能源战略以保障欧盟能源安全供应和应对气候变化为目标，以节约能源为主线，以建设节能欧洲、整合欧洲能源市场、鼓励技术创新、拓展国际交流等为基本框架，为未来欧洲能源发展提供了更加明确的方向、路径和图景。欧盟能源新战略的核心内容是未来10年欧盟国家能源领域的五大优先目标：一是将节能摆在首要位置，着力提高能源效率，到2020年节约20%；二是推进欧盟内部的能源市场一体化进程，建立真正的泛欧一体化能源市场；三是保障消费者权利，提供最高水平的安全性和可靠性；四是确保欧盟国家在能源技术与创新中的全球领先地位；五是加强欧盟能源市场的对外合作，把能源安全与外交相结合，与主要能源伙伴展开合作，并在全球范围内促进低碳能源发展。2015 年 2 月，欧盟委员会正式宣布，启动欧洲能源联盟战略。这一阶段，欧盟将能源安全的重点放在增强能源领域团结互信，提高能源使用效率，实现可持续发展目标和循环经济目标，推动科研与创新，完成向现代、低碳经济转型，最终让消费者获利上。目前，维护能源安全、增加能源竞争力、实现可持续发展是欧盟能源战略的三个主要目标。

（二）欧盟保障能源安全的政策措施

根据欧盟对未来能源供应情况的预测，其能源对外依存度将呈现显著上升的趋势。随着国际油价的上涨，能源供应安全问题被欧盟委员会提到重要议事日程。从 20 世纪 90 年代初开始，欧盟就重视整个联盟层面的能源政策，分别于 1993 年和 1998 年制订了能源计划。2000 年和 2002 年，欧盟又分别发表了能源绿皮书，针对欧盟能源供应的风险和问题，对能源供应安全提出政策框架报告。这也是欧盟能源的战略政策，对欧盟的能源供应与结构调整提出了政策指导，主要包括以下几个方面的内容。

1. 推进和建成欧盟共同战略储备

当前，随着经济全球化的发展，欧盟感到仅在成员国层面上建立战略石油储备，已不能满足应对石油危机的需要。2003 年，欧盟委员会正式建议，在欧盟一级建立战略石油储备，同时指出，共享战略石油储备将协助欧盟渡过国际危机。根据该建议，成员国的战略石油储备必须从 2003 年的至少 90 天增至 2007 年的 120 天，其中的 1/3 成为欧盟的共同战略石油储备。成员国在动用该储备时，必须征得欧盟委员会的同意。万得（Wind）资讯 2017 年的统计数据显示，作为欧盟主要成员国的法国，其战略石油储备达到了 110 天，德国达到了 136 天，而英国则达到了 232 天。

2. 加快欧盟能源市场整合

近年来，随着欧盟经济一体化的深入发展，各国逐渐认识到开放能源市场的迫切性。2002 年 3 月，欧盟巴塞罗那首脑会议决定，从 2004 年起开放成员国工业电力和天然气市场，从而使欧盟 60%的能源市场实现一体化。此举有利于促进欧盟内部竞争，提高能源利用效率，降低能源消费价格，将为逐步统一欧盟能源市场奠定坚实的基础。2003 年，北美和比利时相继发生大面积停电事故后，欧洲民众对欧洲电力供应系统的稳定性产生疑问，要求欧盟进一步提升内部电力市场一体化程度的呼声日高。

欧盟的电力和天然气内部市场尽管不是一个同质化的整体，但是已经基本发挥影响。例如，成员国政府不再对国有企业下达指示，而且新因素被引入竞争规则中。企业的责任是尊重经济管理规则、环境保护及消费者权利，而政府的责任是监控能源供应的发展以及预期能源供应的风险并做出应对。

3. 大力发展可再生能源，倡导节能，引导“智能消费”

欧盟认为，在能源匮乏的前提下，应该积极引导消费，改变人们的消费能源习惯，应大力鼓励使用可再生能源，提高汽车燃料燃烧质量，提倡有利于环境的新技术。自欧盟推行可持续发展战略以来，其对能源政策极为重视，于 2002 年 4 月提出了“欧洲智能能源”计划，在 2003～2006 年投资 2.15 亿欧元，支持欧盟各国和各地区旨在节约能源、发展可再生能源、寻找替代燃料和提高能源使用效率的行动。

欧盟委员会为此提出了具体建议，要求各成员国修改法律，鼓励使用可再生能源生产的电力。欧盟在可再生能源，如风能、生物质能、核能等方面技术十分先进。欧盟委员会负责运输和能源事务的原副主席德·帕拉西奥在一份声明中指出，发展可再生能源已成为当务之急。为此，各成员国采取相应的金融措施，如政府补贴、减税、提供资金援助等，刺激可再生能源的开发利用。此外，石油、天然气和核能等高利润部门增加可再生能源的投资，进一步加快开发利用可再生能源的步伐。

4. 与世界其他各产油国和产油地区建立良好的外交关系，以稳定石油供应

“9·11”事件后，欧盟认为，应该借助外交手段，通过建立合作条约和发展良好、稳定的关系来改进在能源输出国的投资环境，保障能源输入。欧盟试图通过开展政治对话、制定经济开发项目和增加对能源开采的投资，特别是鼓励直接投资等措施改进与能源输出国的双边关系，将开采国的利益与欧盟捆绑在一起，将单方面依赖变为相互依赖。根据英国交通运输和环境组织在 2016 年发布的统计数据，2015 年欧盟的原油进口中有 40%来自中东地区，未来可能将会进一步增长。因此，中东地区的稳定对欧盟能源安全至关重要。为此，欧盟制定了针对中东地区的“海湾能源政策新秩序”，以稳定中东地区的石油供应。

除中东地区国家外，俄罗斯成为欧盟最重要的能源供应伙伴。欧盟很多国

家尤其是波兰、德国和匈牙利三国的能源供应主要依靠俄罗斯。为此，欧盟对俄罗斯的能源政策主要集中在以下两个方面：一是稳定俄罗斯，使其继续保持能源供应，特别是天然气的供应。欧盟主要是通过与俄罗斯签订长期合约与合同，包括能源基础设施建设，给俄罗斯以长期稳定的投资保障。二是帮助俄罗斯实行内部能源市场调整和节能计划，并投资。为此，欧盟通过制定一项《普罗迪计划》（韩雪晴，2011），与俄罗斯展开能源伙伴对话，并帮助俄罗斯具体实行改善投资环境、合理化生产和节能措施。

另外，从能源因素出发，加强发展同里海国家之间的关系。近年来，里海地区的边缘地位，特别是里海地区的土库曼斯坦、阿塞拜疆在欧盟能源供应安全战略中的地位急剧上升。里海地区丰富的天然气资源将是未来欧盟分散天然气过于集中于俄罗斯的重要替代选择，并有利于稳定对欧洲天然气的出口价格。

三、俄罗斯能源安全战略及政策措施

（一）俄罗斯能源安全战略发展进程

俄罗斯能源政策是从1992年开始制定的，并在此基础上逐步形成了能源发展战略和能源安全战略的基本构想。1992～1999年，俄罗斯相继出台了《新的经济条件下能源政策构想基本原则》（1992年9月）、《2010年前俄罗斯联邦能源政策主要方向》（1995年5月）、《俄罗斯能源安全学说》（1996年4月）、《自然垄断领域结构改革基本原则》（1997年4月）等文件。这些文件确定了能源政策和未来燃料动力综合体结构改革的基本方向、目的及其实施的优先方面和机制。这期间，俄罗斯正处于经济低谷徘徊时期，大国地缘政治地位逐渐削弱，政府所制定的能源政策文件未能成为指导国家机构和各经济主体的所有实际行为的基本文件。

2000年初，普京上台执政后，对俄罗斯能源战略和安全问题高度重视，加紧了制定能源安全战略的步伐。2000年11月，俄罗斯政府颁布了《2020年前俄罗斯能源战略基本原则》，指出“能源安全是俄罗斯国家安全最重要的组成部分，保障国家安全是能源安全的主要任务之一”，认为“能源安全是指国家保护公民、社会、国家和经济的能源可靠供应免受威胁的状态”。2002年10月，俄罗斯能源战略研究所完成了《2020年前俄罗斯能源战略基本原则》的修订。根据俄罗斯能源部制定的国家能源发展战略对石油业的发展规划，俄罗斯石油产量2020年保持在3.2亿～4.45亿吨的水平。为了保障国内市场对石油产品的需求以及按国际标准出口石油产品，俄罗斯能源发展战略还对石油加工业的发展提出要求。根据这一战略，经过现代化技术改造，到2020年石油加工深度、加工能源能力分别达到80%和2.35亿吨。2003年5月，俄罗斯政府出台了《2020年前俄罗斯能源战略》纲要草案（李恒仁，2008），拟定了俄罗斯能源发展的目标，即实现能源产业功能的转变，降低能源产业在国家经济中的占比，转而使能源产业为经济发展提供稳定的动力资源，并提出投资、科技创新和对外能源合作等具体措施。2009年11月，俄罗斯出台了《2030俄罗斯能源战略》，提出2030年前能源出口仍将是关系俄罗斯国民经济发展的最重要的因素之一，但是鉴于国家长远的经济政治规划，能源出口对经济的影响将会减小，俄罗斯当前正致力于经济结构多样化并降低国家对能源出口的依赖性。2014年，俄罗斯能源部发布了《2035俄罗斯能源战略》，从能源安全、能源效率、经济效益和能源可持续发展4个方面详细规划了新能源战略草案的战略目标。该能源战略提出，新的国家能源战略的核心是实现能源行业由“资源-原料”型发展模式向“资源-创新”型发展模式的转变，能源产业在国家经济中扮演的角色将由国民经济发展的动力本身转变成推动经济发展的助推力和催化剂，应通过实现能源基础设施现代化、实现技术独立化、完善出口多元化及向数字化转型，确保俄罗斯能源安全。此外，该能源战略明确指出，到2024年俄罗斯天然气化水平应从68.6%提高到74.7%，到2035年提高到82.9%；到2024年能源生产比2018年增长5～9个百分点，出口增长9～15个百分点，吸引投资增加1.35～1.4倍。

（二）俄罗斯保障能源安全的政策措施

21世纪以来，俄罗斯的对外能源政策不断调整和创新，为国家能源发展提供了重要的行动指南。

1. 稳定能源市场，维护能源出口安全

《2035俄罗斯能源战略》提出，推动欧亚经济空间内统一能源市场的形成，旨在提高俄罗斯能源出口的质量并提高其在国际能源市场上的地位。新的战略提出了如下具体能源政策。

1）加速进入亚太市场

随着俄罗斯的“东向战略”逐步推进，俄罗斯将能源出口的目光转向亚太

市场。《2035 俄罗斯能源战略》提出，在 2035 年之前，出口亚太市场的原油和天然气分别占俄罗斯原油出口总量的 32%和天然气出口总量的 31%。

2）实现出口商品多样化

为提高在国际能源市场上的竞争力，俄罗斯在致力于实现出口市场多元化的同时，正在努力实现出口商品的多样化。《2035 俄罗斯能源战略》提出，到 2035 年，初级能源的出口比重将大幅减少，天然气、电力等的出口份额将有所提高，原品油和油品的比重将减少约 1/3，电力、液化天然气等的出口份额将提高接近 0.5 倍。

3）与新老能源市场维持长期、稳健的合作关系

欧俄能源合作近年来面临诸多危机和挑战，随着欧俄关系的日趋复杂，欧盟对俄罗斯的能源需求量有所变化。与此同时，司法监管不力等因素也在一定程度上削弱了欧俄能源合作的稳定性。《2035 俄罗斯能源战略》提出，要在保障俄罗斯本国能源利益的基础上完善监督系统。在东部地区等新兴能源市场，俄罗斯致力于拓展与中国等国家的能源合作，与一些亚太国家开展天然气供应商谈，着力开辟并维持稳定的新兴能源出口市场。

2. 开展能源对话与合作

根据《2020 年前俄罗斯能源战略》，这一时期，俄罗斯能源外交的主要任务是保证实施能源战略中规定的对外政策：在外交上支持国家燃料能源公司在国外的利益；积极与欧盟、美国、中国等国家和地区开展能源对话与合作，全面实施“争夺里海、稳定欧洲、开拓东方、突破北美”的能源外交，确保本国能源安全战略的实施。

1）与中亚里海地区合作开发油气资源

俄罗斯一直致力于巩固和扩展在中亚里海地区的传统势力，其战略目标是“重返中亚”，最大限度地恢复在这一地区的政治和经济影响力。在能源领域，俄罗斯通过联合开发，来保证俄罗斯的参与和控制，达到控制油气管线、扩大俄罗斯在开采能源资源中的份额和权益的目的，同时维护对里海能源出口管道的控制权。无论是中亚能源富国还是能源贫国，俄罗斯都是它们不可或缺的重要能源合作伙伴，俄罗斯借此在一定程度上掌握了对中亚国家的控制力。

随着俄罗斯与美国等西方国家各种管道运输方案的出台和实施，里海地区的矛盾将呈现出错综复杂的态势。可以预见，在里海能源之争问题上，无论是

美国等西方国家还是环里海地区的阿塞拜疆、土库曼斯坦和哈萨克斯坦，在开拓地缘政治经济空间的同时，都要努力谋求与俄罗斯的互利合作。事实上，没有俄罗斯的合作，里海能源是流不进西方与国际上其他市场的。

2）稳定欧洲能源市场

一是力求垄断中东欧和波罗的海地区的能源供应。东欧在地理上不仅毗邻俄罗斯，而且还是俄罗斯向西欧、巴尔干半岛和土耳其出口石油与天然气的过境地带。中东欧国家在俄罗斯能源出口战略中占有举足轻重的地位。现在，俄罗斯在中东欧国家天然气市场上仍具有实际的垄断地位。

二是保持欧盟对俄能源供应的依赖。近年来，欧盟国家对俄罗斯能源的依赖程度加强，俄罗斯与欧盟之间的能源合作进一步深化。2002 年 5 月，俄罗斯与欧盟峰会签署了《能源合作声明》，认为俄欧间的能源合作将“促使双方结成能源战略伙伴，有助于巩固欧洲大陆的能源安全”，强调俄罗斯“拥有进入欧洲能源市场的特殊权利”。法国国际关系研究所资源与地缘政治部负责人菲利普·科隆巴尼（2002）认为，从 2002 年起到 2030 年，欧盟对进口能源的需求将上升到 70%，对进口石油的需求将上升到 90%，对进口天然气的需求将上升到 70%。与美国等世界能源消费大国一样，欧盟将分散能源进口渠道，以减少对动荡不安的中东地区石油的依赖，因而将相应增加从俄罗斯进口的石油与天然气的量。

尽管俄罗斯与欧盟的战略关系由于一系列问题而出现了裂缝，但是这一战略关系却不可能破裂，双方在能源问题上仍需相互依赖。

3）进一步开拓东方新兴能源市场

一是俄中能源合作。俄罗斯东向能源外交的重要合作伙伴之一就是中国。俄中合作开发利用俄罗斯西伯利亚及远东地区的油气资源是俄中战略协作伙伴关系的具体体现。两国先后签订了一系列的石油天然气合作项目协议，如《俄中东线天然气购销合同》《中俄东线天然气管道项目跨境段设计和建设协议》《中国石油和俄气石油合作谅解备忘录》等，建立了俄中全面能源合作伙伴关系。俄中两国不仅在能源供求上具有很大的互补性，而且具有得天独厚的地缘政治和经济优势，两国良好的政治关系为能源合作奠定了较好的基础。进入全新的合作时期，未来中俄两国能源合作具有很大潜力，它在双边经济贸易关系中的地位将日益提升。从长远看，俄罗斯在能源合作上倚重中国。

二是俄日能源合作。俄罗斯对待日本的态度非常明确：可以进行经济合作，以经济利益为诱饵，置换“领土”免谈。俄罗斯虽然对日本心存戒备，但对俄日能源合作也有所期待。第一，为维护远东地区的稳定，俄罗斯政府希望与日本联合开展经济活动，特别是能源合作，扩大日本在该地区的投资。第二，作为远东地区的两支重要力量，俄罗斯希望通过与日本的能源合作提升两国关系。很显然，俄日合作铺设新的远东石油管道是落实俄罗斯能源战略的一项重大行动，俄罗斯希望通过铺设“泰纳线”，打开亚太地区的石油出口市场（日本、中国、韩国、美国等国），并利用日本的资金和技术，开发俄罗斯西伯利亚和远东地区的石油天然气资源。第三，俄罗斯通过让日本参与西伯利亚的石油资源开发，从而提升其石油资源在国际能源市场的竞争优势。

4）积极突破北美地区能源市场

俄美虽然已结束冷战，但将彼此视为强有力的竞争对手的态度并没有改变，双方存在共同利益的领域并不多。除防止核武器扩散、反恐等存在共同利益的领域外，能源领域算得上是一个非常重要的领域。随着世界能源储备的减少、美国对进口石油需求的增加，以及对不稳定的中东产油地依赖的降低，石油资源丰富的俄罗斯将显得越来越重要。此外，俄罗斯也欲借能源合作对今后俄美关系的走向产生直接影响。

一是乏善可陈的俄美能源合作基础。有专家认为，俄美之间的能源伙伴关系是一种权宜而未经考验的伙伴关系。第一，俄美两国在能源领域的合作在短期内难以取得实质性的进展。原因很简单，俄罗斯的经济发展和国家财政对石油出口的依赖程度相当大。对俄罗斯而言，低油价就意味着灾难。美国动用战略石油储备降低油价，从而暴露出作为消费国的美国与作为产油国的俄罗斯之间固有的矛盾。第二，俄美双方在俄能源扩张问题上存在分歧。美方希望俄罗斯通过扩大私有化、对外国直接投资开放（指美国公司）、形成竞争性市场、制定稳定的投资法规、改革法律和税制等方式实现俄罗斯油气部门的扩大。俄罗斯在上述各领域已经取得了进展，但仍然坚持扩大能源国有化份额和对国内公司采取的保护政策。第三，俄美政府间虽已结成能源伙伴关系，但两国政府对能源合作的细节皆缺乏行之有效的调控手段。因为俄美两国在石油行业展开合作所必需的大多数必要手段并不掌握在政府手中，而是被各自国家的石油寡头和利益集团所掌控。第四，在里海地区能源合作问题上，俄美两国利益存在根本矛盾。近年来，美国一直着眼于控制里海能源，遏制俄罗斯在里海沿岸地区的传统影响。里海石油管线之争对俄美两国来说不仅是经济利益之争，而且是战略利益和势力范围的角逐。

二是各怀目的的俄美能源合作诉求。“9・11”事件以后，美国极力开辟中东以外的进口渠道。丹尼尔・耶金认为，能源安全的首要原则是能源来源多样化（Daniel，2002）。因此，利用俄罗斯的资源成为美国对外能源战略中的一个重要部分。美国的目标是在确保能源安全的同时，牢牢把握在世界重要能源产地的主导权。在俄罗斯看来，美国能源战略的调整为俄罗斯进军北美石油市场带来良机。从经济角度来说，能源生产可以使俄罗斯与工业化的西方融为一体；从政治角度来说，能源可以作为俄罗斯对美国外交的一张王牌，以实现成为美国重要伙伴并融入西方发达国家的目标。俄罗斯也希望通过调整与西方关系，复兴俄罗斯能源工业，提升俄罗斯在全球事务中的分量。

在俄美两国政府高层的着力推动下，俄美两国的能源合作取得了较大进展。然而，虽然俄美能源合作潜力巨大，但是由于双方存在分歧，两国能源合作仍然充满变数。

四、日本能源安全战略及政策措施

（一）日本能源安全战略发展进程

日本矿产资源匮乏，对外依存度极高，因此，日本始终将能源安全作为国家安全的主要组成部分，遏制和排除外部的经济或者非经济威胁。20 世纪 70 年代石油危机后，日本越来越重视采取综合性的能源政策。此时，日本的能源政策一方面以稳定能源供应作为主要政策方向，另一方面以节约能源、石油替代及新能源开发等作为辅助政策。1974 年，日本政府为了寻找石油替代能源，减少石油在能源消费构成中的比重，促进新能源技术的发展，提出了“新能源技术开发计划”（又称“阳光计划”）。1980 年，日本颁布了《石油替代能源法》，对该法的制定目的、石油替代能源的概念、石油替代能源有关的技术等做了说明和规定。1994 年，日本借“新能源推广大纲”第一次正式宣布发展新能源及可再生能源。1997 年，日本在已较为成熟的能源安全战略的基础上，进行了一些能源政策的重大调整，并颁布了《新能源法》，旨在促进新能源开发与利用，确保国内能源供应的稳定。2002 年 6 月，日本制定了以“确保稳定供给”“适合环境条件”以及充分考虑了以上因素的“灵活运用市场规律”为基本方针的《能源政策基本法》。2006 年 6 月，日本出台《国家能源新战略》方案，新能源战略确定的三大基本目标分别为保障国内能源安全、解决能源环境问题以及解决亚洲和世界能源问题。为了实现这三大目标，日本制订了四大能源计划，即核电立国计划、节能领先计划、新能源创新计划和未来运输能源的计划，促使日本形成世界上最优的能源供求结构，降低对海外石油的依存度，分散海外能源进口源，提高能源利用效率，增加核能利用，保障能源充足、稳定的供应。2011年3月，福岛核事故后，日本对能源安全政策进行了反思，但至今尚未成文。2020年12月，日本政府发布"绿色增长计划"，希望在实现经济社会更加可持续发展的同时，推动加快优化产业结构、能源结构，实现经济发展与环境保护的良性循环。2020年上半年，日本太阳能、水力、风力、生物质能等可再生能源发电量约占总发电量的23.1%。根据"绿色增长计划"制定的目标，到2050年，日本发电量的50%～60%将来自可再生能源。日本政府将继续减少火力发电，加快引进可再生能源，同时最大限度地利用核电。

（二）日本保障能源安全的政策

日本长期以来高度重视能源安全问题。近年来，日本改变了过去由经济产业省能源资源厅单独制定能源保障安全的状况，由各省厅联合制定可以统筹各部门利益的能源安全战略和政策。2003年10月，日本推出"能源基本计划"。2004年，经济产业省的咨询机构——产业构造审议会及综合资源能源调查委员会多次举行联合会议，着手制定新国家能源战略。同年5月，经济产业省向内阁会议提交了年度《能源白皮书》。同年10月，《2030年日本能源供需展望》的中期报告修改方案最终确定并公之于众。日本的能源安全保障战略和政策措施主要包括以下几方面。

1. 灵活运用石油储备，建立内外结合型能源保障和危机管理体制

1972年，日本最初的石油储备始于民间。1978年，日本开始制定和实施政府的石油储备计划，以补充民间石油储备。根据日本石油协会的估计，截至2002年3月，日本的石油储备量达7777.8万吨，储备石油为166天，其中民间储备为77天，国家储备为89天。日本的石油储备分布在沿海10个地方，储备方式有地面罐、地下罐、地下岩洞、海上基地等。除保证自身充足的石油储备外，日本还积极与国际能源机构等国际组织合作，参与国际石油危机管理机制，如参与了紧急时期协调应对措施体系，以保证在危机发生初期，借用国际力量抑制市场投资；同时参与了紧急融通机制，在发生大规模石油供应中断时，以保

障石油供给，从而确立了内外结合型的能源保障和危机管理体制。

2. 抑制国内石油消费，增加天然气使用占比，不放弃煤炭

日本经济产业省公布的《2030年日本能源供需展望》预测，今后日本的能源结构将发生缓慢变化，其中石油所占比例将有所下降，天然气的需求将增加，而煤炭将略微减少或基本维持现状。第一次石油危机以来，日本利用各种手段来减少对石油的依存度，降低能源安全的风险系数，到目前为止，这一努力颇具成效。《2030年日本能源供需展望》预测，到2030年，石油所占比例将进一步下降为42%～45%。

从供给的稳定性和减少二氧化碳排放量的角度出发，日本主张积极开发天然气。从能源安全角度看，进口天然气风险远低于石油，是实现能源多样化的重点对象。目前，日本已准备在靠近日本的地区正式推进大规模的开发计划，并将加快建设天然气输送管道和液化天然气供应站等。根据《2030年日本能源供需展望》，到2030年，天然气在一次性能源中所占的比例将提高到18%。

煤炭作为发电用的主要燃料，储备量极其丰富。但是由于国际煤炭市场是买方市场，进口国在煤炭交易中占据有利地位，且从电力部门的竞争角度看，煤炭是不可缺少的燃料，从能源安全的角度看，不能被轻易舍弃掉。《2030年日本能源供需展望》预测，到2030年，煤炭在一次性能源中所占的比例将维持在17%。

3. 全方位贯彻节能政策，积极开发新能源以提高能源自给率

第一次石油危机后，日本就开始狠抓节能，成效显著，目前已成为发达国家中单位GDP能耗最低的高效能的国家，其节能产品的市场竞争能力相当强。1997年京都会议后，日本掀起了第二次节能高潮，期望通过企业的自主行动，参与政府倡导的节能计划，以达到节省能源的目的。目前日本的主要节能措施有：引进节能设备和节能制度；加速能源技术的开发、推广；对各部门制定能效标准，大力推动节能标识活动，在设备上标出能源效率标准，以便于消费者合理选择；利用财政或税收手段，引导消费者合理利用能源，推广科技进步，加强消费者的节能意识等。此外，为了实现循环型经济社会，让有限的资源和能源得到最大限度的循环利用，日本还采取了以下方式：一是通过大力开发各种高新技术，提高能源的利用效率；二是注重对废弃物的循环利用，以建立高效率的能源回收和储蓄技术；三是把生物技术、信息化技术、网络技术等高新科技应用在各种工艺流程和产品生产过程中，以提高生产效率和产品质量。

第一次石油危机后，日本于 1974 年启动“阳光计划”，开始对新能源进行大规模开发。1993 年，日本实施后续的“新阳光计划”。目前，日本致力于推广普及的新能源主要包括太阳能利用、风力发电、废弃物发电、温度差能源等，推广新能源的措施主要有：加强技术开发与储备，通过技术进步大大降低新能源的使用成本；为新能源的发展创造良好的制度环境，如改善供电的商业制度、技术标准和建筑标准等，制定与实施新能源利用法及相应的实施细则等。除政府采取优惠政策外，日本还通过把富有创意的想法市场经济化，逐步建立起电力市场的竞争机制，促使消费者自发地参加到普及新能源中去。

4. 以援助开发的方式寻求和开辟新的能源供给源

作为世界上最典型的“资源小国、经济大国”，日本的能源外交在维护国家能源安全中发挥着不可忽视的作用。除传统的中东地区外，日本能源外交的一个重要方面就是利用自己雄厚的经济基础，去利诱石油新贵开辟俄罗斯、中亚等新的能源供给源头。

1）斥巨资投资远东石油管道建设

俄罗斯作为非 OPEC 成员国，油气资源储备量极其丰富，其石油产量现居世界第一位，其“新的资源大国”地位日渐确定，是日本积极开发新供应地、分散供给源的最好对象。除萨哈林项目开发外，日本还对俄罗斯跨西伯利亚的石油管道很感兴趣。若能实现该项目，可把俄罗斯的石油直接输送到日本海沿岸，这样不但可以增加石油运输的安全性，降低日本对中东石油的依存度，而且可以大幅度缩短运输距离，降低运输成本。

2）加强与中亚的能源合作

1997 年，日本就展开了“欧亚大陆外交”，面对其丰富的油气资源，希望把以哈萨克斯坦和阿塞拜疆为代表的国家作为新的能源供应地。2002 年，日本政府提出“向东看”的建议，呼吁亚洲地区强化与“丝绸之路”地区的中亚国家进行能源合作，并于同年 7 月开展了“日本丝绸之路能源计划”，派遣政、企、学界人士前往哈萨克斯坦等中亚四国，与各国首脑及相关能源阁僚会谈，了解各国需求，探索合作点。2004 年 8 月底，日本外相访问中亚，开启了同中亚的新对话框架。2007 年 4 月，日本政府联合企业对中亚产油国开启了新一轮官民一体的资源外交攻势。

第二节 新时代中国能源安全新战略的探索

能源是国民经济和社会发展的重要基础，是国家的重要战略资源，也是制约经济社会发展的资源因素，在国民经济和社会发展中发挥着十分重要的促进与保障作用。能源安全问题是关系我国经济社会发展全局、关系国家安全稳定、事关社会主义现代化国家建设的一个重大战略问题。党的十八大后，面对能源供需格局新变化、国际能源发展新趋势，习近平总书记从保障国家能源安全的全局高度，提出“四个革命、一个合作”能源安全新战略，为我国能源战略的实施指明了方向，为我国能源安全筑牢了基础。国务院及其相关部委也相继出台了关于我国能源安全、能源发展等方面的政策举措，明确了近年来我国能源发展的总体方略和行动纲领，推动我国能源安全的创新发展、安全发展、科学发展。

一、中国能源安全新战略的发展思路

（一）从节能降耗到能源消费革命

节约资源和保护环境是我国的基本国策，节能是“第一能源”。党的十八大以来，习近平总书记多次强调坚持节约资源的基本国策，全面推进节能减排和低碳发展，迈向生态文明新时代。2014 年 6 月，习近平在中央财经领导小组第六次会议上发表重要讲话，指出：“推动能源消费革命，抑制不合理能源消费。坚决控制能源消费总量，有效落实节能优先方针，把节能贯穿于经济社会发展全过程和各领域，坚定调整产业结构，高度重视城镇化节能，树立勤俭节约的消费观，加快形成能源节约型社会。”（习近平，2014）

（二）从电力结构调整到能源供给革命

传统的电力行业是能源的重要生产者，如何实现绿色发展和可持续发展，一直是党中央高度关注的问题。党的十八大以来，习近平总书记站在全局高度，谋划我国能源结构与可持续发展的关系，逐渐形成了我国能源供给革命的顶层设计。习近平总书记指出：“推动能源供给革命，建立多元供应体系。立足国内多元供应保安全，大力推进煤炭清洁高效利用，着力发展非煤能源，形成煤、油、气、核、新能源、可再生能源多轮驱动的能源供应体系，同步加强能源输配网络和储备设施建设。”（习近平，2014）

（三）从能源科技创新到能源技术革命

能源是科技创新的重点，科技创新要为发展新能源以及降低能源消耗创造条件和基础。党的十八大以来，习近平总书记多次强调创新驱动发展战略，推动科技创新和经济社会发展深度融合。习近平总书记提出，要深刻认识和把握能源技术变革趋势，高度重视能源技术变革的重大作用；确定能源技术开发应用的重点，要充分考虑资源条件、技术基础、环境容量、经济合理、国际合作可行性等因素，按照“三个一批”的路径，加快推进能源技术革命。习近平总书记指出：“推动能源技术革命，带动产业升级。立足我国国情，紧跟国际能源技术革命新趋势，以绿色低碳为方向，分类推动技术创新、产业创新、商业模式创新，并同其他领域高新技术紧密结合，把能源技术及其关联产业培育成带动我国产业升级的新增长点。”（习近平，2014）

（四）从深化能源改革到能源体制革命

习近平总书记曾旗帜鲜明地在战略层面提出能源要素配置市场化改革，对能源体制改革进行了前瞻性的积极探索。党的十八大以来，习近平总书记深刻把握我国能源发展对体制变革的迫切需求，积极推动能源体制改革，提出了能源体制革命的重要论述。习近平总书记强调：“推动能源体制革命，打通能源发展快车道。坚定不移推进改革，还原能源商品属性，构建有效竞争的市场结构和市场体系，形成主要由市场决定能源价格的机制，转变政府对能源的监管方式，建立健全能源法治体系。”（习近平，2014）当前，党中央也正在加速推进油气体制改革，通过建机制、提效率、降成本、促公平，让人民群众有更多获得感。

（五）从区域能源合作到国际能源合作

全球能源安全要摒弃垄断和霸权，实现能源生产国和消费国的合作共赢。我国的能源安全新战略跳出了纯技术观点、学究式的供求关系分析和“大国博弈”的老套路，把国家间的互利合作、先进能源技术研发推广体系的建立以及创建能源安全的和谐国际政治环境有机地结合起来，为实现全球能源安全和最终解决能源问题指出了方向。当前，能源合作在一定程度上已经成为推动国际关系民主化、世界格局多极化和构建和谐世界的强大动力。

党的十八大以来，习近平总书记高度重视加强国际能源合作。2013年，习近平总书记提出“一带一路”倡议，能源是对外合作的重点领域。而后他多次强调：“全方位加强国际合作，实现开放条件下能源安全。在主要立足国内的前提条件下，在能源生产和消费革命所涉及的各个方面加强国际合作，有效利用国际资源。”（习近平，2014）可以看出，习近平总书记关于国际能源合作的理念，与我国的扩大开放战略、推进能源合作的实践探索一脉相承。

二、中国能源发展的战略方针与目标

我国能源发展坚持“节约、清洁、安全”的战略方针，以“开源、节流、减排”为重点，确保能源安全供应，转变能源发展方式，调整优化能源结构，创新能源体制机制，着力提高能源效率，严格控制能源消费过快增长，着力发展清洁能源，推进能源绿色发展，着力推动科技进步，切实提高能源产业核心竞争力，构建清洁、高效、安全、可持续的现代能源体系，为实现中华民族伟大复兴的中国梦提供安全可靠的能源保障。2014年6月，《国务院办公厅关于印发能源发展战略行动计划（2014—2020年）的通知》（国办发〔2014〕31号）对当前我国能源发展战略以及方针和目标等做了如下的明确要求。

（一）节约优先战略

把节约优先贯穿于经济社会及能源发展的全过程，集约高效开发能源，科学合理使用能源，大力提高能源效率，加快调整和优化经济结构，推进重点领域和关键环节节能，合理控制能源消费总量，以较少的能源消费来支撑经济社会的较快发展。到2020年，一次能源消费总量控制在48亿吨标准煤左右，煤炭消费总量控制在42亿吨左右。

（二）立足国内战略

坚持立足国内，将国内供应作为保障能源安全的主渠道，牢牢掌握能源安全的主动权。发挥国内资源、技术、装备和人才优势，加强国内能源资源勘探开发，完善能源替代和储备应急体系，着力增强能源供应能力。加强国际合作，提高优质能源保障水平，加快推进油气战略进口通道建设，在开放格局中维护能源安全。到 2020 年，基本形成比较完善的能源安全保障体系。国内一次能源生产总量达到 42 亿吨标准煤，能源自给能力保持在 85%左右，石油储采比提高到 14～15，能源储备应急体系基本建成。

（三）绿色低碳战略

着力优化能源结构，把发展清洁低碳能源作为调整能源结构的主攻方向。坚持发展非化石能源与化石能源高效清洁利用并举，逐步降低煤炭消费比重，提高天然气消费比重，大幅增加风电、太阳能、地热能等可再生能源和核电消费比重，形成与我国国情相适应、科学合理的能源消费结构，大幅减少能源消费排放，促进生态文明建设。2020 年 12 月，在气候雄心峰会上，习近平向全世界庄严承诺："到 2030 年，中国单位国内生产总值二氧化碳排放将比 2005 年下降 65%以上，非化石能源占一次能源消费比重将达到 25%左右，森林蓄积量将比 2005 年增加 60 亿立方米，风电、太阳能发电总装机容量将达到 12 亿千瓦以上。"（习近平，2020）

（四）创新驱动战略

深化能源体制改革，加快重点领域和关键环节改革步伐，完善能源科学发展体制机制，充分发挥市场在能源资源配置中的决定性作用。树立科技决定能源未来、科技创造未来能源的理念，坚持追赶与跨越并重，加强能源科技创新体系建设，依托重大工程，推进科技自主创新，建设能源科技强国，使能源科技总体接近世界先进水平。到 2020 年，我国已基本形成了统一开放竞争有序的现代能源市场体系。

第三节 主要国家能源安全战略的经验启示

能源在保障国民经济增长、促进社会进步和提高国民生活水平等方面发挥着积极的作用，但是其稀缺性、不可再生性以及过分倚重化石能源的特点，不仅给经济发展带来了压力，对环境保护构成威胁，同时能源供应和需求之间存在的矛盾，更是使能源问题上升至外交层面，以争夺能源、保障战略安全为核心的能源外交正在世界范围内广泛开展。能源正在成为威胁国家安全与国际和平的核心因素。世界各能源输入国、消费大国纷纷调整与出台国内外能源政策和措施来保障本国的能源安全。学习借鉴世界主要国家的能源安全战略政策及有效举措，有利于我国能源产业的发展以及能源安全地位的巩固。

一、依靠科技创新，强化节约和替代

美国自20世纪70年代开始就注重对经济结构的调整，大力发展耗能少的服务业，控制国内高耗能制造业的发展，将其逐步转移到国外发展。由于整个经济结构的调整，加之注重对新能源技术、节能技术的开发和应用，美国经济在不断增长的同时，有效地控制了能源消费的增长。日本在节约能源、提高能源效率方面，开发出大量先进的节能技术和节能产品，在大量消耗能源的产业中推行各种节能措施。把节能效益和节能资金投入结合起来，实施重点示范项目的贴息优惠政策和资源综合利用的减免税政策，推动全社会的节能工作。加紧实施石油替代工程；实行燃油经济性标准，从汽车生产的源头上促进制造厂商不断实行技术创新以提高燃油效率；征收石油消费税，包括燃料税、石油税等相应赋税，以指导消费、降低能耗和利于调节市场供求；大力推广节能增效技术。

因此，我国要坚持节能优先，综合运用行政和市场力量，推动能源结构转型。我国是世界上最大的能源消费国之一，单位GDP能耗与先进发达国家相比差距还很大。必须坚持节能优先的方针，把节能贯穿于经济社会发展全过程和各领域，推动形成注重节能的生活方式和社会风尚。能源结构转型过程易受外部环境（特别是价格波动）影响，建议根据产业发展实际和外部环境变化，适时对有关税收政策进行动态调整（如完善煤制油消费税政策），持续发挥政策的正态效应，更好地推动能源结构转型。建议综合运用税收和碳排放交易市场制度，合理设定碳排放价格，增强可再生能源相对于煤炭和天然气的竞争力。为避免受政策利好影响的一拥而上，应在政策参照执行的主体认定上，通过强化技术、经济、质量、安全、环保等方面的标准体系，设置准入门槛和限定范围，提升能源发展的质量，保障能源安全。

二、增加能源供应，实现能源进口来源多元化

日本大力推行能源消费多样化政策，增加天然气的使用，发展核能和水力

发电，加强对风力发电、太阳能发电、燃料电池以及其他替代能源的开发利用，不断增加国内能源的供应，降低能源的对外依存度。

为减少对海外石油的依赖，美国政府采取积极措施以谋求建立多样化的国内能源结构，积极探索开发太阳能、生物质能、地热资源、风能等多种可再生能源。依靠不断开发先进的科学技术，美国提高了已开采油田、矿山的采收率，降低了勘探和开采成本，基本稳定了国内能源产量，通过科技创新，发展非常规油气资源，提高了油气产量。美国《国家能源政策》规定，到 2013 年可再生能源要占全部能源的 7.5%以上，为可再生能源项目提供超过 30 亿美元的资金，建立“可再生能源生产激励计划”，加大对清洁煤等新能源技术的科研投入（宋鸿，2011）。在核能的开发和安全使用方面，美国也走在了世界的前列，核能发电目前已经占美国发电量的 20%。另外，风能、太阳能发电已经在美国的多个州得到广泛应用。

为减少对进口石油的依赖，防止石油供应突然中断给国家造成的危害，日本政府鼓励本国公司到海外进行自主开发，对本国公司到海外勘探开发石油给予一系列的优惠政策。日本公司以多种方式参与国外油气合作，如购买股份、参与开发、签订产量分成协议、签订各种转让协议、直接投资开发油田等，以便拥有更多的油气资源和获得更多的份额油。

三、清洁高效利用煤炭等化石能源，注重环境保护

日本通过立法给予资金、技术等的支持和保障，实现环境保护和经济可持续发展；减少环境污染，控制和降低二氧化碳排放量；同时，减少能源毁灭性消耗对生态环境的直接破坏。

受去产能政策和雾霾频发导致的“去煤化”呼声影响，我国煤炭业正处于深度调整期，一度出现行业大面积亏损、部分企业负债累累、一些员工分流下岗局面。清洁高效是继续利用煤炭来支撑经济增长并不增加环境负担的唯一可行道路。建议我国加快散煤综合治理，大力推进用天然气、电力、可再生能源等清洁能源替代民用散煤；大幅度提高电煤比重，全面实施煤电超低排放和节能改造；加快煤炭由单一燃料向原料和燃料并重转变，要在节能环保、水源有保障的前提下，着力推动煤炭向煤制气、煤制油，以及煤制烯烃、芳烃等现代煤化工产业升级，继续强化技术创新，不断扩大我国在煤炭加工转化领域的技术和产业优势。同时，加强与美国在清洁煤领域的互利合作。

四、多方面推进可再生能源发展，实现能源发展转型

我国可再生能源发展迅速，已成为国际可再生能源发展的重要引擎，但可再生能源发电与传统电网不适应、发电成本偏高、对生物质能认识不够、原料开采破坏环境、资源耗竭、贸易争端频发等问题不容小觑。建议我国加强对传统电网的升级改造，从输电环节破解可再生能源装机容量利用效率不高的问题，并结合可再生能源配额制度，切实提高可再生能源发电比重；通过科技创新，持续改善可再生能源的经济性，使其真正具有市场竞争力；积极发展生物质能（排在石油、煤炭、天然气之后的第四大能源），优先发展转化利用农林生物质废物、农业废物（畜禽粪便）、农产品加工废物、生活垃圾等，积极储备能源植物技术；积极回收和再利用战略储备制造可再生能源产品所必需的元素（碲、铟、钕等），并注意开采过程中的环境保护；加强研究如何在扩大可再生能源产品（特别是风机和光伏产品）生产的同时，不违反贸易协定。

五、建立和完善战略石油储备体系

完善的战略石油储备体系，是美日保障能源安全的重要组成部分。美国是最早建立石油储备的国家，在遭到阿拉伯国家的石油禁运之后，于 1975 年颁布《能源政策和储备法》，由联邦政府投入资金，开始建立战略石油储备，并经过几十年的时间，建立了较完善的石油储备体系，包括原油的购买、储油设施的建设和维护，以及石油的释放和销售等。

美国的战略石油储备体系除储存原油之外，还包括尚未开采的石油资源储备。美国的战略石油储备共耗资 220 亿美元，以后每年还需上亿美元的维护和管理费用。美国已将战略石油储备体系变成了保障美国能源安全的“最后一道防线”。雄厚的战略石油储备大大加强了美国保障能源安全的能力，保持了国际石油价格的相对稳定，对石油输出国形成了巨大的威慑，增强了美国对国际石油市场的干预能力。同时，美国对使用战略石油储备非常谨慎，决不轻易动用。

第三章　中国能源安全环境与评价

第一节　中国能源安全所处的境况与挑战

一、世界经济、能源以及资源竞争的不断扩大

历史上，发达国家历来都是能源需求的主角。以石油为支撑，北美、欧洲、日本、澳大利亚等 OECD 中的国家和地区在第二次世界大战后实现了经济的快速恢复与增长。1973 年之后的几次石油危机为这种建立在高能源消耗基础之上的经济增长画上了句号。受高油价的刺激，OECD 成员方普遍开始降低能源消耗、提高能源效率和发展核能等替代能源，经过长期努力，取得了重大进展。如今人们的住宅、办公、汽车、工业的能源效率大大提高，并且 OECD 成员方普遍进入了后工业化时代，对高耗能产品的需求减少。因此，在 2000 年之后，OECD 成员方的能源需求基本稳定，近二十年来基本没有多少增长。

自 21 世纪以来，随着以中国为主要代表的新兴经济体和发展中国家的快速发展，世界经济格局和能源需求格局发生了重大变化。经过四十多年的快速经济增长，中国目前已经成为世界第二大经济体和第一大能源消费国。历史上以 OECD 成员方为主的世界能源需求结构开始发生倾斜，OECD 成员方的能源需求已经趋于稳定，非 OECD 成员方的能源消费已经超过 OECD 成员方，成为世界能源需求的主要驱动力。

另外，拉丁美洲、非洲等地的发展中国家开始进入发展轨道，其能源需求也开始增加。以沙特阿拉伯为首的多数 OPEC 成员方，随着持续的和平时期，人口快速增长，由于大量石油财富的支撑，形成了高消费的一代，同时也致力于建立基于石油原料的现代工业，其本身的能源需求也迅速增长。

受经济增长的驱动，中国的能源需求迅速增长。1993 年之前中国是石油的净出口国，2008 年之前中国是煤炭的净出口国，但是这种情况已经不复存在了。中国目前已经成为世界上最大的能源进口国。2013 年，中国超过美国成为最大的石油进口国，当年原油进口量达 2.8 亿吨，比上年增长 4%；煤炭进口量达到 3.3 亿吨（海关总署数据），比上年增长 13.4%；天然气进口量达 527 亿米^3，比上年增长 25.2%。2019 年中国原油进口量为 50 572 万吨，同比增长 9.5%

（图 3-1）；煤炭进口量达到约 3 亿吨（海关总署数据），比上年增长 6.3%；天然气进口量达 9656 万吨，比上年增长 6.9%（图 3-2）。中国化石能源需求缺口十年来迅速扩大，而同期美国采取了能源独立政策，对海外石油尤其是中东石油的依存度明显下降。伴随着其他发展中国家能源进口的增加，中国今后从海外获得能源将面临更为激烈的竞争。

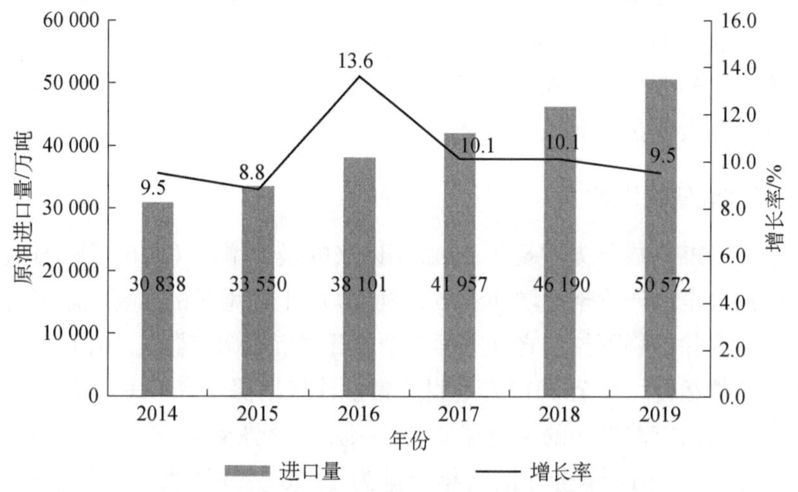

图 3-1　2014～2019 年中国原油进口量及增长情况

资料来源：中商产业研究院（2020）

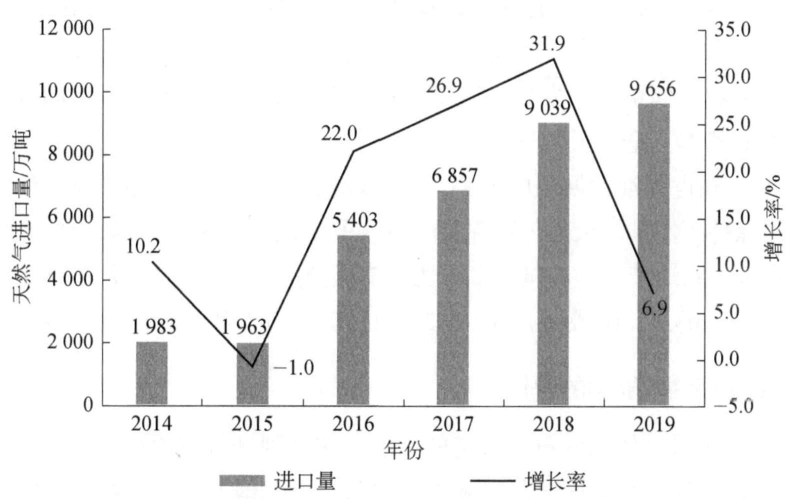

图 3-2　2014～2019 年中国天然气进口量及增长情况

资料来源：中商产业研究院（2020）

二、全球能源生产格局与消费结构的变化

近些年来，在传统化石能源领域，除中国、印度、南非等国家的煤炭生产结构发生了一定变化之外，全球能源的生产格局并没有发生根本性的改变。除中东地区外，北美地区、欧亚地区（俄罗斯和中亚五国、阿塞拜疆）、南美的委内瑞拉、欧洲的北海油田等仍然是石油生产的主力。但是，21 世纪以来，尤其是 2009 年美国的页岩气和新能源革命之后，全球能源生产出现了一些新的变化。最为突出的变化是在强劲的需求拉动之下，全球能源行业的供给意愿逐渐增强。这主要表现在以下几个方面。

1. 常规油气的增长

由于非 OPEC 成员方实现了 2002 年以来的最大增产（120 万桶/日），2013 年的常规油气全球产量略有增加（56 万桶/日）。上述增长的主要贡献者是美国，美国已经成为除沙特阿拉伯之外的第二个“石油市场调节器”。2014 年，世界油价下跌且低位运行，直至 2019 年，世界常规油气勘探才有了一定的改善。中国石油勘探开发研究院发布的《全球油气勘探开发形势及油公司动态（2020 年）》统计数据显示，2019 年全球油气年产量为 79.76 亿吨油当量，其中原油产量 46.35 亿吨、天然气产量 35 996.12 亿米^3。全球油气产量增长 1.82 亿吨油当量，同比增长 2.34%。美洲地区是油气产量增长的主要地区，增长 1.83 亿吨油当量，同比增长 7.55%。2019 年，全球新发现油气储量约 120 亿桶。从油气结构看，新发现的天然气储量占新发现油气储量的 61%，其中在俄罗斯、伊朗以及马来西亚发现的基本上全是天然气。

2019 年在世界油价回暖的形势下，全球油气开发保持了稳中有升的发展态势，美国保持了原油、天然气产量第一的水平。油气产量十大国家[①]的产量占全球的 60.2%，原油产量中美国最高，为 8.57 亿吨，占原油总产量的 18.49%；天然气产量中，仍是美国最高，为 9612.54 亿米^3，占天然气总产量的 24.3%。

2. 非常规油气能源的增长

2003 年之后，伴随着石油价格的高涨，非常规油气资源由试验阶段进入市场，成为世界能源市场与投资领域耀眼的明星。美国的页岩气革命为美国制造

① 2019 年全球十大石油生产国分别是美国、俄罗斯、沙特阿拉伯、伊拉克、加拿大、中国、阿联酋、伊朗、巴西、科威特；十大天然气生产国分别是美国、俄罗斯、伊朗、卡塔尔、中国、加拿大、澳大利亚、挪威、沙特阿拉伯、阿尔及利亚。

业的复苏带来了契机，助推美国成为全球第一大石油和天然气生产国。此外，EIA 的数据显示，2010～2019 年，全球油气总产量逐年增长，年均增长率为 2.30%，增长 1.82 亿吨油当量。其中，非常规油气产量和海域油气产量有所增长，陆上常规油气产量下降。《美国新能源的未来：非常规油气与美国经济》指出，到 2020 年，非常规致密油的产量将达到 450 万桶/日；到 2035 年，非常规天然气的日产量会超过 760 亿英尺^3[①]。美国非常规油气产量的增长是美国石油产量增长的重要原因。加拿大也开始大规模地投资油砂项目，同时其位于北极圈附近和深海的油气项目也在启动。加拿大石油生产商协会（Canadian Association of Petroleum Producers，CAPP）预测，未来加拿大油砂产量会稳定增加，到 2030 年油砂产量可达每日 480 万桶，约是 2013 年产量 190 万桶的 2.5 倍。截至 2019 年底，全球油气田主要分布于 133 个国家和地区，从储量占比来看，技术剩余可采储量占全球比例大于 10%的国家有美国、俄罗斯和卡塔尔，其中美国位列世界第一，约 567.43 亿吨油当量，占全球的 12.80%，主要类型是非常规油气。

3. 可再生能源产量的增长

随着全球应对气候变化的共同努力以及能源低碳化愈发成为共识，越来越多的国家积极出台政策措施来推动可再生能源产业的发展。近十年来，可再生能源的发展非常迅猛，2015 年可再生能源在全球一次能源消费中的比重为 2.8%，如果加上生物燃料，该比重总计为 3.3%。2015 年，可再生能源发电在全球发电中所占比重达到了 15.2%。BP 发布的《2020 年世界能源统计报告》显示，2019 年全球一次能源消费增长 1.3%，其中可再生能源消费增长 41%。此外，国际能源署发布的《2020 年世界能源展望》报告显示，在全球能源需求整体下滑的背景下，可再生能源开发利用表现出了更大弹性，预计 2020～2030 年，可再生能源电力需求将增长 2/3，约占全球电力需求增量的 80%。国际能源署还敦促更多国家积极制定行之有效的能源政策，加速推动能源结构转型，助推可再生能源产业持续增长。

尽管中国仍然需要以中东地区为主要进口来源，但是随着非 OPEC 成员方油气的增产和非常规油气与可再生能源生产的增加，中国在未来的能源供给可以有更多的选项。虽然这些新增的能源供应不足以影响 OPEC 在全球石油市场的影响力，但是其增量部分对石油价格的上涨有很强的抑制力。这对中国来说是一大利好，否则中国将为能源进口付出更大的经济代价。

① 1 英尺^3≈0.0283 米^3。

三、传统化石能源供需的主体地位没有改变

就目前来看，传统化石能源仍然是世界能源消费的主体。根据国际能源署的数据，2011年石油、天然气占能源消费总量的61.2%，仅比1973年的71.5%下降了10.3个百分点；煤炭和泥炭占能源消费总量的20.0%，仅比1973年的22.6%下降了2.6个百分点；可再生能源中的水电占能源消费总量的比例只是从2.1%上升到2.3%，生物能源和废弃物回收能源占能源消费总量的比例从2.3%上升到4.9%，太阳能、风能、地热能等可再生能源占能源消费总量的比例从0.2%上升到1.4%；相比之下，核能的发展是最为显著的，在能源消费总量中的比例从1973年的1.3%上升到2011年的10.2%。BP发布的《2020年世界能源统计报告》数据显示，2019年全球一次能源消费增长1.3%。从消费总量来看，化石燃料仍占全球一次能源消费的84%，其中石油占能源消费总量的33%以上，煤炭占27%（同比下降0.6%），天然气占24%（同比增长2%）；此外，水电占6%，可再生能源占5%，核能占4%。

2019年美国一次能源消费总量为100.166千万亿英热单位[①]，同比下降0.91%，其中以石油、天然气、煤炭等为主体的化石能源，总量为80.11千万亿英热单位，占比79.98%。在美国的一次能源消费中，石油占比36.66%，天然气占比32.05%，可再生能源占比11.44%，煤炭占比11.30%，核能占比8.45%，可见，传统化石能源仍然占据着美国一次能源消费的主体地位。

21世纪以来，可再生能源取得了巨大的发展（表3-1）。IRENA发布的2019年全球可再生能源数据显示，截至2019年底全球可再生能源累计装机容量超过580.1吉瓦。2019年全球可再生能源新增装机容量为176吉瓦。其中，水电新增装机容量为12吉瓦，占比6.82%；风电新增装机容量为59吉瓦，占比33.52%；太阳能光伏新增装机容量为97.5吉瓦，占比55.4%；生物质发电新增装机容量为6吉瓦，占比3.4%，地热及其他（海洋能等）新增装机容量为0.6吉瓦，占比0.34%。截至2018年底，可再生能源发电量占全球总发电量的26.2%。同时，《BP世界能源统计年鉴2019》统计数据显示，2018年世界可再生能源消费约占全球一次能源消费量的18.1%。[②]

① 千万亿英热单位（quadrillion British thermal units，quads）。

② 传统生物质能源是指发展中国家的农村地区用于取暖、餐厨的固体生物质能源。现代可再生能源主要包括风电、太阳能、地热发电、供热以及生物质燃料等。

表 3-1 2010～2016 年全球主要可再生能源发展现状

项目	2010 年	2013 年	2016 年
可再生能源投资/亿美元	2270	2790	2440
可再生能源（不包括水电）装机容量/吉瓦	315	395	480
可再生能源（包括水电）装机容量/吉瓦	1250	1355	1470
水电装机/吉瓦	935	960	990
生物质发电/（吉瓦·时）	313	335	350
太阳能光伏装机/吉瓦	40	71	100
聚光太阳能热发电/吉瓦	1.1	1.6	2.5
风电装机/吉瓦	198	238	283
太阳能热水器安装量/（吉瓦·时）	195	223	255
生物乙醇产量/亿升	850	842	831
生物质柴油产量/亿升	185	224	225

资料来源：《2017 年全球可再生能源现状报告》，21 世纪可再生能源政策网（REN21）

四、气候变化与环境保护压力的持续存在

（一）全球环境的深刻影响

近年来，影响世界能源发展的重大环境问题主要有以下几个：一是全球气候变化与温室气体减排；二是由 2011 年日本“3·11”大地震与海啸引起的福岛核电站泄漏事故。这些变化在很大程度上深刻影响着全球环境发展的走势，深刻影响着人类的生存发展空间。

联合国政府间气候变化专门委员会（Intergovernmental Panel on Climate Change，IPCC）指出，全球气候变暖已是明确无疑的事实。因为人类已经观测到了全球空气和海洋平均温度的升高、南北极及高山冰雪的大范围融化，以及全球平均海平面的不断上升，同时也有气候学专家已经发出警告：温度的上升应以 2℃为限，以避免对地球造成不可逆转的破坏和影响。气候变化还影响着人类生存生活的方方面面，如淡水资源、生态系统、粮食、纤维和林产品、工业、住区和社会以及健康（疾病传播）等。此外，气候变化对各区域产生的影响因地理状况不同而各不相同。截至 2010 年底，大多数发达国家均已宣布了 2020 年的中期减排目标，但这些目标大多远远低于政府间气候变化专门委员会关于到 2020 年比 1990 年减少 25%～40%的范围，而若要将升温限制在 2℃以下，就必须实现这一减排目标。

在此之后的很长时期，国际社会在应对全球气候变化的问题上一直争论不断，主要焦点就在于发达国家与新兴经济体之间的矛盾。以中国、印度、巴西、南非等为代表的新兴经济体认为，全球气候变化主要是由发达国家在其工业化进程中所产生的温室气体排放引起的，因此发达国家应当承担起更多的温室气体减排的义务，应以历史上总体排放量作为减排的基础；发达国家则希望各国都应进行温室气体总量的减排，新兴经济体应限制过快的温室气体排放量的增长。

日本福岛核事故发生后，世界各国开始更加重视核电的安全，相继对本国的核电政策做出了调整和修改，也使得世界核能产业遭到了沉重的打击。2011年，世界核能发电量比上年降低了4.3%，创下了最大的降幅纪录。其中，日本核能发电量降低了44.3%，德国核能发电量降低了23.2%。2011年11月，欧盟宣布，支持保加利亚、立陶宛和斯洛伐克等国家关停苏联时期技术的核电站，并提供了5亿欧元的援助。此后从2013年开始，全球核能发展量逐渐恢复。可以说，核电产业的发展不仅受全球电力需求增长的影响，同时也为环境保护和化石燃料价格波动所驱动。

近年来，因油气资源开发而产生的环境问题日益受到人类的重视。近些年来接连发生了BP墨西哥湾漏油事件、中海油与美国康菲国际石油有限公司合作开发的中国渤海湾蓬莱19-3油田溢油等人类在进行油气资源开发过程中发生的事故。这些事故的发生对能源开发尤其是油气资源供给产生了较大的负面影响。目前，美国页岩气开发正面临环境方面的争议，页岩气开发引起的地下水污染引发了广泛的讨论。

（二）中国的环境保护压力

当前中国的环境保护形势还是较为严峻的。改革开放之后，中国经济创造了举世瞩目的奇迹。随着经济的快速发展，对能源的需求也快速增加。然而，与能源消费快速增长相伴随的是中国由能源消费而导致的污染排放的压力也在迅速上升。众所周知，能源资源开采易导致地下水流失、地表被破坏；能源消费会产生大量的固体、液体以及气体废弃物；能源的进口则易引发人们对经济安全和国家战略安全的担忧；生物能源的发展又可能会引起能源生产与粮食生产的矛盾。总体而言，全球气候变暖已经成为全人类共同面临而且必须直面的挑战，中国在保护环境、减少温室气体排放、遏制全球变暖等方面要承担越来越多的责任，也面临着越来越大的压力。中国以煤炭为主的能源结构和巨大的能源消费总量，给中国带来了较为严重的环境问题。具体表现在：与能源相关的二氧化碳、二氧化硫、烟尘、粉尘等的排放，既产生了大量的温室气体，也导致了较为严重的环境污染；除大气污染之外，在能源开采、利用过程中会占用大量的土地，废水排放不仅对水环境和水资源造成了严重威胁，而且对生物多样性的威胁更为严重。部分煤矿地区因煤炭开采而导致地面塌陷、次生地质灾害频发多发，从而影响到了当地人们的生存安全。2020 年 12 月，习近平主席在气候雄心峰会上表示："中国为达成应对气候变化《巴黎协定》作出重要贡献，也是落实《巴黎协定》的积极践行者。今年 9 月，我宣布中国将提高国家自主贡献力度，采取更加有力的政策和措施，力争 2030 年前二氧化碳排放达到峰值，努力争取 2060 年前实现碳中和。"（习近平，2020）

此外，中国页岩气开发已经启动，但是美国的经历已经提醒我们，不能忽视页岩气开发带来的环境影响。中国也正在研究对页岩气开发实施严格的环境监管，环境风险是对中国页岩气开发前景的重大挑战。

五、地缘政治的冲突影响着全球能源的安全

地缘政治问题与全球能源安全有着密切的关系，其中中东、北非地区因能源而成为著名的"火药桶"。2013 年底以来，俄罗斯与乌克兰的复杂关系也成为影响全球能源安全的一个隐患问题。中亚地区尽管度过了 2005 年前后的民族冲突危机，但是其政权的稳定性仍然受到怀疑。尤其是近年来中东地区主要产油地缘事件频发，加剧了全球中重质石油资源供应紧张的局面。

（一）中东地区的局部冲突仍在继续

由于石油在现代能源中的支配性地位，各国政府都把石油资源分布的不平衡性视为对能源安全的重大挑战。第二次世界大战之后的多次地缘政治冲突都是围绕着中东这一富藏石油的地区展开的，1973～1974 年和 1979～1980 年两次石油危机及其引发的全球性经济危机都与石油供应中断带来的恐慌有关。此后，经过持续冲突，埃及的形势趋于稳定，而叙利亚的冲突不仅没有结束，还蔓延到了伊拉克。近年来，伊拉克及周边地区的局部冲突和战争，给本已趋于消停的中东地区带来了巨大的挑战。尽管时任美国总统的奥巴马宣称，美国不会再次卷入战争，但是伊拉克乃至整个中东未来的安全形势仍然不容乐观。中东地区的另一个热点是利比亚。尽管卡扎菲倒台之后，利比亚开始了重建进程，但是其局势仍有失控的风险。利比亚国内部族之间的和平是保障利比亚走上可持

续发展道路的关键，但是其各方似乎都更愿意选择冲突，加之有外部势力的干预，利比亚的重建之路将会变得遥不可及。

伊朗也始终是影响中东地区的一个重要因素。2012 年 11 月 30 日，美国国会参议院一致批准了强化对伊朗的制裁举措。同日，伊朗驻国际原子能机构代表苏丹尼耶在国际原子能机构理事会会议上警告，如果伊朗的核设施遭到军事打击，伊朗存在退出《不扩散核武器条约》的可能。对于霍尔木兹海峡这一世界上最重要的能源通道，约有 40%的海上石油贸易由此经过，其最狭窄之处仅有 54 公里，伊朗长期以来将此视为对外敌进行反制的咽喉。针对伊朗的一系列动作及其发展核武器的努力，美国一直采取针锋相对的措施，并在海湾地区部署重兵，多次进行具有针对性的军事演习与舰队巡航。从目前的局势走势来看，无论是伊朗还是美国，都不希望挑起战争，两国对各自和对方的底线都很清楚，这种“游戏”还将持续下去。2019 年 5 月 2 日，美国单方面退出了伊核协议，并不再向伊朗石油的主要买家提供豁免，导致伊朗石油出口量从近 270 万桶/日骤降至 20 万桶/日，从而加剧了全球石油资源的供应紧张。加之近来美国、以色列和伊朗之间的“暗战”不断，给中东地区的安全稳定蒙上了新的阴影。

美国等西方国家看重的是中东地区的能源资源，他们在加大军事威慑的同时，主要通过金融和贸易禁运等手段对伊朗进行制裁。石油收入占伊朗全部外汇收入的 85%以上，美欧相继对伊朗实施石油禁运，意味着伊朗本已举步维艰的经济发展之路将遭受到更大的压力。伊朗则通过向日本、印度、俄罗斯以及其他国家输送石油来弥补部分损失，而且可能以相对低廉的油价争取客户。伊朗甚至还使用欧元来作为石油贸易的结算货币，以此来抵消因美国等国家的制裁而带来的影响。

由于目前中国的大多数石油进口仍然来自中东地区，未来中东地区的局势能否稳定对中国的能源安全将产生重大的影响。另外，中东地区任何地缘政治方面的扰动都会影响世界石油价格，这也是影响经济安全的一个重要因素。

（二）乌克兰危机对欧亚能源安全格局的影响

俄罗斯是 OPEC 之外重要的能源出口国之一，其能源主要出口欧洲。尤其是其天然气出口占到欧洲市场约 1/3 的份额。然而，2013 年底乌克兰危机彻底爆发，致使欧洲对俄罗斯作为能源市场稳定供应者的信心受到了极大的打击。尽管有各种困难，但欧盟势必要尽可能地寻找替代方案，以降低对俄罗斯能源的依赖。目前欧盟对除俄罗斯之外的天然气进口主要来源有挪威（一直没有加入欧盟），北非地区（突尼斯、阿尔及利亚、利比亚、埃及等），里海沿岸（阿塞拜疆、伊朗、土库曼斯坦、哈萨克斯坦）。从挪威和北非地区出口天然气到欧盟的线路一直稳定运营，主要供给意大利、法国、葡萄牙、西班牙、德国、丹麦、荷兰、卢森堡等欧洲国家。

欧盟与俄罗斯甚至美国、中国都曾高度关注把里海周边天然气输送到欧洲的纳布科天然气管道。几年来，纳布科管道项目建设费用预算不断提升，已经由最初的 80 亿欧元提升至了 150 亿欧元，加上里海地区可供给欧洲的阿塞拜疆的天然气资源有限，而其他里海周边国家协调难度大，纳布科管道项目基本上已经被放弃。最终，参与各方选择了比纳布科管道项目更具经济性的亚得里亚海管道项目。亚得里亚海管道项目则是从阿塞拜疆起，经由希腊、阿尔巴尼亚、意大利等能源价格较高的国家输气至西欧，这一天然气运输通道的建设，能使俄罗斯获得更高的经济效益，同时也能大大改善沿线意大利等国的天然气供应状况。

近年来，欧俄之间尤其是北大西洋公约组织成员国与俄罗斯之间的关系时而紧张，使得欧俄之间能源贸易格局充满了不确定性，势必会影响到俄罗斯向欧洲地区出口能源的态度。2014 年，中国与俄罗斯达成天然气购买协议。从 2018 年起，俄罗斯开始通过中俄天然气管道东线向中国供气，输气量逐年增长，最终达到 380 亿米^3/年，累计合同期 30 年。同时，俄罗斯还提出动议，可以把未来的太平洋管道向朝鲜半岛延伸，通过朝鲜领土向韩国出口天然气。

所有这些能源供应的变动，如果最终得以实施，整个欧亚地区的能源贸易格局将出现重大的变化，最终将出现从俄罗斯和中亚地区出发的多条跨越大陆的东向能源管道。这有利于增加中国能源进口的来源和渠道，更加紧密地把快速增长的中国经济与俄罗斯和中亚能源资源富产区联系起来。

同时，我们也应该看到，这些项目具有很大的潜在政治风险和经济风险。俄罗斯与中亚国家的政权稳定性甚至不如中东的沙特阿拉伯、卡塔尔、阿联酋等国，政治风险和与此有关的项目违约风险是存在的。长距离油气管道也是犯罪分子进行资源窃取与破坏非常容易和简单的目标。另外，长距离管道油气运输的经济成本有可能超过海上运输的成本，而且一旦形成，就会固化为经济的长期成本，没有经济的长期竞争优势。

（三）北极地区可能成为能源争夺热点

北极蕴藏着丰富的油气资源，美国、俄罗斯、瑞典、挪威、芬兰、加拿大等国纷纷加入了北极能源之争中。2009 年《科学》杂志刊登的一份报告称，北冰洋水底蕴藏的石油资源可能是之前估计的两倍。按照目前的石油消耗量，这些石油可供全球共同使用 5 年。从 2009 年开始，美国就提出了北极战略，每年拟投入 4 亿美元对该地区进行考察开发。美国国家海洋和大气管理局在 2017 年底发布的《北极年度报告》中提出，随着北极永久冻土和海冰融化趋势的不断持续，北极作为资源聚集地的“触发点”将逐渐显现。该报告指出，目前北极地区潜在可开发的石油储量和天然气储量分别占世界储量的 13%和 30%，煤炭储量占世界储量的 9%。

加拿大则于 2009 年抢先绘制出首张北极综合地图，并在此地举行军事演习。2010 年，加拿大发表北极外交政策声明，强调加拿大对北极地区拥有主权。2013 年，丹麦等国宣布，将在三年内向联合国提交有关北极地区的主权权利申请。此外，挪威也很早就启动了海洋油气资源开发。目前，北极争端尚能通过和平方式处理，但对其能源的争夺会更加激烈。

六、影响经济安全稳定的风险不容忽视

经济的安全稳定是能源安全的另一个重要方面。国际能源价格的波动尤其是石油价格的波动会对全球经济的安全稳定产生重要影响。

（一）能源安全的本质是对能源资源收益的全球分配

任何国家，无论控制了多少资源，都是为了实现最大化的经济和资源收益，只要经济社会发展没有陷入失控状态，任何一个国家都不会关闭这一带来重大利益的市场。即使在美苏冷战时期，苏联也出口石油来换取外汇。即便是在 1973 年的石油禁运时期，也没有出现零贸易的现象，而石油禁运也没能坚持多久。

目前对能源安全的焦点主要集中在如何保障能源的供给，尤其是保障石油的进口上，而对其他问题尤其是如何应对能源安全的经济风险等关注得较少。实际上，全球能源供给的中断也许只是一个理论上的可能，并不是一个随时都会发生的现实威胁。但是，能源作为经济发展的基础，来自能源的经济风险是一个常态化的却又时时易被忽略的问题。

早在 2001 年，美国《国家能源政策》就提出，能源安全有三个要素：一是供给稳定可靠；二是成本支付得起；三是环境友好（房照增，2001）。现实中，首先，第一个目标即“供给稳定可靠”受到的关注最高，也基本做到了；

其次，“环境友好”也受到了极大的关注，每年的全球应对气候谈判都会兴起对全球环境的热议；最后，从经济的角度看，石油禁运之后的 40 多年来，总体上是一个能源价格不断上涨的 40 多年，只有在 20 世纪 80 年代初和 90 年代末，亚洲金融危机期间能源价格相对较低。可以说，能源成本成为当今世界影响全球经济的最重要因素，从而影响人类的发展利益与经济、战略上的安全。

能源是商品，但不是一种简单的商品。作为世界最大宗的贸易商品，能源尤其是石油贸易体系在全球经济利益分配中扮演着重要角色。以美元的石油定价权作为基础的货币体系，使世界经济构成了一个物质流与资金流相互配合的统一体。因此，能源也成为当今世界各国竞相追逐的对象。

（二）能源价格与经济竞争力有密切关系

由能源市场波动带来的经济性风险往往易受到能源安全等话题的掩盖。实际上，真正意义上的能源供给中断从来没有在和平时期发生过，然而能源市场波动所带来或者引发的经济性风险却时时存在。能源价格构成了国民经济运行的基础，因此能源价格的剧烈波动往往会成为经济周期性变化的一个肇因。

对于能源进口国而言，倘若能源价格高于正常水平，那么将势必会影响下游产业的收益，导致产业利润空间的缩减，消费者的生活成本也将会不断提升。对于能源出口国来说，较高的能源价格会带来大量的货币流入，并带动本币的升值和利息率的提高，以及较高的劳动成本和物价水平，同样也会使其他工业的发展失去动力，因为任何其他工业都无法提供像能源工业那样高的利润率，这也就是在经济学上通常所说的“荷兰病”[①]。

但是在一定程度上以及从全球经济发展的现实表现来看，石油价格的剧烈波动与全球经济周期之间存在着很强的联系，尽管这一关系是不对称的。即世

---

① “荷兰病”（the Dutch disease），是指一国（特别是指中小国家）经济的某一初级产品部门异常繁荣而导致其他部门衰落的现象。20 世纪 60 年代，已是制成品出口主要国家的荷兰发现大量石油和天然气，荷兰政府大力发展石油、天然气产业，出口剧增，国际收支出现顺差，经济显现繁荣景象。可是，蓬勃发展的天然气产业却严重打击了荷兰的农业和其他工业部门，削弱了出口行业的国际竞争力，到 20 世纪 80 年代初期，荷兰遭受到通货膨胀上升、制成品出口下降、收入增长率降低、失业率增加的困扰，国际上称为“荷兰病”。

界石油价格快速上涨会引起全球经济的衰退，但是世界石油价格的快速下跌不会引起全球经济的繁荣。

事实上，世界石油价格与美元挂钩，而美元又是全球货币体系的基础，因此石油价格的剧烈波动很可能引发全球性的市场动荡，并可能引发全球性的经济危机。对于 2008 年爆发的世界金融危机，其前兆就是 2007 年持续处于高位的石油价格（达到 147 美元/桶的历史高位）。因此，能源资源尤其是石油资源成为世界大国不惜代价去争夺的焦点。

第二节　中国能源安全的总体评价

能源系统是最复杂的人造工程系统。无论我们是从石油、煤炭、天然气等能源资源的勘探开采、生产加工、运输、消费利用等环节来看，还是从电力的生产、输送、调度、消费等环节来说，以及从可再生能源的开发利用等环节来讲，可以看出，能源系统的每一个环节都有可能会出现各种问题。能源系统存在着的各种人为风险和技术性风险，可能会对整个能源系统或局部子系统造成扰动，甚至引起系统的崩溃。

一、国内能源系统安全

国内能源系统可能出现的风险有很多种，主要风险有以下几个方面。

第一，石油石化生产事故风险。2011 年 6 月，中海油与美国康菲国际石油有限公司合作开发的渤海蓬莱 19-3 油田发生油田溢油事件，这也是近年来中国内地第一起大规模海底油井溢油事件。据统计，共有约 700 桶原油渗漏至渤海海面，另有约 2500 桶矿物油油基泥浆渗漏并沉积到海床（Liu and Zhu，2014；Liu et al.，2015）。国家海洋局表示，这次事故已造成 5500 千米^{2}海水受到污染，大致相当于渤海面积的 7%。今后应该及时投入资金进行技术改造，加强石油的安全生产工作。

第二，油气管线输送安全风险。2013 年 11 月，青岛发生的输油管道泄漏爆炸事故造成 62 人死亡、136 人受伤；2014 年 4 月，兰州发生因油管泄漏致水污染的重大事故；2014 年 6 月，大连发生油管泄漏爆炸事故，致使 2 万多户居民被迫疏散。随着中国城市化进程的快速推进，很多城市的城区面积迅速扩大，甚至覆盖了原来的油气输送管线地区，形成了地下是油气管线、地上是住宅的危险局面。2015 年 5 月，青岛石化输油管道泄漏事故给当地居民的生产、生活造成的严重影响就是在这一背景下发生的。2017 年 8 月，中石油大连石化公司第二联合车间 140 万吨/年重油催化裂化装置泄漏并引发火灾。很多地区的油气管线设计标准低，随着使用时间的延长出现老化，在很大程度上存在着一定的安全隐患。一旦出现事故，势必会影响到局部地区的油气生产和供应。此外，也要注意长距离油气管线，尤其是跨国油气管线的非传统安全。

第三，煤矿生产安全与地质、环境安全。煤矿一直是中国安全生产的重点领域，也是中国非正常死亡发生最多的地方。国家安全生产监督管理总局 2012 年的数据显示，2011 年煤矿矿难死亡数字首次下降到 2000 人以下（1973 人）。因此，有专家建议中国大力发展核电和替代燃煤发电。

第四，电力生产与输配网络安全。电网网络可以说是最脆弱的能源系统之一。中国曾发生多次电网崩溃的事故。2008 年，在中国南方发生的冻雨灾害对电网造成了极大破坏，结冰造成许多高压线短路跳闸，沉重的覆冰和大风掀翻了无数高压线塔，严重破坏了电网。在江西省，大部分 35 000 伏高压线塔不是跳闸短路，就是被冰雪掀翻。大规模的电网破坏造成大面积、长时间停电，铁路因电力无法供给而瘫痪，机场因电力无法使飞机起降而关闭，一些工厂因电力不足而无法正常生产，一些由电力智能控制的机器或系统不能正常运行。不仅如此，由于大面积停电，许多地区通信信号中断，广播电视、移动电话和互联网络全部中断。灾害最严重时，广州、长沙等大城市的煤炭、燃油储备仅能维持一周。

除自然灾害外，单个发电厂的生产事故或者用电负荷的突然增加也可能导致电网的崩溃。此外，与电力生产有关的水电站与核电厂的安全问题也是非常重要的方面。中国是世界上水电项目最多的国家，未来核电项目也会越来越多。水电站与核电厂的安全影响更大，甚至在战争中，它们成为最脆弱但是效果又最好的攻击目标之一。随着风电等可再生能源电力生产的增加，由风电场传输不规律的直流电力进入电网产生的扰动也会对电网的平稳运行产生冲击。因此，加快发展智能电网是大规模利用可再生能源的保障，同时也是对电网安全运行的又一个挑战。

电力的平稳运行对国家安全无疑具有最重要的意义。加强能源安全不能只盯着进口能源渠道的多元化和油气资源的保障，电力安全是最为基本的安全保障之一。

二、国家经济安全与能源安全问题

（一）我国经济安全与能源安全所面临的重要形势

国家经济安全是指一个国家在遭遇来自内外部各种威胁或难以预测因素的影响下，保障国家经济繁荣发展、确保国家经济利益免受损失、在国际竞争中处于有利地位并长期保持的能力（陈凤英，2004）。目前，中国面临的经济安全风险主要来自三个方面：一是战略资源安全（特别是能源和粮食安全）风险，二是金融安全风险，三是环境失衡风险。国家能源安全是指一国拥有主权或实际可控制、可获得的、有相当数量和质量的、能够支撑起该国经济可持续发展需要的能源资源（张艳，2011）。能源安全包含两个层面的含义：一是能源供给安全，二是能源使用安全。能源供给安全是国家能源安全的基本目标，是“量”的概念；能源使用安全则是国家能源安全的更高目标，是“质”的概念。

根据相关研究，利用在能源平衡基础上建立的预测中国未来能源消费的模型，考虑到中国的能源结构由以煤炭为主转向以石油、天然气和电力为主，经济结构由农业向城市化、工业化转变，重工业向轻工业和高技术转变，以及汽车的大量增加等因素，2020 年，中国的石油、煤炭和天然气进口大幅度增加，给中国的能源供给安全带来巨大挑战（Gerard and Yochanan，2008）。事实上，目前中国国内的能源储量和生产能力已经无法满足经济社会发展的需求，导致中国能源供给对外依存度不断提高。由于石油等重要战略资源控制在少数发达国家手中，中国难以掌握国际能源市场定价的话语权，因此国内能源供给易受国际能源价格波动的影响，存在着诸多不确定性因素，这在很大程度上严重威胁到了中国的能源供给安全。

此外，由于中国能源结构中煤炭等化石能源占绝大部分，与能源消耗直接相关的二氧化碳和污染物排放也在经济高速增长和能源利用效率低下的背景下随能源消耗的增加而增长，温室效应、臭氧层破坏、酸雨等环境污染问题随化石能源的大量使用日益严重。能源问题与环境问题交织在一起，成为对国家经济安全的严峻威胁。

中国的能源安全观经历了从最初的“自给自足”安全观到“供应”安全观，再到现今的“开源节流”安全观的演变过程，能源供给安全和能源使用安全成为保障中国能源安全的两大有机组成部分。就目前而言，中国的能源安全主要面临结构性危机和管理性制度危机两大挑战：一是结构性危机，包括能源结构以煤为主、能源人均占有量低且分布不均匀、能源供需矛盾日益突出、石油对外依存度大、能源利用效率低、能源环境问题突出；二是管理性制度危机，包括缺少对能源安全进行统一管理的部门、各部门权限不明职责不清、能源市场的垄断和区域市场分割（杨泽伟，2008）。

（二）世界化石能源资源分布的集中度对我国经济安全和能源安全的影响

目前，全球能源消费主要依赖传统化石能源，在化石能源中石油又占据了最重要的地位，可再生能源和新能源仅能满足很小一部分的能源需求。化石能源资源尤其是石油资源在地球上的分布极不均匀，主要分布在中东、北非、俄罗斯、北美、委内瑞拉、西非等少数地区，这些地区同时又是局势相对不稳定的地区，从而导致全球能源市场对国际贸易和航运安全的依赖度非常高，地缘政治格局的变化会影响到全球石油供给的稳定性，形成对全球能源安全的挑战。导致能源安全稳定的根本原因有两点：一是传统化石能源资源的有限性；二是分布的不均衡性。从地理分布来看，传统能源资源分布的集中度比较高——石油储量排名前五的国家拥有60%以上的石油资源储量（图3-3）。从地区层面来看，全球天然气储量呈现出较为明显的集中分布的特点，天然气储量排名前十三的国家拥有80%的天然气资源，其中，中东地区天然气储量占全球天然气储量的比重为38.04%，亚太地区占比为8.88%，北美洲占比为7.57%（图3-4）。煤炭储量排名前六的国家拥有80%的煤炭资源；铀储量排名前六的国家拥有80%的铀资源。这样的集中度会不会导致这些国家采取联合行动对消费国进行利益压榨？正是这种担心，构成了全球能源安全问题的来源。

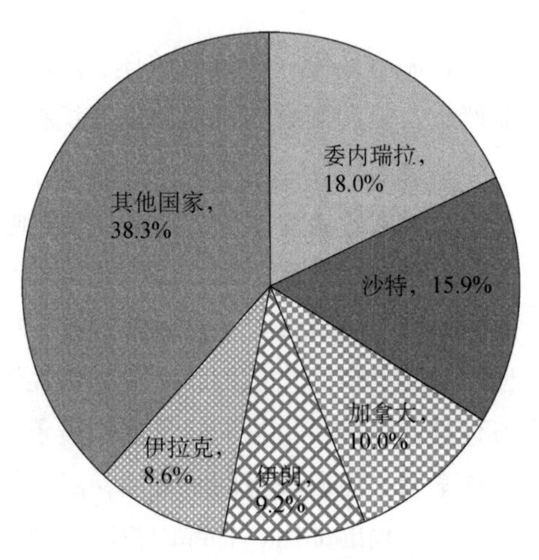

图 3-3　2019 年世界五大石油储量国储量占比

资料来源：美国《油气杂志》（*Oil & Gas Journal*）、《2019 年全球石油产量和油气储量报告》

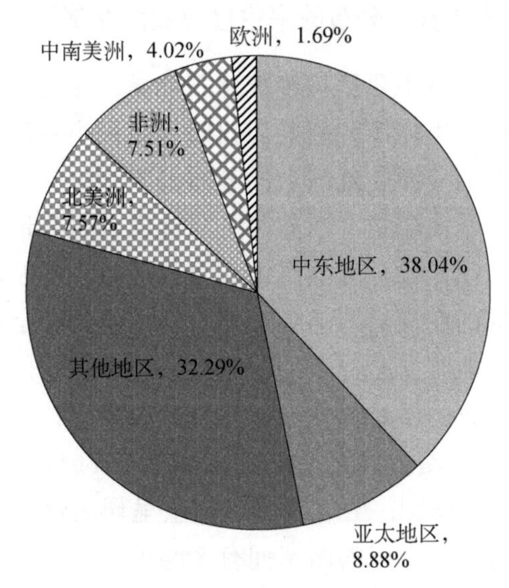

图 3-4　2019 年全球各地区天然气储量占比

资料来源：美国《油气杂志》《2019 年全球石油产量和油气储量报告》

中国经济对进口能源的依赖度日益增强，每年对外的能源进口支付在对外支付中占很大的份额。2012 年，中国矿物燃料及其制品的进口占全年 GDP 的 3.81%，占全年进口总额的 17.2%。因此，能源进口对中国经济的影响是非常大的。此外，能源价格的提高是否会削弱一国产品在国际市场的竞争力，在面临相同能源单位成本的情况下，取决于该国可贸易产品的能源利用强度，也就是其生产过程中的能源效率。因此，对中国来说，未来一个重要的任务就是塑造中国在国际能源市场上的定价话语权。如果仍由中国支付比其他国家高的能源价格，势必会影响中国经济的长期竞争力。

第四章　能源革命与生物质能产业发展

第一节　能源革命的背景与内涵

历史上每一次能源革命的发生，往往都会引起和推动产业领域在生产水平、效率和组织形式等方面的变革。能源革命一般包括生产革命、消费革命两方面，二者相互联系、相互促进。能源生产革命为能源消费革命创造了必要的物质技术前提，能源消费革命反过来又会引导和促进能源生产革命的发展。此外，能源革命还包括了能源科学技术、能源开发利用方式、能源管理体制、能源供需交易模式等方面的变革。

能源是自然界对人类的恩赐，人类文明的进步离不开优质能源的出现和先进能源技术的发明和使用。因此，人类文明史也是一部能源品种不断变化、能源技术不断革新的历史。从使用薪柴等传统能源的原始社会和农耕文明，到发现和利用煤、石油等化石能源的工业文明，再到当今大力开发利用核能、风能、太阳能、水能等清洁能源，每一次能源革命无不伴随着技术飞跃，不断开创能源新时代。

一、能源革命的历程

人类历史上经历了三次能源革命。第一次是在大约 40 万年前人类掌握了钻木取火技术，开启了柴薪能源时代；第二次是 18 世纪英国发明了蒸汽机技术，人类从此以机械动力大规模代替人力和畜力，开始进入固体矿物燃料的能源时代；第三次是 19 世纪下半期内燃机和电的发明与使用，电力和内燃动力取代蒸汽动力，人类社会进入电气化时代和以油气为主的能源时代，这一时代还出现了水能和核能的大规模开发，增加了人类可利用的电力来源。

（一）柴薪能源时代与第一次能源革命

公元前 200 万年到公元前 1 万年的原始文明阶段，是渔猎采集文明时期，人与自然保持着一种原始和谐关系。由于尚未掌握科学技术，人类只能维持极低的生活水平。

火的发现是旧石器时代人类的一项重大成就，也是人类历史上第一次能源技术革新。尽管火的发现是偶然的，但是人类随后熟练掌握了火的使用方法，从此学会了主动使用初级生物质能，进入了能够称为“能源利用”的时代。火开辟了人类更加丰富的食物来源，人类通过刀耕火种逐步实现了定居，并学会了冶炼和烧制金属、陶瓷工具与器皿等技术。从此，人类开始向农业文明转化，开启了利用自然、改造自然的发展进程。

（二）固体矿物燃料的能源时代与第二次能源革命

人类历史上的前两次工业革命都与新能源的发现和使用有着重大关联。一方面，煤炭、石油等化石能源的使用优化了能源结构，提高了工业生产效率；另一方面，工业化促进了人类更进一步地去发明新技术、新装备，以推动能源新革命。

随着蒸汽机、内燃机等设备的发明和使用，人类社会的生产方式由手工劳动逐渐转向机器化大生产，生产效率显著提升，生产出的产品越来越多、越来越丰富，国家间、地区间的贸易日益密切并成倍增长。同时，火车、轮船等现代运输工具的出现，促进了运输方式的大变革，推进了大宗能源（如煤炭、石油等）的商品化进程。而后石油等能源在现代动力系统中得到广泛使用，进一步加快了人类现代化的进程。

（三）电气化时代的开启与第三次能源革命

随着能源技术的不断进步，电力的广泛使用成为可能。已经发生的三次能源革命在加速科学技术进步的同时，也推动了能源消费技术、装备和产品的革命与发展，推动了人类生产与消费技术的变革以及人们观念的改变，推动能源消费产生了几何级数的增长。根据《BP 世界能源回顾》中的有关能源统计数据，1965～2014 年世界一次能源消费量从 37.55 亿吨标准煤增加到 129.28 亿吨标准煤，增长了 2 倍。BP 公司的《世界能源展望 2019》报告数据显示，2011～2030 年世界能源消费总量将增加 36%。

历次能源革命并没有严格、清晰的界定，不同能源品种之间并不是绝对的替代与被替代关系，而是相对规模和结构的变化。直到目前，包括薪柴、煤炭、石油、天然气、核电、可再生能源等，都是全球能源供应的重要来源。此外，虽然不同国家受发展水平、资源禀赋等因素的影响，能源供应构成、利用效率水平等存在明显的差异，但针对不同的行业和具体领域，各种能源品种仍有用武之地，多元的能源结构是现代能源体系的重要特征。

二、新一轮能源革命的内容及特征

（一）新一轮能源革命的基本内容

为实现全球经济社会的可持续发展，第四次能源革命的历史使命在于克服不断增长的能源需求带来的负面影响，确保全球能源供应的可持续性。那么，新一轮能源革命需要实现两个转型：一个转型是由黑色的高碳能源转变为绿色的低碳能源的能源生产转型；另一个转型是能源消费由粗放低效向节约高效转变，以维系人类文明的不断发展与延续。新一轮能源革命的主要内容包括以下五个方面：一是大幅度提高能源效率，合理控制能源消费行为，坚决抑制能源的无效和浪费需求；二是建立可持续、以非化石能源为主体的能源供应体系；三是确保人人享有可持续的能源供应；四是减少能源供应中的环境和生态问题；五是构建清洁、低碳的能源体系。前几次的能源革命推动了人类文明的进步，改变了人与自然的关系，同时也加剧了人对自然的索取与破坏。正在探索中的新一轮能源革命，清洁、低碳、可持续是其所呈现的重要特征，它是人类进入生态文明发展阶段的客观需要，是人类对能源体系主动选择的结果，目的在于追求人类与自然、环境的和谐统一，维系人类自身的生存和发展。

（二）新一轮能源革命的特征

当前，新一轮能源革命的浪潮正在兴起，主要表现在可再生能源和新能源技术的快速发展，以及以物联网为代表的新兴信息技术（IT）对传统能源的改造。正在发生的新一轮能源革命，是在当前全球人口与资源与环境矛盾日趋尖锐的形势下，加快推进以新能源（如核能）和可再生能源（包括太阳能、生物质能、海洋能和氢能等）代替现行的化石矿物能源。新一轮的能源革命将以一种全新的科学用能模式，把人类社会推向更为高效、清洁、低碳、智能、可持续的能源时代，并具备以下特征。

一是此次能源革命的影响是全球化的。以往的能源革命最初都是发生在个别国家或地区，而后才逐渐向世界其他国家或地区拓展。新一轮的能源革命是在经济全球化、人类科学技术飞速发展的大背景下推进的，主要依托低碳技术、新能源技术等方面的创新来引发。

二是有着明确的目标导向性。先前发生的三次能源革命总体上表现为一种自发演替过程，人们对能源革命的方向和后果缺乏明确的目标导向与自觉选择。对新一轮的能源革命发展方向和即将带来的影响，人类社会对此有着明晰的目标，并表现出了极高的自觉性，以引领全球能源系统的新一轮变革。

三是影响更为广泛和深刻。新一轮的能源革命将为人类构建起一种全新的能源系统，保障能源生产和能源利用更加高效、便捷、安全、清洁和可持续，其影响必将更加广泛而深刻。

四是与新经济发展的密切相关性。新一轮能源革命将成为当代世界先进生产力发展的重要组成部分，与循环经济、低碳经济等新经济形态之间有着密切的相关性，为人类新经济的发展提供了源源不断的动力支撑。

第二节　生物质能产业发展对能源革命的意义

随着全球化石能源储采比的快速下降，经济增长对化石能源的巨大需求，以及化石能源使用对生态与环境负面效应的日渐严重，能源供应安全和使用安全成为当今世界经济发展面临的重大挑战。自 20 世纪 70 年代石油危机以来，世界各国都把保障能源安全列入国家战略的重要领域，大力发展清洁和可再生能源，促使可再生能源尤其是生物质能的利用方式从传统的直接燃烧逐渐向现代科技利用转变，以此降低国家经济社会发展运行中对化石能源的依赖，这已经成为发达国家提高国家能源安全的重要措施。

一、生物质能资源开发利用是能源革命的重要内容

新一轮能源革命的根本目的是实现能源由化石能源时代向可再生能源时代的演变。这就需要未来的能源能够大规模替代石油、煤炭和天然气等常规能源，因此必须满足以下条件：①资源足够丰富；②价格足够可承受；③应用足够广泛；④供应足够稳定安全。

与化石能源的不可再生不同，生物质能是可以再生的。到 21 世纪中叶，人们利用新技术生产出的各种生物质替代燃料，将占到全球总能耗的 40%以上，可以满足全世界现有能源 20 倍的需求量（孙凤莲和王雅鹏，2007）。

尽管生物质能资源丰富，但是由于利用成本较高等原因，目前人类实际使用的生物质能资源规模还比较小。据统计，全球有 19%的能源消耗来自可再生

能源，其中 13.1%为传统的生物能（如烧柴产生的热能），3.2%来自水力，2.7%来自小水电、生物质发电以及风能、太阳能、地热能等（黄晓勇，2014）。为扩大生物质能的利用规模，新一轮能源革命的发展方向就是要将生物质能的成本和价格降至市场可充分发展的水平。

二、能源危机和能源安全是开发利用生物质能的直接动力

（一）影响我国能源安全的重要因素

能源安全不仅是一个经济问题，同时也是一个政治外交和国家安全问题，它不仅受到国内能源供需矛盾和对外依存度的影响，而且与本国和世界主要能源出口国家或地区的外交关系、军事影响力和控制力等有着密切关系。能源安全主要包括经济安全性和使用安全性，前者是指在保障能源稳定供给的前提下满足国家生存与发展的正常需求；后者是指能源的消费及使用不应对人类自身的生存和发展环境构成任何威胁（张波等，2004）。随着能源危机影响的日益加深，在地缘政治复杂变化、能源需求急剧增长、石油和天然气生产量相对不足、石油进口量（对外依存度）逐年增加、大气污染严重和温室气体排放控制的压力下，我国能源安全面临严峻挑战。与此同时，化石能源资源开发利用所引发的生态与环境问题已严重制约着经济社会的可持续发展。

近年来，中国国内生产总值都以 6.5%～8.0%的年增长速率增长，生产能耗也保持在 8.25%左右的年均增速。《中国统计年鉴 2019》统计数据显示，中国近几年的石油进口量分别为：2013 年约 2.82 亿吨、2014 年约 3.08 亿吨、2015 年约 3.35 亿吨、2016 年约 3.81 亿吨、2017 年约 4.20 亿吨、2018 年约 4.62 亿吨。

早在 2005 年，EIA 发布的关于世界能源的剩余可采储量、储量增长潜量及待发现资源量的信息表明，全球石油仅可用 53 年，天然气可用 63 年，煤炭可用 90 年（石元春，2007）。国家发展和改革委员会也曾对我国的能源消费问题进行探讨，2010 年我国能源消费总量约为 32.5 亿吨标准煤，2020 年我国能源消费总量约为 49.7 亿吨标准煤，比上年增长 2.2%。中国探明可利用的煤炭总储量约为 1900 亿吨，人均煤炭储量约为 135 吨，按每年耗储 50 亿吨计算，1900 亿吨可利用煤的储量也支撑不到 40 年；探明的油气资源的储量将不足 10 年消费量，最终可采储量勉强可维持 30 年的消费，能源危机已经成为摆在我们面前的一个不可否认的事实（王宇波和王雅鹏，2007）。在此背景下，生物质能资源作

为可再生替代能源，其开发利用必然会受到重视。

（二）生物质能产业对国家能源安全的影响

在市场的推动和国家政策的大力支持下，我国可再生资源尤其是生物质能资源得到了迅速的发展。我国的生物质能资源丰富，其理论生物质能资源储量位居世界前列，其中农作物秸秆量约占我国生物质能资源理论储量的50%，折合标准煤约为3.5亿吨。改革开放四十多年来，我国经济社会有了突飞猛进的发展，但是我国的部分农村经济社会发展水平还比较低，一些地方的农户生活用能还是采取直燃薪柴等传统方式。此外，部分农村的人畜粪污得不到及时科学处理，导致一些疾病的发生和传播，对环境带来一定的污染。

近年来，我国以棉花秆、稻秆、甘蔗渣、固体生物质能、有机废物和沼气（包括畜禽废弃物）等为原料的生物质发电取得了较大发展，装机容量、发电量逐年增加。作为我国生物燃料发展重点的燃料乙醇等产业布局不断扩大，年产量不断增加，发展速度趋于稳定。此外，我国还在加大生物柴油产业的开发利用力度，开工项目在逐年增加。国家发展和改革委员会能源研究所的研究报告显示，目前我国生物质能产业发展主要集中在以非食用粮糖类农作物为原料的燃料乙醇生产、以废油为原料的生物柴油生产、以油料林为原料的生物柴油生产，以及以纤维素和藻类生物质为原料的先进生物燃料生产等。

因此，发展生物质能产业不仅有利于保证我国能源安全，还将极大改善农民生产生活环境，提高能源利用效率和水平，有效缓解能源危机所带来的不利影响。

三、生物质能是未来可持续能源系统的组成部分

（一）全球能源需求压力推进生物质能的开发利用

生物质能作为一种清洁持续的能源，正在以前所未有的速度增长，已经成为世界各国日益关注和认同的焦点。国际可再生能源署发布的《全球可再生能源展望（2020）》研究了人类未来可持续能源系统的组成部分，以及管理转型所需的投资策略和政策框架，探索了如何实现到2050年将全球CO_2排放量至少减少70%的目标。其中，生物质能资源的开发和利用是实现减排降耗的重要方式之一。

同时，IEA 在其发布的《可再生能源市场 2018》中对可再生能源尤其是生物质能提出了分析和预测。得益于政策激励和技术进步，自 1990 年以来，可再生能源取得了快速发展，其年均增长率达到了 2%，在全球一次能源供应总量中的占比达到了 13.7%。未来五年，可再生能源将保持强劲的增长态势，预测其间全球能源需求增量的 40%将来自可再生能源，到 2023 年，预计可再生能源在全球能源需求中的占比将达 12.4%。该报告还预测，2018～2023 年可再生能源在全球能源需求中的占比预计增长 1/5，到 2023 年达到 12.4%；其间，生物能源将成为可再生能源消费增长的最大来源之一，将占这一时期可再生能源消费增量的 30%，这主要是供暖和交通运输行业中大规模采用生物能源的结果。到 2023 年，生物能源仍将是可再生能源的主要来源，在可再生能源总量中的份额将接近五成（46%）。

结合近年来生物质能资源利用在全球经济社会发展中呈现出的突飞猛进之势，生物质能必将成为未来全球可持续能源系统中的重要组成部分，将会在世界能源消费中占有重要比重。

（二）生物质能逐步替代化石能源

人类的生存和发展离不开能源的支撑。随着世界能源需求量的迅猛增长，以及化石能源的逐渐消耗和减少，能源问题已经成为人类经济社会可持续发展面临的重要挑战。生物质能作为一种来源广泛的可再生能源，每年都有大量的农业、工业及林木废弃物产出。

在当前世界能源较为紧缺的形势下，生物质能如若通过现代化高效技术的转化利用，凭借其清洁可再生的优势，必将成为世界能源家庭中的后起之秀、并在石油战略中起到“调节器”的作用。生物质能将成为世界各国制定能源安全战略决策、缓解能源危机的重要考量因素，其开发利用必然备受重视。

（三）生物质能的利用能有效减少全球温室气体排放

据统计，世界上 87%的能源需求来源于化石燃料，这些燃料燃烧时，向大气中排放出大量的碳氧化物（CO_x），而生物质作为燃料时，由于生物质在生长时需要的 CO_x 量相当于它燃烧时排放的 CO_x 量，因而大气中的 CO_x 净排放量近似为零。而且，生物质中硫的含量极低，在燃烧时基本上无硫化物的排放。所以，利用生物质能作为替代能源，对改善生态环境，减少大气中的 CO_x 含量，从而减少温室效应都有着极大的好处（杜成华和陆广发，2010）。

因此，将生物质能作为化石燃料的替代能源，在节约常规能源、优化能源结构等方面具有重要作用。

（四）生物质能产业发展对低碳可持续发展的影响

目前，中国仍然是一个以煤炭消费为主的高碳经济国家，迫切地需要解决能源供给的问题，逐步发展清洁和可再生能源以替代日趋枯竭的传统化石能源。生物质能作为一种清洁的、可再生的能源，取之不尽，用之不竭，如果对其加以合理开发利用，其意义和作用巨大。在低碳经济绿色革命的大环境下，在绿色发展观与可持续发展理念的指导下，我国各地区要通过技术创新、制度创新、产业及产品转型升级、新能源开发利用等方式和手段，尽可能地减少对煤炭、石油等高碳能源的消耗和使用，减少温室气体排放，从而达到经济社会发展与生态环境保护双赢的现代经济社会发展态势。

当今世界，生物质能产业及其技术的应用，以及生物质能产业生态工程的实施，是实现生物质能发展目标的必要手段。经国内外发展经验证明，生物质能产业是由多种先进技术汇集而成的，在工程中要充分利用系统的物质、能源资源，延长产业链，打造最优系统网络结构。只有这样，才能将系统的功能发挥到最优，进而实现系统的社会效益、生态效益与经济效益的最大化。

第五章　中国生物质能资源储量预测及资源区域分布

《中国可再生能源发展报告 2019》数据显示，我国清洁能源消费占比稳步提升，消费结构清洁低碳转型正在逐步推进。2019 年，我国能源生产总量达到 39.7 亿吨标准煤，能源消费总量为 48.6 亿吨标准煤，尽管煤炭消费仍占主体地位，但其占比正在逐年下降，清洁能源消费已提升至 23.4%。“十三五”期间，我国可再生能源年均增长约 12%，可再生能源发电装机年平均占比已超过 50%。

（1）宏观经济增速与能源总体消费增速稳定。近年来，我国经济运行总体平稳，发展水平迈上新台阶，发展质量稳步提升。能源总体总量稳定增长，能耗水平总体下降。2019 年，我国国内生产总值为 990 865 亿元，按不变价格计算，比上年增长 6.1%。《中国能源发展报告 2020》等相关资料统计数据显示，2019 年我国全年能源消费的总量约为 48.6 亿吨标准煤，同比增长 3.3%。其中，对煤炭的消费量增长了约 1.0%，对原油的消费量增长了约 6.8%，对天然气的消费量增长了约 8.6%，对全国电力的消费量较上一年度增长了约 4.5%。

（2）我国能源消费结构继续优化。《中国能源发展报告 2020》等相关资料统计数据显示，2019 年全国煤炭的消费量约为 28.04 亿吨，约占全国能源消费总量的 57.7%（图 5-1），比上一年度下降了近 1.5 个百分点；天然气、风电、水电、核电等清洁能源的消费量稳步上升，约占全国能源消费总量的 23.4%，同比上升了 1.3 个百分点。从《中国可再生能源发展报告 2019》中我们可以看到，目前，我国国内原油消费量达 6.96 亿吨，同比增长 7.3%，增速较上年上升了 0.5 个百分点。天然气消费量为 3067 亿米^3，同比增长 9.4%，增速环比 2018 年下降 8.7 个百分点。

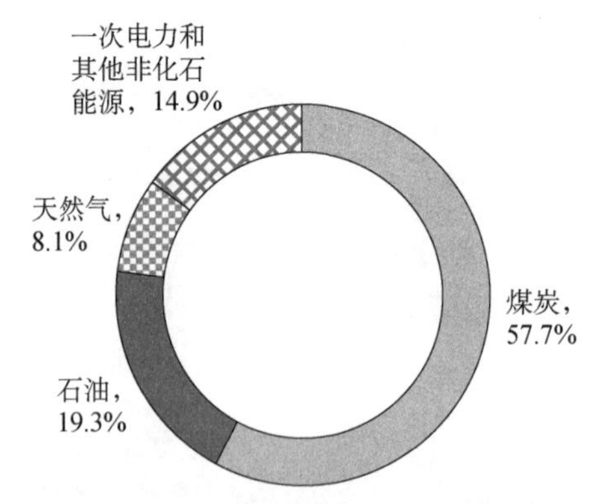

图 5-1　2019 年中国能源消费结构比例

资料来源：国家统计局、中能智库《中国能源发展报告 2020》

（3）我国能源供给整体较为宽松。2019 年，我国煤炭新增产能逐步释放，供给端较为宽松。全年原煤产量为 37.5 亿吨，比上年增长 4.2%，我国进口煤炭总量为 3 亿吨，同比增长 9.97%；全国原油产量为 1.91 亿吨，同比增长 0.8%，扭转连续三年下降的势头。我国原油净进口量呈现平稳的快速增长态势，全年国内进口原油 5.06 亿吨，同比增长 9.5%，增速较上年减缓 0.5 个百分点，连续第三年维持在 10%左右。原油对外依存度升至 72.5%，较上年提高 1.6 个百分点。天然气产量为 1736.2 亿米^3，同比增长 9.8%；中国进口天然气 9656 万吨，同比增长 6.9%，较 2018 年同期增速降低 25 个百分点。

据测算，我国生物质能资源的理论资源量约为 5.0×10^9 吨（张培栋和杨艳丽，2016），储量丰富。根据生物质能资源的生成方式和来源来分，其主要包括两大类：一是工农业和人们在日常生活中所产生的各类废弃物，如农业废弃物、林业废弃物、畜禽粪污、生活垃圾、生活污水、工业有机废渣和有机废水等；二是由人工培育的各类生物质能资源，如各类油料作物、能源林木、工程微藻等。目前，可供利用且有些资源利用已初具规模的有：农作物秸秆、林业废弃物、畜禽粪污、城市生活垃圾、工业有机废渣和有机废水以及能源作物等。根据《中国统计年鉴2019》统计数据，2018 年中国各类电源装机容量为 189 948 万千瓦，较 2017 年增长 6.7%。中国主要可再生能源发电装机容量为 72 896 万千瓦，较 2017 年增长 11.7%，占全部电力装机容量的 38.4%（其中，生物质发电装机容量为 1781 万千瓦，较 2017 年增长 20.7%，占可再生能源发电装机容量的 2.44%）。

第一节　农业废弃物资源量及区域分布

农业废弃物是指农业生产、农产品加工、畜禽养殖业和农村居民生活排放的废弃物总称，主要包括农作物秸秆和农产品加工废弃物（如稻壳、玉米芯）。其中农作物秸秆是指去除果实的农作物茎秆部分，包括各类粮食作物、油料作物的秸秆，如棉花秆、葵花秆、玉米秆、高粱秆、小麦秆、稻草等，是农村最主要的农作物副产物。我国是一个农业大国，有着丰富的秸秆资源，农作物秸秆是各类生物质能资源中最为稳定的资源。我国农作物秸秆资源分布不均衡，具有明显的地域性。

一、资源储量

（一）评价的具体指标

本书在综合国内外研究基础上，选取理论资源量（TRQ）、可收集资源量（CRQ）以及折标煤系数为主要评价因子，对农业废弃物资源进行了科学评价。

（1）理论资源量是指根据某一区域种植的各类农作物产量和相应的草谷比，计算得出该区域农业废弃物的年总产量，表明理论上该地区每年可能产生的农作物秸秆的资源量。

$$\mathrm{TRQ}=\sum_{i=1}^{n}P_i\lambda_i \tag{5-1}$$

其中，TRQ 为理论资源量；P_i 为产生源 i 的数量；λ_i 为秸秆资源产出系数。

（2）可收集资源量是指某一区域通过现有的收集方式，获得农业废弃物资源的收集量。一般通过理论资源量和可收集系数来测算。

$$\mathrm{CRQ}=\sum_{i=1}^{n}\mathrm{TRQ}_i\eta_i \tag{5-2}$$

其中，CRQ 为可收集资源量；η_i 为可收集系数。

（二）参数的选取

1. 资源产出系数

农业废弃物资源产出系数包括农作物秸秆产出系数（即草谷比，指农作物单位面积地上部分的秸秆产量与籽粒产量的比值）和农产品加工副产物产出系数。现有研究中关于草谷比和农产品加工副产物产出系数的研究较多，且各研究中选择的数据差别较大。本书中的草谷比和农产品加工副产物产出系数综合了多位学者的研究成果，如表 5-1 所示。

表 5-1　中国农作物秸秆产出系数和农产品加工副产物产出系数

名称	产出系数	名称	产出系数	名称	产出系数
小麦秆	1.17	棉花秆	3.00	甜菜茎叶	0.43
玉米秆	1.04	花生秆	1.14	谷壳	0.18
稻草	1.00	芝麻秆	2.00	玉米芯	0.16
高粱秆	1.60	菜籽秆	2.87	花生壳	0.27
大豆秆	1.60	麻秆	1.90	甘蔗渣	0.16
薯藤	0.57	甘蔗茎叶	0.43	甜菜渣	0.05

资料来源：朱建春等（2012）；郭利磊等（2012）；张培栋和杨艳丽（2016）

2. 资源可收集系数

资源可收集系数是指某一区域某种农作物秸秆可收集的资源量占资源理论总产出量的比重，是资源量估算过程中的重要指标之一。其中加工废弃物一般产出于农产品加工厂中，属于集中型分布的资源，可收集性较强。农作物秸秆则分布在广阔的农田（地）里，属于分散型资源，可收集性相对较差，且会随着产业发展状况的变化而变化（具体可通过不同类型农作物的留茬高度与植株总高度进行估算，但不同收割方式的秸秆留茬高度不同，秸秆可收集系数存在差异）。各类农作物秸秆资源的可收集系数计算公式可表达如下：

$$\eta_{i,s}=\sum\alpha_j\beta_j \tag{5-3}$$

其中，$\eta_{i,s}$ 为秸秆可收集系数；j 为不同收割方式；α_j 为 j 收割方式的收割系数；β_j 为 j 收割方式的比例。

目前中国农作物收割中，机械收割已经越来越普遍，但机械收割还仅在小麦、水稻、玉米、棉花四类农作物中使用广泛，大豆、花生、芝麻等农作物的机械收割率不足10%或者更低，可忽略不计。因此本书仅对小麦、水稻、玉米、棉花四类农作物按不同的收获方式进行区别计算，其他农作物可收集系数参考崔明等（2008）和王亚静等（2010）等的研究结果进行取值，棉花为0.9，以上四类农作物中，除棉花外的其余农作物均为0.88。

3. 折标煤系数

由于不同类型农业废弃物的组成成分不同，即使是同一类别的废弃物，其热值也存在很大差别，本书主要采用刘刚和沈镭（2007）、张培栋和杨艳丽（2016）推荐的折标煤系数进行计算（表5-2）。

表5-2　农业废弃物的折标煤系数

类别	折标煤系数	类别	折标煤系数	类别	折标煤系数
稻草	0.429	高粱秆	0.529	油料秆	0.529
麦秆	0.500	豆/棉秆	0.543	麻类秆	0.500
玉米秆	0.529	薯藤	0.486	糖类秆	0.441

资料来源：刘刚和沈镭（2007）；张培栋和杨艳丽（2016）

（三）数据来源

农作物产量数据来自《中国统计年鉴2019》（国家统计局，2019）和《中国农业统计资料》（中华人民共和国农业农村部，2019），各类农作物种植的年度数据如表 5-3 所示。

（四）结果分析

1. 资源总量

依据实际调查及《中国统计年鉴 2019》中的数据分析，并根据“评价指标”和“参数选择”中的估算方法对 1978～2018 年中国农业废弃物资源量进行估算。本书重点是对我国主要农作物及其资源量进行分析与估算，具体涉及稻谷、小麦、玉米、棉花四大类（表 5-4）。

1978～2018 年来，中国农业废弃物资源整体呈现缓慢增长且趋于平稳的发展趋势。1978 年，我国农业废弃物理论资源量约 29 199.3 万吨，可收集资源量约为 25 695.3 万吨，2018 年两者分别增至 69 410.9 万吨和 61 081.6 万吨（表 5-5），年均增长率均为 2.19%。分析 1978～2018 年中国农业废弃物的理论资源量和可收集资源量之间的数值差距（即不可收集的资源量），在经历了前些年的逐步增大之后，近年来逐渐趋于平稳，由 1978 年的 3504.0 万吨增至 2018 年的 8329.3 万吨，年均增长率达到 2.19%。主要原因是农作物收割机械化程度的逐步提高且机械化收割留茬高。

2. 资源量结构

我国农业废弃物资源以农作物秸秆为主，2018 年农业废弃物理论资源量达到 6.94×10^8 吨标准煤（图 5-2），理论可收集资源量为 6.06×10^8 吨标准煤，约占农业废弃物资源理论产量的 87.3%。农产品加工废弃物的资源量相对较小，2018 年其理论可收集资源量仅约为 8.3×10^7 吨标准煤，仅占农业废弃物理论资源量的 12.0%。随着我国农业产业的发展以及农业种植面积的稳定，农业废弃物呈现出较为稳定的资源结构特点，农作物秸秆的比重始终维持在 86%～89%。与农作物秸秆的理论资源量相比，可收集秸秆资源在资源总量中的比重略有降低，整体维持在 83%～87%；且两者之间的差值呈缓慢增长并趋于平稳发展的趋势，由 1978 年的 0.84%增至 2018 年的 1.53%。这一变化主要是由我国现代农业机械化水平的提高而引起的秸秆可收集系数逐渐降低所致。

表 5-3　2018 年我国主要农作物的播种面积及产量

年份	稻谷		小麦		玉米		豆类		薯类		棉花		油菜籽		甘蔗	
	面积/千公顷	产量/万吨	面积/千公顷	产量/万吨	面积/千公顷	产量/万吨	面积/千公顷	产量/万吨	面积/千公顷	产量/万吨	面积/千公顷	产量/万吨	面积/千公顷	产量/万吨	面积/千公顷	产量/万吨
1978	34 421	13 693.0	29 183	5 384.0	19 961	5 594.5	—	—	11 796	3 174.0	4 866	216.7	2 600	186.8	549	2 111.6
1980	33 878	13 990.5	28 844	5 520.5	20 087	6 260.0	—	—	10 153	2 872.5	4 920	270.7	2 844	238.4	480	2 280.7
1985	32 070	16 856.9	29 218	8 580.5	17 694	6 382.6	—	—	8 572	2 603.6	5 140	414.7	4 494	560.7	965	5 154.9
1990	33 064	18 933.1	30 753	9 822.9	21 401	9 681.9	—	—	9 121	2 743.3	5 588	450.8	5 503	695.8	1 009	5 762.0
1995	30 744	18 522.5	28 860	10 220.7	22 776	11 198.6	11 232	1 787.5	9 519	3 262.6	5 422	476.8	6 907	977.7	1 125	6 541.7
2000	29 962	18 790.3	26 653	9 963.6	23 056	10 600.0	12 660	2 010.0	10 538	3 685.2	4 041	441.7	7 494	1 138.1	1 185	6 828.0
2005	28 847	18 058.3	22 793	9 744.5	26 358	13 936.5	12 901	2 157.7	9 503	3 468.5	5 062	571.4	7 278	1 305.2	1 354	8 663.8
2006	28 938	18 171.3	23 613	10 846.6	28 463	15 160.3	12 149	2 003.7	7 877	2 701.3	5 816	753.3	5 984	1 096.6	1 378	9 709.2
2007	28 973	18 638.1	23 770	10 952.5	30 024	15 512.3	11 708	1 709.1	7 902	2 741.8	5 199	759.7	6 140	1 138.2	1 531	11 179.4
2008	29 350	19 261.2	23 715	11 293.2	30 981	17 212.0	11 988	2 021.9	8 057	2 843.0	5 278	723.2	6 838	1 240.3	1 709	12 152.1
2009	29 793	19 619.7	24 442	11 583.4	32 948	17 325.9	11 785	1 904.6	8 088	2 792.9	4 485	623.6	7 170	1 353.6	1 643	11 200.4
2010	30 097	19 722.6	24 459	11 614.1	34 977	19 075.2	11 053	1 871.8	8 021	2 842.7	4 366	577.0	7 316	1 278.8	1 624	10 598.2
2011	30 338	20 288.3	24 523	11 862.5	36 767	21 131.6	10 367	1 863.3	7 998	2 924.3	4 524	651.9	7 192	1 313.7	1 644	10 867.4
2012	30 476	20 653.2	24 576	12 254.0	39 109	22 955.9	9 405	1 680.6	7 821	2 883.0	4 360	660.8	7 187	1 340.1	1 696	11 574.6
2013	30 710	20 628.6	24 470	12 371.0	41 299	24 845.3	8 893	1 542.4	7 727	2 855.4	4 162	628.2	7 193	1 352.3	1 704	11 926.4
2014	30 765	20 960.9	24 472	12 832.1	42 997	24 976.4	8 824	1 564.5	7 544	2 798.8	4 176	629.9	7 158	1 391.4	1 638	11 578.8
2015	30 784	21 214.2	24 596	13 263.9	44 968	26 499.2	8 433	1 512.5	7 305	2 729.3	3 775	590.7	7 028	1 385.9	1 476	10 706.4
2016	30 746	21 109.4	24 694	13 327.0	44 178	26 361.3	9 287	1 650.7	7 241	2 726.3	3 198	534.3	6 623	1 312.8	1 402	10 321.5
2017	30 747	21 267.6	24 508	13 433.4	42 399	25 907.1	10 051	1 841.6	7 173	2 798.6	3 195	565.3	6 653	1 327.4	1 371	10 440.4
2018	30 189	21 212.9	24 266	13 144.0	42 130	25 717.4	10 186	1 920.3	7 180	2 865.4	3 354	610.3	6 551	1 328.1	1 406	10 809.7

资料来源：《中国统计年鉴 2019》和《中国农业统计资料》

表 5-4　2018 年我国四类主要农作物及其资源量

年份	稻谷				小麦				玉米				棉花				资源总量	
	面积/千公顷	产量/万吨	理论资源量/万吨	可收集资源量/万吨	面积/千公顷	产量/万吨	理论资源量/万吨	可收集资源量/万吨	面积/千公顷	产量/万吨	理论资源量/万吨	可收集资源量/万吨	面积/千公顷	产量/万吨	理论资源量/万吨	可收集资源量/万吨	理论资源总量/万吨	可收集资源总量/万吨
1978	34 421	13 693.0	16 431.6	14 459.8	29 183	5 384.0	6 299.3	5 543.4	19 961	5 594.5	5 818.3	5 120.1	4 866	216.7	650.1	572.1	29 199.3	25 695.3
1980	33 878	13 990.5	16 788.6	14 774.0	28 844	5 520.5	6 459.0	5 683.9	20 087	6 260.0	6 510.4	5 729.2	4 920	270.7	812.0	714.6	30 570.0	26 901.6
1985	32 070	16 856.9	20 228.3	17 800.9	29 218	8 580.5	10 039.2	8 834.5	17 694	6 382.6	6 637.9	5 841.4	5 140	414.7	1 244.0	1 094.7	38 149.4	33 571.4
1990	33 064	18 933.1	22 719.7	19 993.4	30 753	9 822.9	11 492.8	10 113.7	21 401	9 681.9	10 069.2	8 860.9	5 588	450.8	1 352.3	1 190.0	45 634.0	40 157.9
1995	30 744	18 522.6	22 227.1	19 559.9	28 860	10 220.7	11 958.2	10 523.2	22 776	11 198.6	11 646.5	10 249.0	5 422	476.8	1 430.3	1 258.6	47 262.1	41 590.7
2000	29 962	18 790.8	22 548.9	19 843.1	26 653	9 963.6	11 657.4	10 258.5	23 056	10 600.0	11 024.0	9 701.1	4 041	441.7	1 325.2	1 166.2	46 555.5	40 968.9
2005	28 847	18 058.8	21 670.6	19 070.1	22 793	9 744.5	11 401.1	10 033.0	26 358	13 936.5	14 494.0	12 754.7	5 062	571.4	1 714.3	1 508.5	49 279.9	43 366.3
2006	28 938	18 171.8	21 806.2	19 189.5	23 613	10 846.6	12 690.5	11 167.6	28 463	15 160.3	15 766.7	13 874.7	5 816	753.3	2 259.8	1 988.7	52 523.3	46 220.5
2007	28 973	18 638.1	22 365.7	19 681.8	23 770	10 952.5	12 814.4	11 276.7	30 024	15 512.3	16 132.7	14 196.8	5 199	759.7	2 279.1	2 005.6	53 592.0	47 161.0
2008	29 350	19 261.2	23 113.5	20 339.8	23 715	11 293.2	13 213.0	11 627.5	30 981	17 212.0	17 900.4	15 752.4	5 278	723.2	2 169.7	1 909.3	56 396.6	49 629.0
2009	29 793	19 619.7	23 543.6	20 718.4	24 442	11 583.4	13 552.6	11 926.3	32 948	17 325.9	18 018.9	15 856.6	4 485	623.6	1 870.8	1 646.3	56 985.8	50 147.5
2010	30 097	19 722.6	23 667.1	20 827.0	24 459	11 614.1	13 588.5	11 957.9	34 977	19 075.2	19 838.2	17 457.6	4 366	577.0	1 731.1	1 523.4	58 824.9	51 765.9
2011	30 338	20 288.3	24 345.9	21 424.4	24 523	11 862.5	13 879.2	12 213.7	36 767	21 131.6	21 976.9	19 339.6	4 524	651.9	1 955.7	1 721.0	62 157.6	54 698.7
2012	30 476	20 653.2	24 783.9	21 809.8	24 576	12 254.0	14 337.2	12 616.7	39 109	22 955.9	23 874.1	21 009.2	4 360	660.8	1 982.4	1 744.5	64 977.6	57 180.3
2013	30 710	20 628.6	24 754.3	21 783.8	24 470	12 371.0	14 474.1	12 737.2	41 299	24 845.3	25 839.1	22 738.4	4 162	628.2	1 884.5	1 658.3	66 952.0	58 917.7
2014	30 765	20 960.9	25 153.1	22 134.7	24 472	12 832.1	15 013.5	13 211.9	42 997	24 976.4	25 975.5	22 858.4	4 176	629.9	1 889.8	1 663.1	68 032.0	59 868.1
2015	30 784	21 214.2	25 457.0	22 402.2	24 596	13 263.9	15 518.8	13 656.5	44 968	26 499.2	27 559.2	24 252.1	3 775	590.7	1 772.2	1 559.6	70 307.2	61 870.4
2016	30 746	21 109.4	25 331.3	22 291.6	24 694	13 327.0	15 592.6	13 721.5	44 178	26 361.3	27 415.8	24 125.9	3 198	534.3	1 602.9	1 410.5	69 942.6	61 549.5
2017	30 747	21 267.6	25 521.1	22 458.6	24 508	13 433.4	15 717.1	13 831.0	42 399	25 907.1	26 943.4	23 710.2	3 195	565.3	1 695.9	1 492.4	69 877.4	61 492.1
2018	30 189	21 212.9	25 455.5	22 400.8	24 266	13 144.0	15 378.5	13 533.1	42 130	25 717.4	26 746.1	23 536.6	3 354	610.3	1 830.8	1 611.1	69 410.9	61 081.6

资料来源：《中国统计年鉴 2019》

表 5-5 2018 年我国四类主要农作物折标煤量

年份	稻谷				小麦				玉米				棉花				资源总量		
	产量/万吨	理论资源量/万吨	可收集资源量/万吨	折标煤量/万吨	产量/万吨	理论资源量/万吨	可收集资源量/万吨	折标煤量/万吨	产量/万吨	理论资源量/万吨	可收集资源量/万吨	折标煤量/万吨	产量/万吨	理论资源量/万吨	可收集资源量/万吨	折标煤量/万吨	理论资源量/万吨	可收集资源量/万吨	折标煤量/万吨
1978	13 693.0	16 431.6	14 459.8	6 203.3	5 384.0	6 299.3	5 543.4	2 771.7	5 594.5	5 818.3	5 120.1	2 708.5	216.7	650.1	572.1	310.6	29 199.3	25 695.3	11 994.1
1980	13 990.5	16 788.6	14 774.0	6 338.0	5 520.5	6 459.0	5 683.9	2 842.0	6 260.0	6 510.4	5 729.2	3 030.7	270.7	812.0	714.6	388.0	30 570.0	26 901.6	12 598.7
1985	16 856.9	20 228.3	17 800.9	7 636.6	8 580.5	10 039.2	8 834.5	4 417.2	6 382.6	6 637.9	5 841.4	3 090.1	414.7	1 244.0	1 094.7	594.4	38 149.4	33 571.4	15 738.3
1990	18 933.1	22 719.7	19 993.4	8 577.1	9 822.9	11 492.8	10 113.7	5 056.8	9 681.9	10 069.2	8 860.9	4 687.4	450.8	1 352.3	1 190.0	646.2	45 634.0	40 157.9	18 967.6
1995	18 522.6	22 227.1	19 559.9	8 391.2	10 220.7	11 958.2	10 523.2	5 261.6	11 198.6	11 646.5	10 249.0	5 421.7	476.8	1 430.3	1 258.6	683.4	47 262.1	41 590.7	19 757.9
2000	18 790.8	22 548.9	19 843.1	8 512.7	9 963.6	11 657.4	10 258.5	5 129.3	10 600.0	11 024.0	9 701.1	5 131.9	441.7	1 325.2	1 166.2	633.2	46 555.5	40 968.9	19 407.0
2005	18 058.8	21 670.6	19 070.1	8 181.1	9 744.5	11 401.1	10 033.0	5 016.5	13 936.5	14 494.0	12 754.7	6 747.2	571.4	1 714.3	1 508.5	819.1	49 279.9	43 366.3	20 763.9
2006	18 171.8	21 806.2	19 189.5	8 232.3	10 846.6	12 690.5	11 167.6	5 583.8	15 160.3	15 766.7	13 874.7	7 339.7	753.3	2 259.8	1 988.7	1 079.8	52 523.3	46 220.5	22 235.7
2007	18 638.1	22 365.7	19 681.8	8 443.5	10 952.5	12 814.4	11 276.7	5 638.4	15 512.3	16 132.7	14 196.8	7 510.1	759.7	2 279.1	2 005.6	1 089.1	53 592.0	47 161.0	22 681.0
2008	19 261.2	23 113.5	20 339.8	8 725.8	11 293.2	13 213.0	11 627.5	5 813.7	17 212.0	17 900.4	15 752.4	8 333.0	723.2	2 169.7	1 909.3	1 036.8	56 396.6	49 629.0	23 909.3
2009	19 619.7	23 543.6	20 718.4	8 888.2	11 583.4	13 552.6	11 926.3	5 963.1	17 325.9	18 018.9	15 856.6	8 388.2	623.6	1 870.8	1 646.3	893.9	56 985.8	50 147.5	24 133.4
2010	19 722.6	23 667.1	20 827.0	8 934.8	11 614.1	13 588.5	11 957.9	5 978.9	19 075.2	19 838.2	17 457.6	9 235.1	577.0	1 731.1	1 523.4	827.2	58 824.9	51 765.9	24 976.0
2011	20 288.3	24 345.9	21 424.4	9 191.1	11 862.5	13 879.2	12 213.7	6 106.8	21 131.6	21 976.9	19 339.6	10 230.7	651.9	1 955.7	1 721.0	934.5	62 157.6	54 698.7	26 463.1
2012	20 653.2	24 783.9	21 809.8	9 356.4	12 254.0	14 337.2	12 616.7	6 308.3	22 955.9	23 874.1	21 009.2	11 113.9	660.8	1 982.4	1 744.5	947.3	64 977.6	57 180.3	27 725.9
2013	20 628.6	24 754.3	21 783.8	9 345.2	12 371.0	14 474.1	12 737.2	6 368.6	24 845.3	25 839.1	22 738.4	12 028.6	628.2	1 884.5	1 658.3	900.5	66 952.0	58 917.7	28 643.0
2014	20 960.9	25 153.1	22 134.7	9 495.8	12 832.1	15 013.5	13 211.9	6 606.0	24 976.4	25 975.5	22 858.4	12 092.1	629.9	1 889.8	1 663.1	903.0	68 032.0	59 868.1	29 096.9
2015	21 214.2	25 457.0	22 402.2	9 610.5	13 263.9	15 518.8	13 656.5	6 828.3	26 499.2	27 559.2	24 252.1	12 829.4	590.7	1 772.2	1 559.6	846.8	70 307.2	61 870.4	30 115.0
2016	21 109.4	25 331.3	22 291.6	9 563.1	13 327.0	15 592.6	13 721.5	6 860.8	26 361.3	27 415.8	24 125.9	12 762.6	534.3	1 602.9	1 410.5	765.9	69 942.6	61 549.5	29 952.3
2017	21 267.6	25 521.1	22 458.6	9 634.7	13 433.4	15 717.1	13 831.0	6 915.5	25 907.1	26 943.4	23 710.2	12 542.7	565.3	1 695.9	1 492.4	810.4	69 877.4	61 492.1	29 903.3
2018	21 212.9	25 455.5	22 400.8	9 610.0	13 144.0	15 378.5	13 533.1	6 766.6	25 717.4	26 746.1	23 536.6	12 450.8	610.3	1 830.8	1 611.1	874.8	69 410.9	61 081.6	29 702.2

资料来源：《中国统计年鉴 2019》

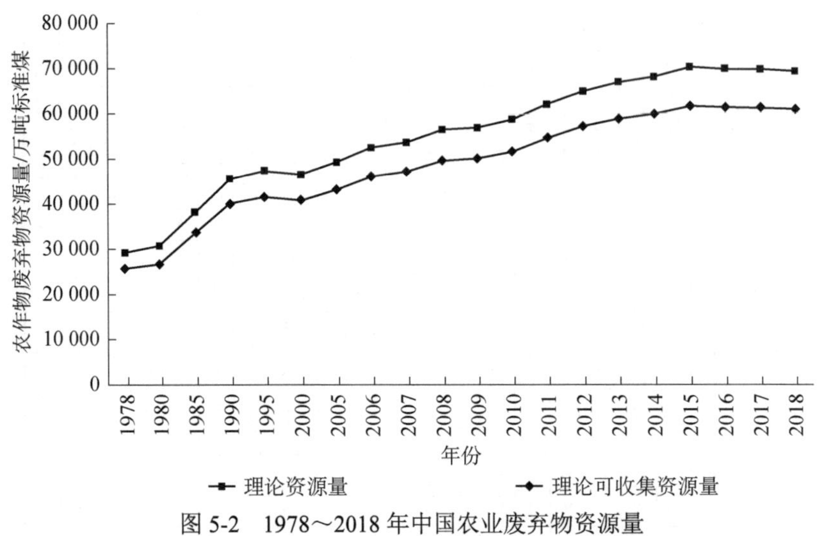

图 5-2 1978～2018 年中国农业废弃物资源量

资料来源：《中国统计年鉴 2019》；张培栋和杨艳丽（2016）

在我国的农作物秸秆资源中，稻草、玉米秸秆、麦秆和棉花秸秆四者的比重较大。1978～2018 年四者的理论资源量在总量中的比重分别为 26.84%～41.17%、17.23%～22.16%、18.05%～20.45%和 1.92%～2.21%，累计可达 85%以上。分析 1978～2018 年我国农作物秸秆资源的资源量规律可以发现，玉米秸秆比重在过去很长一段时期的整体发展呈上升趋势，年均增长率为 2.51%，这与我国东北地区曾经有一段时期以玉米为主要原料发展生物乙醇产业有一定的关系。稻草和麦秆比例从整体呈现上升趋势到近些年的略有波动，近些年其年均总体下降率分别为 1.50%和 0.31%。在其他农作物秸秆资源中，豆秆、油料作物秸秆、薯藤以及糖类作物茎叶等在秸秆总量中的比例均在 1%～5%，其中豆秆在农作物秸秆总量中的比重较为稳定，1978～2018 年基本维持在 3.0%～5.0%，油料作物秸秆和糖类作物茎叶分别以 2.16%和 1.75%的年均增长率稳步增长，而薯藤则以 1.31%的平均下降率在逐年递减。农作物秸秆可收集资源结构整体与理论资源结构相似，主要区别在于玉米秸秆可收集资源量的年均增长速率较低，仅约 3.89%，这主要与玉米机械化收割水平较高有一定的关系。

在中国的农产品加工废弃物资源中，稻壳、玉米芯和甘蔗渣三者的比重最大，1978～2018 年三者的理论资源量在农产品加工废弃物资源总量中的比重分别为 34.13%～38.15%、21.55%～30.21%和 9.19%～15.3%，累计可达 80%以上。分析 1978～2018 年我国农产品加工废弃物资源的资源量规律，其中稻壳在农产品加工废弃物资源总量中的比重整体呈现下降趋势，年均下降率为 0.73%。玉米芯和甘蔗渣比重整体呈上升趋势，年均增长率分别为 1.37%和 2.08%。这主要是由于我国随着农业综合生产能力的快速提升，粮食产量不断增加，粮食供需情况逐渐出现供过于求的状况，在近年来我国农村经济结构战略性调整的背景下，我国农业生产的目标由提供食物和原料转变到了增加农业效益与农民增收上来。在其他加工废弃物资源中，花生壳在农业加工废弃物资源总量中的比重不高，不足 4%，但其增长较快，1978～2018 年其年均增长率可达 2.13%。甜菜渣在农业加工废弃物资源总量中的比重较低，基本维持在 0.3%～0.7%，且呈缓慢增长趋势，年均增长率约为 2.01%。

二、资源的区域分布

我国土地辽阔，各地区气候、土壤等自然条件有较大的差异，因此中国农业废弃物资源分布的区域差异也有着较为明显的特点，且随着时间的不断推进，这种资源分布格局呈现出一定的变化规律。

（1）从资源总量来看，中国农业废弃物资源分布整体呈现由南向北转移的趋势。据测算，1980 年南方区域的农业废弃物资源总量约为 9.94×10^7 吨标准煤，约占中国农业废弃物资源总量的 60.09%。2018 年南方区域的农业废弃物资源总量增至 1.71×10^8 吨标准煤，但比重却降至 47.43%。这一变化的主要原因是早期农作物的种植较多依赖于自然条件，长江以南地区由于温热的气候条件，适合粮食作物的生长，成为我国早期粮食作物的主产区。但是粮食生产的过于集中会给国家粮食安全带来不稳定的因素，因此从 20 世纪 70 年代开始，中国粮食生产逐渐由长江以南地区向华北、东北以及西南等区域扩散。随着粮食生产的逐步向北扩散，南方农业废弃物资源总量的优势地位逐渐下降。从整体来看，中国农业废弃物资源正由“南多北少”向“南少北多”转变（图 5-3），目前资源总量主要集中在东北平原、华北-黄淮平原、长江中下游平原以及四川盆地等区域。

（2）从年均增长速度来看，1978～2018 年中国农业废弃物资源区域差异格局变化规律不甚明显，整体形成了东北快速增长、中西部缓慢增长以及南方沿海区域先增长后下降的格局。黑龙江、吉林、辽宁、内蒙古四省（自治区）在农业发展中均处于持续增长的状况，且年均增长率在 3.5%以上，远高于全国平均水平（2.79%），属于快速增长的区域。1980～1990 年，上海、浙江、福建、广

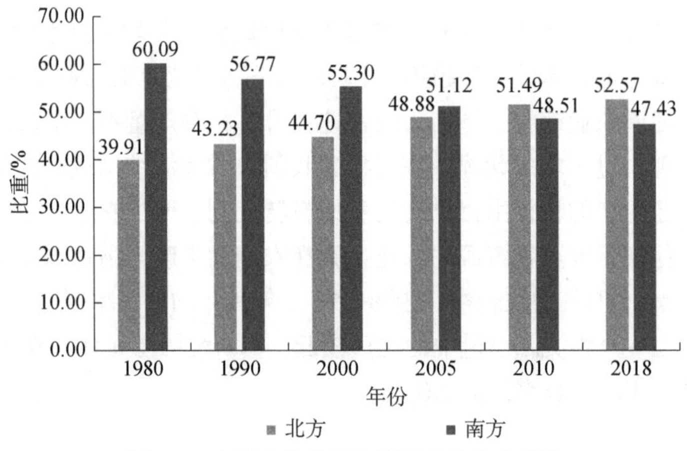

图 5-3 中国农业废弃物资源南北分布变化

资料来源：依据历年《中国统计年鉴》测算

东等东南沿海区域农业废弃物资源总量逐年增长，但 1990～2000 年浙江、福建两省农业废弃物资源总量开始出现下降的趋势，2000～2018 年东南沿海区域农业废弃物资源总量全部呈现下降的趋势（张培栋和杨艳丽，2016）。其余区域（包括西部地区、中部地区以及北方沿海区域）年均增长速度在 1980～2018 年有上升也有下降，但整体呈现缓慢增长的趋势，主要原因是中国粮食主产区在由南向北扩展的过程中，东北地区由于肥沃的土壤、适宜的气候条件等因素，农作物种植业发展较快。1985～2018 年，东北三省和内蒙古地区的粮食播种面积呈现逐年增长趋势，但增长速率较为平缓，年均增长率在 1.6%左右，但已远高于全国的平均水平（0.06%）。同时，浙江、福建、广东和上海等沿海省（直辖市）由于经济的快速发展和产业结构的转型升级，农作物播种面积自 1978 年开始逐渐减少，年均下降率达到了 2.5%左右。

第二节 林业生物质能资源量及区域分布

林业生物质能资源是指可用于能源或薪柴的森林及其他木质资源，包括林业生物质和林业剩余物。其中林业生物质能资源主要是指以能源利用为目的而种植的林木，所生产的林木用于产出能源，我国主要以薪炭林为主。林业剩余物是指林木生长、生产和加工过程中产生的修整去除的枝叶、林间抚育物，以及木材加工过程中产生的锯末、树皮等，即采伐剩余物、抚育剩余物和木材加工剩余物。

一、资源储量

（一）评价的具体指标

本书在综合考虑国内外研究结果的基础上，选取了理论资源量和可收集资源量等指标，作为林木资源储量的评价因子（张培栋和杨艳丽，2016）。

（1）林业生物质能资源的理论资源量，是指在某一区域范围内，理论上林业生物质能资源的年总产量。一般根据理论产出系数进行估算。

$$\mathrm{TRQ}=\sum_{i=1}^{n}P_i\lambda_i \tag{5-4}$$

其中，n 为该地区林业生物质能资源的数量；i 为该地区林业生物质能资源的类型；P_i 为产生源 i 数量；λ_i 为林业生物质能资源产出系数。

（2）林业生物质能资源的可收集资源量，是指在某一区域范围内利用现有林业生物质能资源收集方式，可收集到的林业生物质能资源量。一般可用理论资源量和可收集系数等指标来确定。

$$\mathrm{CRQ}=\sum_{i=1}^{n}\mathrm{TRQ}_i\eta_i \tag{5-5}$$

其中，η_i 为可收集系数。

（二）参数的选取

林业生物质能资源产出系数是指单位森林面积的林业生物质能产量或单位林业生物质能产量的废弃物资源生成量（表 5-6）。有研究表明，我国各地气候条件的不同，导致薪炭林产柴率存在很大的区域差异，南方地区平均产柴率可达 7.5 吨/千米^2，而北方地区平均仅约 3.75 吨/千米^2，取柴系数为 100%（袁振宏等，2005）。此外还有研究表明，由于不同地区的气候、水文、土壤等自然条件，森林类型，树种，木材的利用方式不同等因素的影响，森林采伐和木材加工剩余物比例差别较大。经不完全测算，采伐剩余物约占林木生物量的 40%，木材加工剩余物约为原木的 34.4%，用材林幼龄林抚育期内平均伐材量为 6.0 米^3/千米^2（按 10 年抚育期、20%的间伐强度来计算），经济林抚育管理期因更新、修剪产生的树枝、树杈等废弃物约为 1 吨/公顷。但这些资源并非全部可以集中收集。研究表明，采伐剩余物和抚育剩余物的收集率约为 30%。木材加工剩余物主要集中在木材加工厂，相对集中，可收集率达 80%（蔡飞等，2012）。

表 5-6　林业生物质能资源产出系数

资源类型		资源产生率	可收集率/%
薪柴	薪炭林	100%	100
采伐剩余物	用材林	40%	30
木材加工剩余物	原木产量	34.4%	80
抚育剩余物	用材林	0.67 吨/公顷	30
	经济林	1 吨/公顷	

资料来源：蔡飞等（2012）

（三）数据来源

全国及各省（自治区、直辖市）的薪炭林蓄积量数据来自《中国林业统计年鉴》（国家林业和草原局，2018），经济林、用材林蓄积量数据来自《全国林业生物质能发展规划（2011—2020 年）》，原木产量来自《中国统计年鉴》（国家统计局，2019）。

（四）结果分析

据估算，中国薪炭林、用材林及特殊经济林等森林在生产和采伐过程中理论可产生 1.07×10^9 吨生物质能资源，其中可收集利用的林业生物质能资源量约 3.45×10^8 吨。在中国可收集的林业废弃物中，采伐剩余物占主导地位，年产量可达 2.91×10^8 吨，约占总量的 84.35%。薪柴、抚育剩余物和木材加工剩余物年产量相对较小，分别为 2.2×10^7 吨、1.9×10^7 吨和 1.3×10^7 吨，分别占总量的 6.38%、5.50%和 3.77%（图 5-4）。

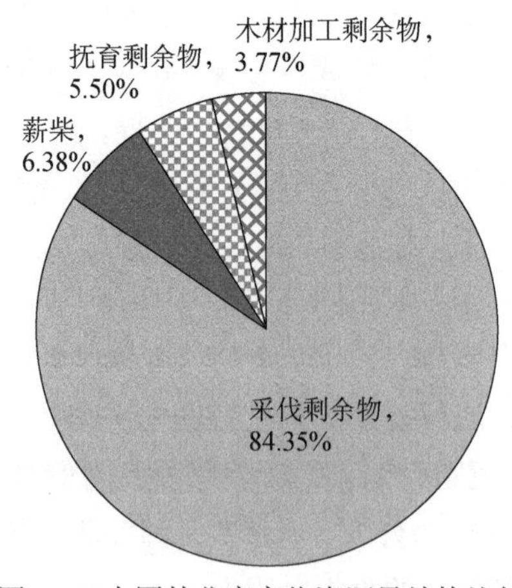

图 5-4　中国林业废弃物资源量结构比例

二、资源的区域分布

中国林业生物质能资源在各区域之间的蕴藏量差异较大。在总量布局上，呈现出了明显的横向带状分布的特点。在南方地区（包括四川、云南、贵州、福建、广西、广东以及湖南等地），气候湿热，雨水充沛，森林覆盖率高，分布面积广阔，林业生物质能资源丰富，资源储量占到了全国总量的70%以上。北方地区（包括黑龙江、吉林、内蒙古、新疆等地）地广人稀，且土地耕作条件相对较差，较多不适宜农耕的土地转为了林业用地。另外由于生态环境保护的需要，随着“三北”防护林以及退耕还林工程的深入实施，北方林业用地逐渐增多，林业生物质能资源随之丰富，其资源储量已占到了总量的15%左右。中部地区（包括河南、山西、湖北、安徽等地）人口稠密，尤其以农业人口居多，土地利用方式主要以农耕为主，森林面积相对较少，林业生物质能资源相对不足，资源储量仅相当于总量的8.5%。西北地区（甘肃、新疆、宁夏、陕西、青海）由于干旱缺水的地理条件，林业发展受到了一定的限制，林业生物质能资源储量少。2017年，西北地区林业生物质能资源约5.92×10^6吨，仅相当于总量的1.8%。

从资源密度来看，东部地区林业生物质能资源相对集中，便于收集利用，结合资源总量分布，东南、西南、东北以及新疆等区域是中国林业生物质能产业发展的重要区域。

第三节　畜禽粪污资源量及区域分布

畜禽粪污是畜禽养殖过程中产生的各种排泄物的总称，因其含有丰富的有机质、氮、磷等成分，是优质的肥料、材料、能源等生产原料。畜禽养殖场产生的污染物主要是污水、固体粪污和恶臭气体，畜禽粪尿及废水中含有大量的氮、磷、悬浮物以及致病菌，污染物数量大而且集中，对环境造成的污染尤为严重。畜禽粪污资源的能源化利用，不仅可解决因畜禽养殖而产生的污染物处理问题，而且在处理过程中可以获得大量可再生能源。因此，畜禽粪污尤其是规模化养殖场的畜禽粪污是生物质能资源的重要来源之一。

一、资源储量

（一）评价的具体指标

本书在综合国内外研究的基础上，选取了理论资源量、可收集资源量等指标，作为主要评价因子，对畜禽粪污资源及利用进行科学评价。

（1）畜禽粪污资源的理论资源量，是指在某一区域范围内，养殖的畜禽每年所产生的粪污资源最大可能的理论产量。一般需要根据畜禽排泄系数进行估算。

$$\mathrm{TRQ}=\sum_{i=1}^{n}P_i\lambda_i d_i \tag{5-6}$$

其中，TRQ 为理论资源量；P_i为畜禽 i 数量；λ_i 为畜禽 i 的日均粪污排泄系数；d_i为畜禽 i 的饲养周期。

（2）畜禽粪污资源的可收集资源量，是指在某一区域范围内利用现有畜禽粪污资源收集方式，可收集到的畜禽粪污的资源量。一般可用理论资源量和可收集系数等指标来确定。

$$\mathrm{CRQ}=\sum_{i=1}^{n}\mathrm{TRQ}_i\eta_i \tag{5-7}$$

其中，CRQ 为可收集资源量；TRQ_i为 i 资源的理论产量；η_i 为 i 资源的可收集系数。

（二）参数的选取

1. 粪污的日排泄系数

畜禽粪污日排泄量与畜禽个体差异、生长期、品种、喂养方式以及管理水平等多种因素相关。本书分析调研数据，并综合中国农业科学院农业环境与可持续发展研究所和环境保护部南京环境科学研究所（2017）、国家环保总局（2004）和张培栋与杨艳丽（2016）的研究成果，得出中国畜禽粪污资源产出系数，如表 5-7 所示。

表 5-7　中国畜禽粪污资源产出系数

牲畜品种	粪污日排泄系数							干物质含量/%
	华北区	东北区	华东区	中南区	西南区	西北区	平均值	
猪	3.40	4.10	2.97	3.74	3.57	3.54	3.55	20
奶牛	46.05	48.49	46.84	50.99	46.84	31.39	45.10	20

续表

牲畜品种	粪污日排泄系数							干物质含量/%
	华北区	东北区	华东区	中南区	西南区	西北区	平均值	
肉牛	22.10	22.67	23.71	23.02	20.42	20.42	22.06	18
役用牛	23.02	22.90	21.90	27.63	21.90	17.00	22.39	18
蛋鸡	0.17	0.10	0.15	0.12	0.12	0.10	0.13	80
肉禽	0.12	0.18	0.22	0.06	0.06	0.18	0.14	80
兔	0.15	0.15	0.15	0.15	0.15	0.15	0.15	75
马	5.90	2.90	5.90	5.90	5.90	5.90	5.90	25
驴/骡	5.00	5.00	5.00	5.00	5.00	5.00	5.00	25
羊	0.87	0.87	0.87	0.87	0.87	0.87	0.87	75

资料来源：中国农业科学院农业环境与可持续发展研究所和环境保护部南京环境科学研究所（2017）、国家环保总局（2004）、张培栋和杨艳丽（2016）

2. 畜禽饲养量与饲养周期

随着科技的进步以及养殖技术和管理水平的不断提升，畜禽的饲养周期也在发生着各种变化。不同饲养形式、不同管理水平，可以使得畜禽的饲养周期略有不同。中国尚未在公开场合发布关于近年畜禽饲养周期的权威数据，本书中各类畜禽的饲养周期主要参照了生态环境部、农业农村部公布的一些相关数据（表 5-8）。一般来说，畜禽以当年出栏量计入饲养量，此外，因避免重复统计，存栏量则计入下一年的出栏量中。畜禽饲养量数据来自《中国统计年鉴》（国家统计局，2019）和《中国农业统计资料》（中华人民共和国农业农村部，2019）。

表 5-8　常见类型畜禽饲养周期

牲畜品种	饲养周期/天	牲畜品种	饲养周期/天
猪	199	肉禽	210
奶牛	大于 365	兔	90
肉牛	大于 365	马	大于 365
役用牛	大于 365	驴/骡	大于 365
蛋鸡	大于 365	羊	365

资料来源：中国农业科学院农业环境与可持续发展研究所和环境保护部南京环境科学研究所（2009）、国家统计局（2019）、农业农村部（2019）、张培栋和杨艳丽（2016）

3. 可收集系数

畜禽粪污可收集量主要取决于畜禽的养殖方式和规模养殖程度。一般来说，饲养规模越大、圈养概率越高，粪污可收集率就越高。中国土地利用类型多样，畜禽饲养方式较为复杂，具体根据中国畜禽饲养情况可分为以下几种。

（1）完全圈养型。在我国各类畜禽种类中，猪、兔属于完全圈养型畜禽，其粪污可收集率可达100%。同时规模化养殖场中牲畜、家禽的养殖亦以圈养为主（牧区、半牧区除外），可收集率亦以100%计入。

（2）季节性放养型。在我国农村非牧区散户养殖中，羊、驴/骡、马、牛等牲畜在夏秋季节一般放养，放养时间为5个月左右，白天放养，晚上归厩，其间粪污有效收集比例可达到60%左右。在牧区中，牛、羊等牲畜一般在返青期属于圈养，圈养45～60天，粪污可收集率为100%；其余时间放养，放养期间牲畜粪污有效收集比例可达40%左右。

（3）完全放养型。散户养殖中的鸡、鸭、鹅属于完全放养型，粪污可收集率为40%左右。畜禽饲养集中与否是影响养殖方式的主要因素。根据中国畜禽养殖情况，本书定义，生猪年出栏头数大于50头、鸡存栏大于2000只、牛存栏大于10头、羊出栏大于30只的养殖场（户）所产粪污为规模可收集。

4. 折标煤系数

畜禽粪污成分组成多样，即使同一类别的畜禽粪污，其热值亦有很大差别。本书主要参考了刘刚和沈镭（2007）及张培栋和杨艳丽（2016）推荐的数值（表5-9）。

表5-9　农业废弃物的折标煤系数　（单位：千克标准煤/千克）

类别	折标煤系数	类别	折标煤系数
猪粪	0.429	兔粪	0.643
牛粪	0.471	马/驴/骡粪	0.529
鸡粪	0.643	羊粪	0.529

资料来源：刘刚和沈镭（2007）；张培栋和杨艳丽（2016）

（三）数据来源

畜禽养殖数据来自《中国统计年鉴》（国家统计局，2019）和《中国农业统计资料（1949—2019）》（国家统计局农村社会经济调查司，2020），数据截止时间为2018年，包括1978～2018年各类畜禽养殖的年度数据。

（四）结果分析

1. 资源总量

1978～2018年，中国畜禽粪污资源整体呈现缓慢增长趋势。1978年，我国畜禽粪污理论资源量约为 1.94×10^8 吨（干物质），可收集资源量约为 1.45×10^8 吨，2018 年两者分别增至 5.13×10^8 吨和 4.41×10^8 吨，年均增长率分别为 2.46%和 2.82%，且理论资源量和可收集资源量之间的数值差距（即不可收集的资源量）呈先增长后降低的趋势。畜禽粪污理论资源量和可收集资源量之间这种阶段式的发展历程主要由规模化畜禽养殖业发展水平所致。1978 年，畜禽养殖业的规模化程度较低，牛、羊、鸡仍以散养为主，致使畜禽粪污的可收集系数较低。20 世纪 80 年代，鸡、羊规模化养殖逐步发展，2002 年规模化养殖的鸡达到 4.26×10^9 只，羊达到 1.11×10^8 只，分别约占总量的 51.16%和 47.72%，2018 年鸡、羊规模化养殖比重分别增至 94.13%和 85.26%。

2. 资源结构

中国畜禽粪污资源以牛粪、鸡粪、猪粪和羊粪为主，四者累计量可占资源总量的 90%以上。其中，牛粪资源比重最大，1978 年达到了 52.66%。由于农业机械化的发展，牛尤其是役用牛的养殖数量快速下降，导致牛粪在畜禽粪污资源中的比重逐渐降低，2018 年降至 27.17%，年均下降率约为 1.63%。与此相反，鸡粪资源比重呈现快速上升趋势，1978 年鸡粪资源比重仅约为 5.87%，2018 年增至 39.62%，年均增长率高达 4.89%，这主要是由于人类生活水平的提高推动了养鸡业的快速发展。猪粪和羊粪在畜禽粪污资源中的比重相对较为稳定，1978～2018 年整体分别维持在 13%～17%和 13%～20%。马驴骡粪和兔粪比重相对较低，两者累计不足总量的 6%，其中马驴骡粪还呈现逐年下降趋势，由 1978 年的 6.6%下降至 2018 年的 1.3%，年均下降率可达 3.98%。

二、资源的区域分布

中国畜禽粪污资源分布的区域差异也较为明显，且随着时间推进以及各地区养殖业的发展，畜禽粪污资源分布格局呈现出一定的变化规律。

（1）从资源总量来看，中国畜禽粪污资源分布整体呈现出由南向北、由西向东的转移趋势。在南北分布方面，1980 年南方区域畜禽粪污资源总量为 4.66×10^7 吨标准煤，约占总量的 56.54%；2018 年其资源总量增至 1.17×10^8 吨标准煤，但比重却降至 48.21%。这是因为农业种植业和养殖业在某种程度上是相辅相成的，随着中国粮食主产区由南向北扩散，北方养殖业也随之快速发展起来。随着北方养殖业的快速发展，南方畜禽粪污资源比重逐步下降，北方逐渐增加，逐步形成“南少北多”的分布格局。在东中西区域分布上，1980年西部地区畜禽粪污资源总量达到3.73×10^7吨标准煤，占全国总量的45.20%；2018年其资源总量增至7.23×10^7吨标准煤，比重却降至30.15%。同时，东部地区畜禽粪污资源比重由1980年的23.21%增至2018年的34.96%，主要原因可能在于经济水平的增长带来居民生活水平的提升和肉蛋等食品需求量的上涨，进而刺激了该地区畜禽养殖业的快速发展。中部地区畜禽粪污资源比重较为稳定，一般在30%～35%。整体看来，中国畜禽粪污资源正由“南多北少”向“南少北多”转变、由“西多东少”向“西少东多”转变，目前资源总量主要集中在华北-黄淮平原、四川盆地、两广以及内蒙古等地区。

（2）从年均增长速度来看，1978～2018年中国畜禽粪污资源区域分布格局呈现明显差异。1980～1990年，全国各地畜禽粪污资源全部呈现增长趋势，其中东北、华北以及东南沿海区域增长速度最快，年均增长率均在6%以上，个别区域如北京、天津和山东等地的年均增长率可高达10%以上。内蒙古、青海、西藏等牧区畜禽粪污资源增长速率最低，不足2%。1990～2010年，全国各地畜禽粪污资源增长速度普遍下降，东南沿海大部分区域已降至4%以下。2000～2018年，全国各地畜禽粪污资源增长速度继续下降，大部分区域增长速度在2%以下，广东、贵州、山西、陕西、河北、安徽、吉林、新疆等地呈现负增长趋势，内蒙古、甘肃、宁夏等地区反而逐渐增长，年均增长率在4%以上。整体看来，1978～2018年我国畜禽粪污资源增长趋势整体呈现东部地区快速增长又骤然下降、中西部地区缓慢下降以及内蒙古缓慢增长的特点。

第四节　有机废水资源量及区域分布

有机废水主要包括生活污水和工业有机废水。在本书中，生活污水主要是指城镇居民生活等排水，工业有机废水则主要是指在生产过程中排放出的废水等。其中，白酒、淀粉、食糖、氨基酸等均是高有机废水产出行业，对环境造成严重污染。这些行业的污水一直是国家环境治理整顿的重点污染源，对这类污水的处理大部分使用厌氧消化技术，可产生大量的沼气。因此，工业有机废水也是良好的生物质能资源。

一、资源储量

（一）资源总量

统计数据显示，近 30 多年来中国有机废水排放总量呈逐渐上升趋势。1985 年，全国废水排放总量约为 3.42×10^{10} 吨，2018 年增至 5.89×10^{10} 吨，年均增长率达约 1.66%，尤其在 2000 年之后，平均增速达到了 4.13%。这主要与我国城镇居民数量大幅度提升有关。以城镇人口数量为自变量，以废水排放总量为因变量进行线性拟合，结果显示：$R^2$①=0.981，废水排放总量和城镇人口数量具有明显的正相关关系。1985 年，废水化学需氧量（chemical oxygen demand，COD）排放量为 1.50×10^7 吨，2018 年降至 1.13×10^4 吨，整体呈下降趋势，年均下降率为 19.58%。这主要是因为随着我国工业生产技术水平的不断提高、工业废水排放的环保要求不断提高，以及我国废水处理率的大幅度提升，排放废水中的有机物浓度降低。

（二）资源结构

我国废水排放主要为工业废水和生活废水两种，但随着时间的推移，两者比重发生了很大变化。1985 年，全国规模以上企业排放生产废水 2.57×10^8 吨，2018 年降至 2.07×10^8 吨，整体呈缓慢下降趋势，年均下降率约为 0.64%；同时，工业废水在废水总量中的比重由 1985 年的 75%降至 2018 年的 36%。与之相反，城镇居民生活废水排放量呈现快速增长趋势，由 1985 年的 8.8×10^9 吨增至 2018 年的 4.92×10^{10} 吨，年均增长率可达 5.35%；其在废水总量中的比重亦相应地由 1985 年的 25%增至 2018 年的 64%。而且，随着我国城镇化进程的快速推进，城镇人口仍将快速增长，在居民消费观念未转变和废水回用基础设施未能配套完善的情况下，未来一段时间内，生活废水排放量仍将保持快速增长趋势。整体上来看，我国废水排放已由 20 世纪以工业废水为主转变为 21 世纪以生活废水为主的局面。

二、资源的区域分布

我国废水资源分布的区域差异较大，整体看来，主要分布在中部和东部沿海地区，其中广东、江苏、浙江、山东、河南、福建等地的废水资源最为丰富，

① *R* 为线性相关系数，R^2 越靠近 1，拟合程度越好，相关性越高。

年排放量可达 7.0×10^9 吨以上。湖北、四川、湖南、河北、安徽、辽宁、广西、上海等地的废水资源量相对丰富，年排放量在 6.0×10^9 吨以上。西藏、青海、宁夏、甘肃、贵州、新疆等西部偏远地区因工业不发达、城镇人口较少，废水资源相对贫乏，年排放量均在 4.0×10^9 吨以下。对不同年份的废水资源量分布进行对比可发现，我国废水资源分布的整体格局随时间的推进变化不大，但整体呈现由东向西的推进过程。

第五节　城镇生活垃圾资源量及区域分布

城镇生活垃圾是指城市/城镇居民在日常生活中产生的固体废弃物，如厨余垃圾、废纸等废弃物（陈洪章，2008），不同发展水平的国家或城市的生活垃圾组成构成如表 5-10 所示。随着自然资源的不断开发利用以及工业化的迅猛发展，特别是人口的快速增长和城镇化速度的不断加快，许多国家或地区的城镇生活垃圾均以超过了其经济增长两至三倍的速度在增长，对城镇居民日常生活造成了严重影响。

表 5-10　生活垃圾组成　（%）

国家/城市		厨余垃圾	废纸	废塑料	废纤维	炉渣	碎玻璃	废金属	有机物总量
美国		12.0	50.0	5.0	—	7.0	9.0	9.0	—
英国		27.0	38.0	2.5	—	11.0	9.0	9.0	—
法国		22.0	34.0	4.0	—	20.0	8.0	8.0	—
德国		15.0	23.0	3.0	—	28.0	9.0	9.0	—
中国	北京	27.0	3.0	2.5	0.5	63.0	2.0	2.0	33.0
	天津	23.0	4.0	4.0	—	61.0	4.0	4.0	31.0
	杭州	25.0	3.0	3.0	—	5.0	2.0	2.0	31.0
	重庆	20.0	—	—	—	80.0	—	—	20.0
	哈尔滨	16.0	2.0	1.5	0.5	76.0	2.0	2.0	21.0
	深圳	27.5	14.0	15.5	8.5	14.0	5.0	2.5	65.5
	上海	71.6	8.6	8.8	3.9	1.8	4.5	0.6	92.9

资料来源：陈洪章（2008）

一、资源储量

（一）评价方法

根据城镇生活垃圾的基本特性，本书选择城镇生活垃圾产生量和城镇生活垃圾清运量作为评价指标。

城镇生活垃圾产生量是指在一定区域范围内居民在生活过程中产生的垃圾量，主要与城市人口数量、居民收入、居民消费水平和城市居民燃气化率有关（张培栋和杨艳丽，2016）。本部分通过城镇人口数量和人均日产垃圾量进行估算，估算公式如下：

$$\mathrm{TRQ} = H \times g \times 365 \tag{5-8}$$

其中，TRQ 为生活垃圾产生量，指该城镇居民一年内的生活垃圾产量，单位为 10^4 吨；H 为城镇居民数量，单位为万人，历年城镇人口数量可由《中国统计年鉴》获得；g 为人均日产垃圾量，单位为千克。

不同地区由于经济发展水平、居民收入、资源条件以及消费观念等方面的差异，人均日产垃圾量存在一定差异。有学者采用多元线性回归和类比分析法对上海城市生活垃圾产量进行预测，结果表明，2010 年上海市人均日产垃圾量可达 1.28 千克（沈佳璐，2006）。2010 年 10 月，武汉市城管局发布《居民生活垃圾成分的调研报告》，结果显示：武汉市人均日产生活垃圾为 1.1 千克左右。由于全国各地大中小规模的城市数量较多，很多城市未有关于人均日产垃圾量的统计和调查，且本书的研究区域以省为最小单位。若将各省范围内大中小城市的人均日产垃圾量平均到省级层面上，人均日产垃圾量差异的显著性将会明显降低。因此本书中的各省人均日产垃圾均以全国平均水平计算。人均日产垃圾量与经济发展水平息息相关，我国人均日产垃圾量平均水平亦随着社会经济的发展不断变化。综合相关统计数据显示，1985 年我国人均日产垃圾约为 0.88 千克，2000 年约为 1 千克，2009 年约为 1.12 千克，2018 年约为 1.2 千克。

由于城镇垃圾回收基础配套系统的不完善，我国城镇垃圾并不能全部被收集利用，在一定区域范围内被运出区域范围的生活垃圾数量即为城镇生活垃圾清运量，亦可指垃圾资源收集量，历年数据可由《中国统计年鉴》获得。

（二）结果分析

40 多年来，中国城镇生活垃圾产生量和清运量整体呈现逐渐增长趋势。根据历年《中国统计年鉴》统计数据等估算，1985 年全国城镇生活垃圾产生量约

为 8.06×10^7 吨，随着城镇人口数量的增长，城镇生活垃圾产生量于 1995 年增至 1.23×10^8 吨，年均增长率为 4.32%。据统计，1985 年全国城镇生活垃圾清运量为 4.48×10^4 吨，约占垃圾产生量的 55%，1995 年增至 1.07×10^8 吨，年均增长率达 117.68%，垃圾清理率亦达到 87%。整体看来，1985～1995 年，中国城镇生活垃圾产生量和清运量均呈现增长趋势，但城镇生活垃圾清运量增长速度快于城镇生活垃圾产生量，属于基础配套设施逐步完善阶段。

1996 年，全国城镇生活垃圾产生量和清运量分别为 1.32×10^8 吨和 1.08×10^8 吨，2018 年增至 2.34×10^8 吨和 2.28×10^8 吨，年均增长率分别为 2.64%和 3.45%。整体看来，1996～2018 年中国城镇生活垃圾产生量呈现快速增长趋势，而城镇生活垃圾清运量增长趋势逐渐放缓，垃圾清理率亦由 1995 年的 86.73%降至 2018 年的 65.17%。这主要是由于 20 世纪 90 年代中期，我国政府制定一系列推进城镇化的方针政策，开始把城镇化发展作为解决“三农”问题的重要途径。在国家战略导向下，20 世纪 90 年代中期之后，城镇化进程快速推进，城镇人口数量急剧增加，但相应的基础配套设施并未能与城镇化建设同步，大量城镇生活垃圾无法回收，垃圾清理率急剧下降。所幸的是，垃圾无害化处理设施逐渐完善，近几年垃圾无害化处理率急速上升。2003 年，所清理的垃圾约 50%以填埋、焚烧等方式进行无害化处理；2018 年，垃圾无害化处理率增至 95%，年均增长率可达 6.21%。

二、资源的区域分布

生活垃圾资源量分布与城镇人口数量、居民生活习惯以及垃圾清运率等因素相关。根据历年《中国统计年鉴》统计数据等估算，中国城镇生活垃圾资源以广东省最为丰富，2018 年城镇生活垃圾清运量达到 2.64×10^7 吨，这与其 8022 万城镇人口全国第一的地位一致。其次是江苏、山东、浙江三省，年城镇生活垃圾清运量均在 1.40×10^7 吨以上。宁夏、西藏、海南、青海等省（自治区）由于城镇人口基数小，生活垃圾产生量小，年城镇生活垃圾清运量不足 8.0×10^5 吨。

在垃圾无害化处理程度方面，海南、天津、重庆、浙江、山东、广西、北京、福建、江苏以及湖南等省（自治区、直辖市）的垃圾无害化处理程度较高，均在 95%以上；尤其是海南、天津、重庆等省（直辖市），几乎所有的清运垃圾均被无害化处理，处理率在 99%以上。西藏地区基本都是露天堆置，无害化处理率很低。黑龙江、吉林、甘肃等省的垃圾无害化处理率不足 60%。

对比 2006 年、2010 年和 2018 年的城镇生活垃圾清运量的区域分布情况可发现，中国可收集利用的生活垃圾资源主要分布在东部沿海、东北三省、华北、华中以及四川等区域，且随着时间的推移，整体变化趋势不大。

第六章　基于能源利用和能源安全的生物质能 CDM 项目开发

第一节 生物质能 CDM 项目开发利用机制

为了缓解能源危机以及减缓气候变化所带来的负面影响，人类必须要提升能源的利用效率和水平，改善和丰富能源消费结构，扩宽能源来源及利用渠道和途径，减少温室气体的排放。目前，这已经是一个被越来越广泛接受的全球共识。生物质能资源的开发和利用，正是人类社会发展进程中有效缓解全球能源危机，缓和经济发展与能源、环境之间矛盾凸显的重要途径之一。

一、温室气体减排的基本原理

科学家很早就发现了人类活动干预地球系统导致气候变化的科学证据。1990 年，IPCC 在发表的《〈京都议定书〉设置的清洁发展机制（CDM）介绍》报告中指出，“人类在生产生活中所产生和排放的温室气体，将会在大气中形成累积并不断增长，会使得地球‘增强温室效应’，倘若人类再不采取有效措施对温室气体的排放加以限制和约束，可以预测，在未来的一个百年到来之前，地球表面将会产生在平均意义上的‘额外’变暖”。自 19 世纪中期以来，全球大气表层温度上升了约 0.6℃，是近千年以来最剧烈的变化，而其各种影响因素中，温室气体排放成为影响全球气候变化的重要因素之一[①]。为了减缓这一气候变化的趋势，国际社会正在通过各种机制呼吁并采取切实行动来减少和控制温室气体排放。

（一）国际、国内温室气体减排行动和机制

基于气候变化给全球各地区带来的诸多严重负面影响，自 1979 年以来，很多科学家呼吁国际社会应当采取切实有效的行动来减缓气候变化。1988 年 11 月，在联合国环境规划署和世界气象组织的倡导与组织下，成立了专门牵头从事评估全球气候及其气候变化的现状和发展趋势，分析和预警全球气候变化对世界各地区人们经济社会与生存发展的潜在影响，以及对全球应对气候变化提

① 根据冰核和积雪数据，并辅以过去几十年中从大气直接采样的数据而得到 1000 年到 2000 年的大气 CO_2 浓度。

出减缓或适应的对策建议。1992 年 5 月，由 IPCC 负责起草的《联合国气候变化框架公约》(United Nations Framework Convention on Climate Change，UNFCCC) 在纽约联合国总部的大会上获得通过。

为应对气候变化的严峻挑战，国际社会开始逐渐达成共识，采取联合行动来抑制温室气体的排放。1992 年 6 月，在联合国组织召开的第一次由世界各国家和地区首脑参加的国际气候变化大会上，与会的各国家和地区中有 153 个国家和地区签署了公约，旨在促使人类减少温室气体排放，将全球温室气体的浓度控制在一个能够避免危险的气候变化的稳定水平上。该公约是人类社会发展史上第一个为有力应对全球气候变化所带来的严重影响、有效控制温室气体排放的国际合作基本框架。该公约公平但有区别地规定了发达国家和发展中国家的义务以及履行义务的程序。截至 2018 年 10 月，缔约方已增至 197 个。

中国政府积极推动和参加《联合国气候变化框架公约》，积极参与应对气候变化的各种会议和谈判，加强与其他国家和地区在气候领域高层次、多频率的磋商与对话，展现出了一个负责任大国的主动性和担当，为推动全球气候治理进程发挥了重要作用。确定了 2020 年碳排放强度比 2005 年下降 40%～45%，到 2030 年左右，二氧化碳排放达到峰值且将努力早日达到峰值，到 2030 年，非化石能源占一次能源消费比重提高到 20%左右的减排目标，并据此制定应对气候变化的政策和措施，采取实际温室气体控排行动。在调整产业结构方面，大力发展战略性新兴产业，推进高耗能行业去产能，发展服务业；在节能提高能效方面，强化目标约束和政策引领，加强节能管理和制度建设，深入推进重点领域的节能工作；在优化能源结构方面，控制煤炭等消费总量，开发清洁可再生能源；在控制非能源活动温室气体排放方面，开展氢氟碳化物的处置核查，控制农业活动温室气体排放；在增加碳汇方面，强化造林、再造林和森林抚育，增加森林碳汇，增强湿地碳汇功能，推进草原生态保护。

在国际谈判以及国际合作的大背景下，各国家和地区纷纷建立了碳排放权交易或抵消机制，如欧盟碳排放交易体系 (European Union Emissions Trading Scheme，EU-ETS)、美国加州的碳排放权交易体系 (Emissions Trading Scheme，ETS) 以及国际航空组织正在制订的国际航空碳抵消和减排计划 (the Carbon Offsetting and Reduction Scheme for International Aviation，CORSIA)。自 2011 年起，中国政府开始在北京、天津、上海等地区试点实施碳排放交易制度，自 2012 年开始，国家主管部门对国内机构、企业、团体和个人自愿减排项目产生减排量的备案申请进行审查，对符合条件的减排量予以备案，经备案的减排量称为核证自愿减排量（China Certified Emission Reduction，CCER）。自愿减排项目减排量经备案后，允许其在国家登记簿登记并在经备案的试点交易机构内进行交易。目前，正在建设全国统一的碳排放权交易市场。这些机制正在探索如何以低成本的方式减少大气中的温室气体。

（二）基于项目的温室气体减排原理

按照《联合国气候变化框架公约》的相关规定，缔约方每年都将参与一次缔约方大会。作为《联合国气候变化框架公约》的补充性条款，1997 年 12 月《京都议定书》在第三次缔约方大会上通过。该议定书的开创性贡献就是，在世界各国和地区之间建立起了一套有着较好实践价值的、旨在减少温室气体排放的、低成本的、互助共赢的灵活合作机制[如国际排放贸易（International Emissions Trading，IET）①、联合履约（Joint Implementation，JI）机制②、清洁发展机制③等]。这些灵活机制实现温室气体减排的理论基础主要来自可交易的排放许可（tradable pollution permits，TPPs）的思想，认为在地球上的任何国家和地区实现 1 吨温室气体的减排，对全球气候变化所产生的减缓作用是具有同等效果的，因此，按照经济学中有关成本效益的原理，可以把温室气体减排活动安排在减排成本最低的地方。在清洁发展机制中，允许工业化国家的政府和私人经济实体在发展中国家开展温室气体减排项目，项目实施地点在发展中国家；在联合履约机制中，允许工业化国家的政府和私人经济实体之间开展温室气体减排项目的合作，项目实施地点在工业化国家。二者相互促进，形成了有益的补充。

在此后的历次世界气候变化大会上④，中国都积极参与其中并发挥建设性和推动性作用，下大气力致力于国内温室气体减排。基于中国的积极有效行动，中国在温室气体减排方面获得了国际社会的高度肯定和积极评价。

自灵活履约机制开创以来，为了减缓气候变化，各种基于项目的减排机制开始出现，这些减排机制的原理基本一致，减排机制通常会制定一系列的项目

① 国际排放贸易：允许工业化国家之间相互转让他们的部分“容许的排放量”（AAU）。

② 联合履约机制：允许工业化国家从其在其他工业化国家的投资项目产生的减排量中获取减排信用，实际结果相当于工业化国家之间转让了同等量的“减排单位”（ERU）。

③ 清洁发展机制：允许工业化国家的投资者从其在发展中国家实施的有利于发展中国家可持续发展的减排项目中获取“核证减排量”（CER）。

④ 如 2009 年哥本哈根会议、2010 年的坎昆会议、2011 年的德班会议、2012 年的多哈大会、2013 年的华沙大会、2014 年的利马大会、2015 年的巴黎大会、2016 年的马拉喀什大会、2017 年的波恩大会、2018 年的卡托维兹大会以及 2019 年的马德里大会。

方法学标准对项目的符合性要求做出详细规定，方法学通常包含如下内容。

一是项目定义。国际标准化组织（International Standards Organization，ISO）将减排项目定义为减少温室气体排放或加强温室气体清除，从而改变基准情景所识别的状况的一个或多个活动。减排机制应当清晰地定义项目中所包含的活动。项目所实现的减排量是项目情景下和基准线情形下的温室气体排放量之差。

二是项目边界。一般情况下，项目应当有明确的地理边界和物理边界，以便和基准线情景清晰地进行对比。

三是基准线的确定。基于项目的减排量是一个相对的概念，是项目情境下的排放量和基准线情形下的排放量之差，因此准确地确定基准线情景是至关重要的。一般情况下，减排机制会给出基准线识别的详细步骤和原则，一些特殊的机制，如 CDM 和 CCER 机制还需要对额外性进行严密的论证。

四是项目情景和基准线情形下的排放量计算。分别识别出项目情景和基准线情形下的温室气体源、汇、库，并选择那些符合机制要求的纳入计算。计算过程中的数据来源应当符合相关质量要求。一般情况下，一手数据的质量要高于二手数据的质量。

五是项目实现减排量的预期。项目情景和基准线情形下的排放量之差即为项目的减排量。有些机制还需要考虑项目活动引起的项目边界之外的排放，这些排放称为泄漏，需要在预期减排量中扣除。在预估过程中还需要分析项目实现这些减排的风险以及不确定性。

此外，减排机制对项目及减排量的管理通常包含如下内容。

一是项目的周期。项目一般分为策划阶段和实施阶段。在策划阶段，项目参与方需要评估项目的概念和项目的可行性，征询利益相关方的意见，编写项目设计文件（project design document，PDD），邀请第三方机构对项目的符合性进行事先审定。在有些情况下，项目还需要事先得到所在国家和地区的行政审批。在实施阶段，项目参与方需要严格按照项目设计文件建设和实施项目，一般不得有任何偏离。在项目实施过程中，按照项目设计文件中的监测计划对项目减排量实施周期性的监测，编写监测报告，邀请第三方机构对项目产生的减排量进行事后核查。

二是项目的审定与核查。项目一般在策划完成后、实施前须进行第三方审定，审定的目的是对项目是否符合减排机制方法学的要求做出审核和判断，项目实施之后需要进行第三方核查，核查的目的是查验其对项目是否严格按照项目设计实施并监测其减排量。一般情况下，减排机制通常会制定审定与核查指南，同时会对实施第三方审定与核查机构的资质条件做出要求。

三是项目的注册与签发。审定确认符合要求的项目一般会在机制确定的数据库中进行注册登记。注册登记后的项目产生的减排量经核查符合要求的，通常会在数据库中予以签发，一般每吨减排量会有一个唯一的编码，以便后续交易过程中的可追溯性。

二、基于项目的温室气体减排机制

1997 年，国际社会通过的《京都议定书》对世界人民致力于保护地球环境、实现人类社会的可持续发展具有里程碑的意义。其中，清洁发展机制和联合履约机制就是基于项目的减排机制。自系列的灵活履约机制达成以来，全球各地开始出现了各种基于项目的减排机制，虽然这些机制的总体思路和原则基本一致，但在管理者、适用地域、覆盖项目类型、项目开发流程、信用额的使用方法等方面又各具有特色。

基于项目的减排机制下产生的减排信用额一般都具有抵消减排义务或完成减排目标的特殊性质，因此，无论是欧盟、美国、韩国、日本等国家和地区的碳排放交易体系，还是我国国内的试点碳排放权交易体系，均不同程度地将基于项目的减排机制下所产生的信用额作为重点排放单位履约的方式之一。2016 年 10 月，国际航空组织计划从 2021 年起制定一套基于市场的措施来解决二氧化碳排放日益增长的问题，其中 CORSIA 旨在将全球范围内的航空器温室气体排放稳定在 2020 年的排放水平上，CORSIA 也正在全球范围内选择符合条件的基于项目的减排机制作为排放抵消的方式。此外，一些具有高度社会责任感的机构通常也会购买基于项目的减排机制下所产生的信用额，实现碳中和，抵消产品生产、办公场所以及会议活动等运行过程中产生的温室气体排放。

（一）清洁发展机制

《京都议定书》是人类社会发展史上由各国政府一致协商通过的第一部量化限制或减少温室气体排放的国际法律文件。CDM 是《京都议定书》框架下缔约方之间所建立和执行的灵活履约机制，这一灵活履约机制的主要目的是给予缔约方（工业化国家）在世界上任何地方（通常是发展中国家和地区），通过开展温室气体减排项目而产生的减排量可以用来抵消工业化国家温室气体减排的义务。

CDM 项目的类型包括改善终端能源利用效率项目、改善供应方能源效率项目、可再生能源项目、替代燃料项目、农业过程（甲烷和氧化亚氮减排项目）、工业过程（水泥生产等减排二氧化碳项目，减排氢氟碳化物、全氟化碳或六氟化硫的项目）以及碳汇项目。项目的开发周期主要包括项目识别与设计、项目批准、项目审定、项目注册、项目实施与监测、减排量核查与认证、CER 签发 7 个环节。其中，前 4 个环节是需要在项目实施之前完成的，后 3 个环节需要在项目实施后 CER 的获得期间实现。

CDM 使得工业化国家通过该机制履约对发展中国家的项目投资，利用其资金和技术优势，助推发展中国家的可持续发展。CDM 不仅降低了工业化国家遵守《京都议定书》的成本，同时发展中国家也可以从中受益，它不仅为发展中国家带来新的投资，而且在一定程度上带来了先进的符合可持续发展要求的技术和管理经验。

（二）中国自愿减排机制

为履行我国二氧化碳减排任务，基于联合国 CDM 在中国已经积累了广泛实践的基础上，国家发展和改革委员会建立了 CCER 机制。此后的 2012 年 6 月，国家发展和改革委员会针对温室气体减排交易印发了《温室气体自愿减排交易管理暂行办法》，规定了温室气体自愿减排交易的原则、程序和规则。

该办法规定，温室气体自愿减排应遵循公开、公平、公正和诚信的原则，中国境内注册的企业法人均可以申请减排项目和减排量的备案。要求项目所产生的减排量必须具备真实性、可测量性和额外性。国家主管部门建立并管理项目及减排量的备案，详细记录项目基本信息以及减排量交易、注销等。该办法还详细规定了减排项目和减排量备案所必需的环节，如减排方法学的开发、项目及减排量备案管理程序、减排量交易规则、审定与核证的管理等内容。

CCER 项目开发流程在很大程度上沿袭了 CDM 项目的框架和思路，主要包括 6 个步骤，即项目文件设计、项目审核与备案、项目实施、项目监测、减排量核准以及减排量的签发等。CCER 覆盖的项目类型和 CDM 相同，主要包括能源工业（可再生能源/不可再生能源）、能源分配、能源需求、制造业、化工行业、建筑行业、交通运输业、矿产品、金属生产、燃料的飞逸性排放（固体燃料、石油和天然气）、碳卤化合物和六氟化硫的生产与消费产生的飞逸性排放、溶剂的使用、废物处置、造林和再造林以及农业。

CCER 机制是我国碳排放权交易市场的重要补充机制，在碳市场中扮演着重要的角色。目前，我国开展的省市碳排放权交易市场均不同程度地允许使用 CCER 机制作为重点排放单位的履约方式之一。

（三）其他温室气体减排机制

1. 经核证的碳减排量标准

Verra 是经核证的碳减排量标准（Verified Carbon Standard，VCS）的创建者，由环保和商界的领袖创建于 2005 年，目前是多个国际标准和机制的秘书处，总部设在华盛顿。在其运营的标准和机制中最有代表性的就是 VCS 机制，该机制是全球应用较广的自愿减排机制，建立于 2006 年，目前注册的项目大约有 1300 个。VCS 覆盖的项目类型主要包括能源、矿业、农林业、湿地、畜牧等。项目开发流程与审定核查流程与 CDM 类似。

2. 黄金标准

黄金标准（Gold Standard，GS）由世界自然基金会（World Wide Fund for Nature）和其他国际组织等发起并于 2003 年正式形成。

黄金标准的愿景是实现气候安全和可持续发展。因此，黄金标准的确立旨在确保 CDM 下的二氧化碳减排项目满足可持续发展的要求。黄金标准目前已经有 80 多个国家和地区的非政府组织（non-governmental organization，NGO）支持者，同时也在这 80 多个国家和地区开发了 1400 多个项目。

黄金标准覆盖的项目类型主要包括可再生能源、提高终端能源效率和废物处置，覆盖的温室气体种类主要包括二氧化碳、甲烷和氧化亚氮三种。黄金标准的运作由黄金标准秘书处实施，项目开发周期以及审定和签发流程与 CDM 项目类似。

3. 其他项目层面的碳减排机制

此外，森林碳伙伴基金（Forest Carbon Partnership Facility，FCPF）、森林投资计划（Forest Investment Program，FIP）等一些国家内部或者双边的合作机制也都是基于项目层面的碳减排机制。

第二节　基于 CDM 项目的畜禽粪污资源开发利用①

2014 年 11 月，IPCC 在哥本哈根气候大会上发布了 IPCC 第五次关于全球气候变化的评估报告。该委员会经过多年的跟踪、研究与分析，明确指出人类在经济社会活动中所产生的温室气体排放以及其他的人为驱动因子，已成为自 20 世纪中期以来全球气候变暖的主要因素。此次报告显示，截至 2011 年，该委员会监测到的全球大气中的 CO_2 当量浓度平均为 430 毫克/升。人类若不采取有效的减排措施，预计到 2030 年，CO_2 当量浓度将上升至 450 毫克/升以上，更为严峻的是由此以往，到 21 世纪末，CO_2 当量浓度将上升至 750 毫克/升以上，并导致全球地表平均温度将比人类工业化发展之前高出 3.7～4.8℃，从而对地球产生灾难性的影响，引发冰川消融、海平面上升、水土流失、自然灾害频发等诸多问题。作为世界上负责任的大国，中国政府始终高度关注和积极参与应对气候变化问题，努力探索和构建符合中国国情的人与自然和谐发展之路以及应对气候变化机制。2015 年 9 月，中美联合发布了《气候变化联合声明》，中国在 2017 年启动了全国碳排放交易体系。中国温室气体排放量还处于一个高位，尤其是农业、畜牧（养殖业）源温室气体排放占比较高，接近全国总量的两成。正是基于此，实施生物质能尤其是农业、畜牧（养殖业）的减排项目，对提高参与企业收益和农民收入、实现温室气体减排、改善生态环境等具有重要意义。农业、畜牧（养殖业）源的碳排放项目的实施，必将会在未来的碳汇市场中占据重要位置。

不同的地区有着不同的资源禀赋。通过资源调查和统计数据分析可知，当前我国新疆地区具有较大开发潜力的生物质能资源包括：农作物秸秆资源、林木及其加工产品的废弃物资源、畜禽粪污资源以及城市生活垃圾和污水资源等。畜禽粪污资源是畜牧养殖业温室气体的重要排放源。我国规模化畜禽养殖业呈现出分布较为集中、畜禽种类多、产量较大等特点。在过去一段时期，畜禽粪污随意排放、简单粗放型处理等现象较为突出，不仅造成了资源的浪费，还导

---

① 该部分涉及的数据为养殖场的调查数据，涉及的主要内容及方法学应用出自笔者撰写的《干旱区大型养殖场 CDM 项目开发与温室气体减排量估算》（《生态与农村环境学报》，2009 年第 4 期），以及《基于政府规制与激励的新疆生物质能产业发展研究》（《昌吉学院学报》，2019 年第 5 期）。

致了环境的污染，甚至威胁到人们的健康和安全。作为生物质能的重要组成部分，畜禽粪污的资源化利用越来越受到社会的关注。大型畜禽养殖场沼气工程是畜禽粪污资源化利用的有效途径之一。大型畜禽养殖场沼气工程主要采用畜禽粪污作为资源处理系统中厌氧发酵的原料，利用生物工程发酵技术，在实现畜禽粪污资源化利用、无害化处理目标的同时，产生的沼气或者利用沼气进行发电所生成的能源可以作为当地农村的生活清洁能源。项目中所产生的沼肥可以用作农业生产中部分替代化肥，从而减少人类对化石能源的消耗。可以说，建设大型畜禽养殖场沼气工程项目既有效利用了畜禽粪污资源，又促进了低碳经济、循环经济以及生态经济的发展，推进了我国农村能源消费结构的改革和优化，减少了以 CO_2、CH_4 为主要构成的温室气体排放，具有显著的生态环境效益、经济效益和社会效益。

本书选择了我国新疆地区最具典型性和代表性的畜禽粪污资源利用作为研究领域,选取了新疆某大型养殖场粪污处理沼气发电工程开发 CDM 项目作为研究对象，进行了较为详细的分析。

一、研究对象概况

（一）项目的基本情况

新疆某大型养殖场 2.4 兆瓦的粪污综合处理沼气发电项目(位于新疆昌吉州境内)，其基础和规模构成是由 10 个养殖基地集合而成的商品畜禽（主要是商品鸡）养殖场。该养殖场商品畜禽的年存栏量约为 200 万只，按照年度约四批次的养殖周期计算，所养殖的商品畜禽年出栏量可达到约 800 万只。据调查统计，该养殖场内饲养的商品畜禽平均重量为 2.5 千克左右，通常情况下，每年可收集到的粪污资源为 3.15×10^4 吨左右干物质的量。倘若我们对这些粪污资源不能加以科学合理的利用，将会产生大量的臭味和温室气体的排放，也必然会对周边环境以及居民生活造成影响。

（二）项目建设布局及主要经营范围

项目建设所在地的气象资料统计显示，该养殖场所在地区其年平均气温为 10℃左右。项目建设区严格按照各功能区划分区布局，主要分为生产区和生产辅助区。生产区主要设置了酸化池、厌氧消化池、储气罐、沼气发电机房等相关组成区域，生产辅助区则指的是电机房、变配电间以及办公用房等辅助性设施设备。项目建成后，该养殖场的主要经营范围将扩展至包括畜禽养殖、良种繁育、肥料销售、能源供应等。该养殖场在建成沼气发电项目之前，由于考虑到了畜禽粪污的处置问题，所以一直采取的是较为传统且简便的方式对畜禽产生的粪污进行处理，即使用约两米深、具有防渗漏设施的若干个化粪池来进行简单处理。因此，该养殖场配备了足够多的化粪池，加之人工成本等因素，导致粪污在池中存储的周期较长，有时甚至达到了两个多月，未及时对粪污进行有效处理，因而所产生的污染物较多，对当地环境的影响较大。

（三）项目建设的工艺技术及设备

据了解，建成该项目的总投资约为 4500 万元，项目将养殖场畜禽排泄的粪污以及形成的污水等混合后进入厌氧池（共计 4 个，高度、直径和容积分别为 16 米、16.5 米、3300 米^3）进行发酵处理，经过反复处理后将所产生的沼气收集进入沼气净化系统，然后储存在储气罐，最后将所收集的沼气分为 4 部分提供给 4 台 500 千瓦的发电机进行发电。

该项目所有的粪污处理流程采用的均是国外较为先进且生产效率较高的升流式厌氧污泥床（upflow anaerobic sludge blanket，UASB）反应器发酵工艺。该工艺模式属于能源环保型，其发酵原料均来自养殖基地内畜禽所产生的粪污资源，项目的装机容量为 2 兆瓦。该项目发动机采用的是从德国进口的史奈尔发电机组，发电机组的性能指标、技术参数如表 6-1 所示。建成后该项目的年产沼气量约为 7.7×10^6 米^3，年发电量将达到 1.5×10^4 兆瓦 · 时。据测算，该项目每年可向中国西北电网提供 1.4×10^4 兆瓦 · 时的发电量，包含通过该项目向其发电厂本身提供的所需电量。

表 6-1　德国史奈尔发电机组的性能指标与技术参数

性能指标	技术参数
发电功率/千瓦	526
电效率/%	40.4
产热功率/千瓦	566
热效率/%	43.5
燃料消耗/千瓦	1302
总效率/%	83.9

续表

性能指标	技术参数
转速/（转·分钟）	1200/1500/1800
尺寸/毫米	4700×1800×2300
机组重量/千克	8000

资料来源：项目所在企业提供

该沼气工程主要运用的是厌氧发酵处理法，其生产工艺流程主要包括：畜禽圈舍内所排出的粪污需先排入酸化调节池中进行预处理，然后通过相应设施设备对预处理过的粪污进行固液分离，其中固体部分可以与农作物秸秆等农业废弃物混合在一起，进行高温堆肥发酵，从而生产出农业所需的复合有机肥等。液体部分则需通过厌氧发酵技术在沼气池中对其进行厌氧发酵处理，这一过程中所产生的沼气经过水气分离、脱硫净化等多重气体净化工序后，进行发电。该项目所产生的电量，一部分可以提供给当地的居民作为家庭生活等用能需要，而另一部分则可以提供给该养殖场内部作为生产补充用能需要。此外，项目中经过厌氧处理的污水，还要再次经过好氧处理，达标后的清水可以用作养殖场的冲栏水，或者也可以用于农田、果园及园林绿化等农业、园林景观的灌溉用水（潘琼等，2006）。该沼气工程项目的技术流程如图 6-1 所示。

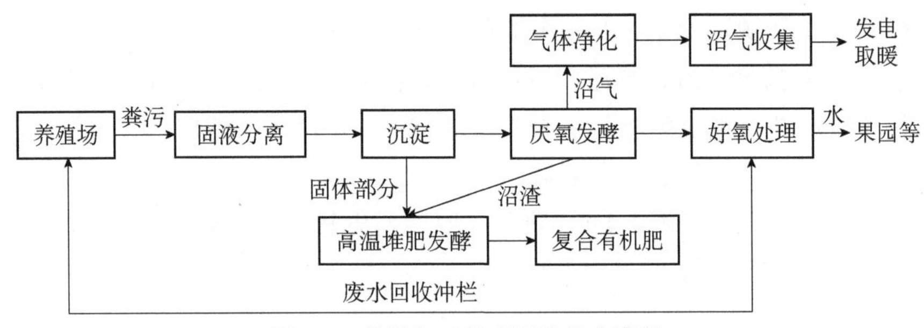

图 6-1　该沼气工程项目的技术流程

该项目的建设，将会对当地的可持续发展等产生一定的影响。

（1）该项目可以减少 SO_2、氮氧化物（NO_x）、灰尘等的排放量，提高周边地区的水资源质量，有效缓解和控制臭味四溢，有力改善养殖场职工的工作环境和养殖场的条件。

（2）该项目的建设可为当地居民新增 50 余个就业岗位。

（3）该项目中的污水和泥浆是很好的有机肥料，这些均可以免费提供给附近居民使用，他们可以利用这些肥料来提高农产品的产量，从而在一定程度上增加农民收入。

（4）该项目建成运营后，能够提供新的电源，减缓当地用电紧张等。

二、CDM项目基准线及所采用的方法学描述

CDM 是根据《京都议定书》第十二条之规定，旨在协调发达国家与发展中国家通过项目建设和技术资金支持来开展温室气体减排合作所建立的灵活机制。CDM 允许发达国家可以通过自身雄厚的资金和先进的技术支持，在发展中国家或支持发展中国家建设温室气体减排项目，由此因资金的投入和先进技术的使用而获得由项目建设所产生的“经核证的温室气体减排量”，以履行或抵消发达国家在《京都议定书》中所承诺的限排或减排义务。我们可以看出，CDM 既可以使发达国家以较低减排成本兑现其减排承诺，又可以通过向发展中国家输入技术和资金，控制或减少发展中国家在经济发展和实现工业化进程中的温室气体排放，是一种双赢机制。

为确保 CDM 能正常有序实施，从而实现发达国家和发展中国家在《京都议定书》中所确立的减排目标，CDM 执行理事会（Executive Board，EB）在此基础上建立起了一整套科学合理、透明有效且具有可操作的程序、标准、方法和依据，能够对 CDM 项目实施过程中所产生的温室气体减排量进行科学计算，并以此实现对其合格性的审查（程传玉，2011）。这一整套的程序、标准和依据等即为 CDM 方法学。中国质量认证中心的相关研究显示，截至 2018 年 10 月底，CDM 执行理事会共批准各类项目方法学 216 个，其中大型项目方法学（AM）90 个，此外还涉及统一方法学（ACM）、小型项目方法学（AMS）、大型造林再造林项目方法学（AR-AM）、造林-再造林统一方法学（AR-ACM）、小型造林再造林项目方法学（AR-AMS）等，共涉及 16 个 CDM 分布的行业和领域，主要有能源工业（可再生能源/非可再生能源）、能源分配与需求、化工行业、建筑行业、交通运输行业、矿产品、金属生产、燃料的飞逸性排放（固体燃料、石油和天然气）、碳卤化合物和六氟化硫的生产和消费产生的飞逸性排放、溶剂的使用、废物处置、造林和再造林、农业、碳捕获与封存等。

截至 2016 年底，全球在 CDM 执行理事会审核注册的涉农 CDM 项目仅有 132 个，占已审核注册项目的 1.66%，主要是由当前涉农 CDM 方法学确立的还不够完善、涉农项目交易成本大、利益回收周期较长、参与项目的各市场主体缺失等造成的。在经执行理事会批准的方法学中，与农业相关的方法学只有 8

项，仅占所确立方法学总量的 3.2%，主要涉及的项目领域有畜禽粪污管理、农业废弃物沼气或燃烧发电/供热、酸性土壤环境下农田中大豆与玉米轮作系统、豆科作物与牧草轮作系统接种剂替代尿素，以及调整水稻种植水肥管理措施减排甲烷等几个方面（王磊，2016）。

CDM 方法学中温室气体减排量的计算方法及步骤：一是基于基准线情景的温室气体排放量的估算公式和结果（E_1）；二是在项目实施内工程活动的温室气体排放量的估算公式和结果（E_2）；三是项目实施活动过程中所产生的温室气体排放量的净变化（即泄漏）的估算公式和结果（E_3）；四是计算出该项目温室气体的减排量（E_4）。即 $E_4 = E_1 - E_2 - E_3$（高春雨等，2017）。

目前，国内外专家学者、相关企业等已对沼气工程温室气体减排项目的技术应用评价、经济效益评价、环境影响评价等进行了大量的研究，在沼气工程所产生的温室气体减排效用及效益分析方面也积累了不少的经验。但是目前这一方面的分析还主要集中在大型畜禽粪污沼气工程以及成片规模化农村户用沼气工程上。此外，王磊（2016）在相关研究中指出，大多数项目考虑的是畜禽粪污资源化利用产生的减排、沼气燃气利用及沼气发电所产生的减排，但是对综合利用沼渣、沼液的减排效果以及沼气工程运行能耗排放未作考虑。

（一）CDM 项目基准线描述和基准线情景识别

根据《联合国气候变化框架公约》组织 2008 年公布的适用于大型养殖场畜禽粪污沼气发电项目温室气体减排计算的 ACM0010 方法学（从粪污管理系统减少温室气体排放）以及相关学者（王哲等，2009）研究可知，该方法学属于能源工业（可再生/不可再生）行业，其中替代方案情形包括：①养殖场建设该沼气发电项目，但是不参与实施 CDM 项目；②养殖场继续使用传统的敞开式化粪池处理畜禽粪污；③可能的其他替代方案。

基于《IPCC 2006 年国家温室气体清单指南（2019 年修订版）》提供的实际情形，该畜禽粪污处理系统可以具有以下几种技术搭配：①畜禽粪污的固体堆积；②畜禽粪污的日常挥发；③所产生的泥浆/污泥形态；④反应槽堆肥；⑤简易静态堆肥；⑥强化曝气堆肥；⑦被动型堆肥；⑧厚垫草畜禽堆肥；⑨不垫草畜禽堆肥；⑩污水好氧处理。

此外，还需考虑拟建项目在项目建设及其实施条件下的其他可信情形，用以考量包括或排除一个不适合该类项目情形的理由，也就是针对项目需要，对项目应用技术和使用方法的实用性与经济性开展准确评价，使其能够充分说明提供的技术与系统功能的实现既切合实际，又对企业具有经济吸引力，这样的情形才能在项目中被采用。

（1）畜禽粪污的固体堆积。根据项目中畜禽粪污的存储设计，这个存储系统不能有效地控制臭气挥发、温室气体的排放以及病菌的传播，因此，可以排除这种可能存在的基准线情形。

（2）畜禽粪污的日常挥发。该方式比敞口式氧化塘粪污处理系统的效率低。通过畜禽粪污处理系统，养殖场内畜禽所产生的粪污一般只是适用于批次畜禽在其生长季中某一时段的土地上，因此养殖场还应当建设新的存储系统。此外，在田地中直接利用畜禽粪污有可能会产生并挥发出更多的比 CO_2 的温室潜势要高出近 310 倍的一氧化二氮（N_2O）的排放，从而加大了温室气体的排放。另外，如果要解决或改良这个方案，还需要更多的资金投入和人力资源及成本投资。因此，可以将该方式排除出基准线情形。

（3）所产生的泥浆/污泥形态。经调查，该养殖场通常会将其产生的畜禽粪污堆放在项目实施地的通道处，并且一般会以一天两次的频率将粪肥冲刷入预备的厌氧池中，经处理后所形成的泥浆/污泥及粪污被直接排入戈壁滩里。由于大型养殖场每天的畜禽粪污产量是非常大的，同时将存储在厌氧池中的液体粪肥收集、运送到农田需要大量的劳动力，去实现它也将增加企业的额外成本，因此对于企业经营来讲，这也是不太切合实际的。此外，我们从畜禽粪污（废弃物）处理技术的可获得性方面来看，这是该养殖场决定是否建设该项目时需要考虑的诸多因素中的一项重要因素，因此可以将该方式排除出基准线情形。

（4）反应槽堆肥。它是一种一般适用于固体含量较高且易于成型的粪肥处理方式。在这一处理方式过程中，企业通常需要设置一个封闭型的通道，进行强制性通风，并通过不断地搅拌使得粪肥充分发酵，但是使用这种类型的堆肥处理方式时，企业经营成本及相关费用较高，能耗也较大。此外，这种粪肥处理时所使用的容器要求较小，以便于充分通风和搅拌，因此，这种粪污处理方式不适用于大型养殖场内大规模粪肥的处理。在此，可以将该方式排除出基准线情形。

（5）简易静态堆肥。因为大型养殖场会产生大量的畜禽粪污资源，采用简易静态堆肥需要通过搅拌和使用强迫性通风设施，这样将会产生大量的电力消耗，并占用大面积空间，且在长时间的静态堆肥过程中，这些畜禽粪污会释放出大量的温室气体。因此，可以排除这种可能存在的基准线情形。

（6）强化曝气堆肥。就是指企业在处理畜禽粪污资源的时候，通过机械动力搅拌和强化曝气等方式，每天至少实施一次这样有规律的堆肥。这一过程将会释放大量的臭气以及温室气体。在曝气操作过程中，所需的机器动力会消耗大量电力，从而增加企业的额外成本。因此，可以排除这种可能存在的基准线情形。

（7）被动型堆肥。这种堆肥方式同样需要搅拌和曝气处理，并且需要有大面积空间进行堆积晾晒。此外，这种粪污处理方式在进行搅拌时会释放大量臭味以及温室气体，对当地的环境将产生较大的影响。因此，这个可能的基准线情形也将被排除。

（8）厚垫草畜禽堆肥。在大型养殖场的畜禽舍中，此方法通常用于处理所有饲养的种禽和肉畜禽的絮凝物以及其他家禽的排泄物等。这种厚垫草堆肥方式不适合拟建项目的该养殖场。因此，它不是一个可能的基准线情形。

（9）不垫草畜禽堆肥。这种方式需要建设一个高度为1.8～2.0米的高层粪污处理系统。这种粪污处理方式将增加企业的建筑成本，同时也会因为密封存储的粪污未处理时间超过了半年，会产生和排放大量的硫化氢（H_2S）、CH_4、N_2O等有害气体。所以，这种情形将会对养殖场的畜禽健康成长产生不利影响。正因为上述原因，这个可能的基准线情形也将被排除。

（10）污水好氧处理。这一处理方式较为适合对养殖场产生的低密度废水的处理，但是这并不适用于该项目中排放的高密度有机质的废水处理。此外，厌氧池在中国普遍存在，是因其造价低和技术成熟，这一方式易于被中小型养殖场所运用，也利于其控制和降低生产成本，实现企业利益的最大化。

在此，根据企业提供的畜禽粪污处理技术及所使用的畜禽粪污处理系统，企业要求既要切合发展实际，又要能给企业带来较好的经济效益。经过项目基准线情形的识别，最终筛选出两种可能的替代方案。替代方案一：养殖场继续利用厌氧消化池处理粪污资源。替代方案二：养殖场采取厌氧消化技术处理畜禽粪污，但不参与CDM项目。

CDM项目基准线情形，是指在假设没有拟建并实施CDM项目时养殖场所产生的温室气体排放量（周捷等，2006；段茂盛和王革华，2003）。结合该项目的项目边界，本项目拟定的基准线至少应该包括如下两个方面：一是在不实施沼气工程项目时，未经处理的畜禽粪污等直接释放出的温室气体；二是实施沼气工程项目所产生的沼气用于替代使用其他能源，并在这一过程中释放的温室气体。

（二）项目采用的方法学

1. 方法学的选取

该项目将运用经 EB 批准的整合基准线方法学——ACM0010（2005 版）“粪污处理系统中的温室气体减排整合基准线方法学”，以及“AMS.I.D（2013 版）可再生能源小规模项目：‘可再生能源并网发电’基准线和监测方法学”[①]，对项目建设及项目减排量进行计算。ACM0010 方法学适用于大型养殖场现有的畜禽粪污处理系统。根据该方法学的适用条件和要求，此大型养殖场沼气工程项目建设及温室气体减排计算符合其应用要求。该方法学还包含了配套的计算工具：①“确定燃烧气体排放中含有甲烷的项目”；②“计算项目电力消耗的基准线、项目和/或泄漏的排放量”，2001 版；③“计算项目矿物燃料燃烧或泄漏的 CO_2 排放量”，2001 版；④“额外性的评价和论证”；⑤“计算电力系统的排放因子”。

2. 选取运用该方法学的理由

选择这种基准线方法学的理由是它可以提供一个用来描述项目活动中畜禽运营项目基准线的温室气体排放量模型。该方法学适用于本项目的理由如下：①该养殖场畜禽处于封闭管理；②该养殖场的畜禽粪污不会排入当地河流；③由于是厌氧池处理畜禽粪污，在基准线情形下，厌氧池的深度为 2 米；④在基准线情形下，厌氧处理设施所在地区的年平均气温为 7℃；⑤在基准线情形下，畜禽粪污通过厌氧处理系统保存的时间至少是一个半月。

项目通过引进畜禽粪污处理系统确保没有粪污泄漏到地下水中，即厌氧池的底层具有隔离层。

三、项目边界及额外性论证

（一）项目活动边界

该养殖场拟建沼气发电项目的活动边界见图 6-2。

---

① 参考网站：https://cdm.unfccc.int/methodologies/index.html。

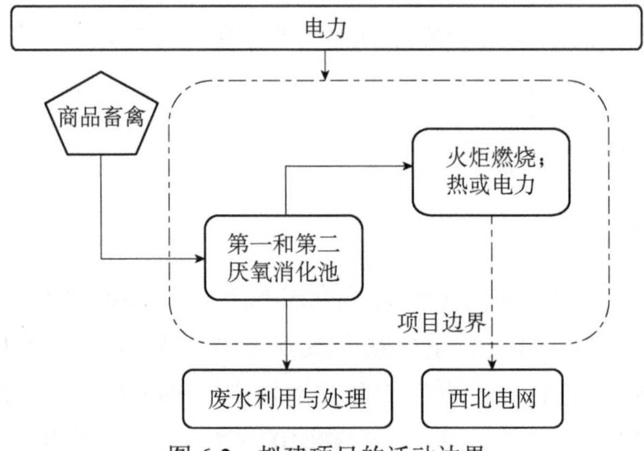

图 6-2　拟建项目的活动边界

项目活动边界内所包含的排放源和温室气体种类如表 6-2 所示。

表 6-2　基准线和项目活动中项目边界内所包含的排放源和温室气体种类

项目状态	排放源	温室气体种类	是否包括	说明理由/解释
基准线	粪污的直接排放	甲烷	是	主要排放源
		一氧化二氮	是	主要排放源
		二氧化碳	否	忽略有机废弃物分解的二氧化碳排放
	电力消耗或发电的排放	二氧化碳	是	来自电网的电力或者场内的电力消耗
		甲烷	否	因简化而排除，符合保守原则
		一氧化二氮	否	因简化而排除，符合保守原则
项目活动	废弃物处理中的直接排放	二氧化碳	否	忽略有机废弃物分解的二氧化碳排放
		甲烷	是	来自非燃烧的甲烷，泄漏减掉厌氧处理产生的甲烷
		一氧化二氮	是	因简化而排除，假设排放量很小
	场内电力消耗的排放	二氧化碳	否	可能是一个重要的排放源，如果项目活动通过沼气的收集进行发电，这些排放不计入
		甲烷	否	因简化而排除，假设排放量很小
		一氧化二氮	否	因简化而排除，假设排放量很小

（二）项目额外性评价与分析

在没有确定拟建该项目的情形下，该养殖场将不会通过增加投入去改变其原有的畜禽粪污处理系统，因为该项目实施所能产生的经济效益对业主增加投入去改变粪污处理的现状不具有吸引力。此外，目前也没有出台或存在相关的法律法规去要求或迫使项目业主改变现状。尽管出于环保、人道等因素考虑，该项目业主也想去改变原有的粗犷性粪污处理方式，但财务障碍（额外的生产成本增加）使其不得不考虑经济收益，来决定是否实施该项目。这可以通过对项目实施可能的替代方案一和替代方案二的财务比较来加以证实。根据 ACM0010 方法学的适应条件及要求，我们将对替代方案二进行障碍分析。

1. 投资障碍

这种处理方法被认为是当前世界上最先进、技术成熟的畜禽粪污处理系统。但是与其他常用的处理系统进行投资比较，我们发现，该系统所涉及的投资成本及相关费用较为高昂，考虑到该发电项目的地区补贴额度不尽相同（一些欠发达地区还较低），因此现在世界上仅有少数的几个发达国家在使用这种技术。目前，国内能源市场尚未有较为明确的或者完善的出售沼气发电电量进入电网的鼓励性政策和措施。因此，在中国建设沼气发电项目所需的投资及成本仍比出售电量所产生的收益要高，且需要额外进行项目建设投资。项目业主认为，这个畜禽粪污处理系统属于一个除养殖业务以外的外部生产过程，所以在执行时会增加额外投入，可能会引起企业财务的困难。该类型的项目，倘若没有政府的担保或政策倾斜和支持，那么资金筹措甚至银行贷款也是非常难的。

该项目建设拟需投资额约为 4500 万元，其中 2250 万元为企业自筹，剩余部分则将通过银行贷款来筹集。该项目预计运行时间为 15 年。项目运行中所需的主要成本有设备与安装费用、运行与维护费用、运行咨询和工程技术费用等。此外，企业还需考虑原料/燃料费用、人力资源成本以及银行贷款利息等。表 6-3、表 6-4、表 6-5 为该项目的财务指标比较及投资分析。

表 6-3　在考虑和不考虑 CER 收益时两种财务指标的比较

项目	内部收益率（IRR）/%	净现值（NPV）/百万元
不考虑 CER 收益	4.26	−13.6
考虑 CER 收益	22.53	35.6

表 6-4　项目不考虑 CER 收益时的投资分析

成本和效益	第 1 年	第 2 年	第 3 年	第 4 年	第 5 年	第 6 年	……	第 14 年	第 15 年
设备费用/百万元	−22.5	—	—	—	—	—	—	—	—
安装费用/百万元	−0.6	—	—	—	—	—	—	—	—
运行与维护费用/百万元	—	−4.65	−4.65	−4.65	−4.65	−4.65	−4.65	−4.65	−4.65

续表

成本和效益	第1年	第2年	第3年	第4年	第5年	第6年	……	第14年	第15年
其他费用（运行咨询和工程技术费用等）/百万元	—	−0.01	−0.01	−0.01	−0.01	−0.01	−0.01	−0.01	−0.01
出售电力的收益和项目其他合适的相关产品/百万元	—	6.58	6.58	6.58	6.58	6.58	6.58	6.58	6.58
总计/百万元	−23.1	1.92	1.92	1.92	1.92	1.92	1.92	1.92	1.92
净现值（折现率=10%）/百万元	−8.14								
内部收益率/%	2.09								

表 6-5　项目考虑 CER 收益时的投资分析

成本和效益	第1年	第2年	第3年	第4年	第5年	第6年	……	第14年	第15年
设备费用/百万元	−22.5	—	—	—	—	—	—	—	—
安装费用/百万元	−0.6	—	—	—	—	—	—	—	—
运行与维护费用/百万元	—	−4.65	−4.65	−4.65	−4.65	−4.65	−4.65	−4.65	−4.65
其他费用（运行咨询和工程技术等）/百万元	—	−0.01	−0.01	−0.01	−0.01	−0.01	−0.01	−0.01	−0.01
出售电力的收益和项目其他合适的相关产品/百万元	—	6.58	6.58	6.58	6.58	6.58	6.58	6.58	6.58
CER 收益/百万元	—	7.68	7.68	7.68	7.68	7.68	7.68	7.68	7.68
税金/百万元	−0.06	−0.06	−0.06	−0.06	−0.11	−0.19	—	—	—
总计/百万元	−23.16	9.54	9.54	9.54	9.49	9.41	9.6	9.6	9.6
净现值（折现率=10%）/百万元	42.93								
内部收益率%	40.83								

我们现在对该项目在不考虑 CER 收益和考虑 CER 收益这两种情形时的项目财务运行情况进行比较。在不考虑 CER 收益时，运行该项目所产生的投资内部收益率为 4.26%，低于电力行业基准收益率（8%），表明该项目的盈利能力低于行业最低要求，企业在建设并运行该项目后，将会出现经营亏本，因此企业在财务上是不可能考虑投资和建设该项目的。当考虑 CER 收益时，建设和运行

该项目时其 CER 收益将对该项目的财务运行状况产生较大影响，内部收益率可提升至 22.53%，远高于行业基准收益率（8%）。因此可以看出，企业通过投产该项目会获得较大的收益，企业在财务上是可以接受建设该项目的。

该项目还将重点选取以下三个参数，即总投资、年运行与维护费、年上网电价，并对这些参数进行敏感性分析。假定以上三个参数在−10%～+10%的范围进行相应调整，那么，该项目的投资内部收益率也将会随之发生变动。上述参数的变动对企业的投资内部收益率所产生的影响情况（无 CER 收益时）如图 6-3 所示。

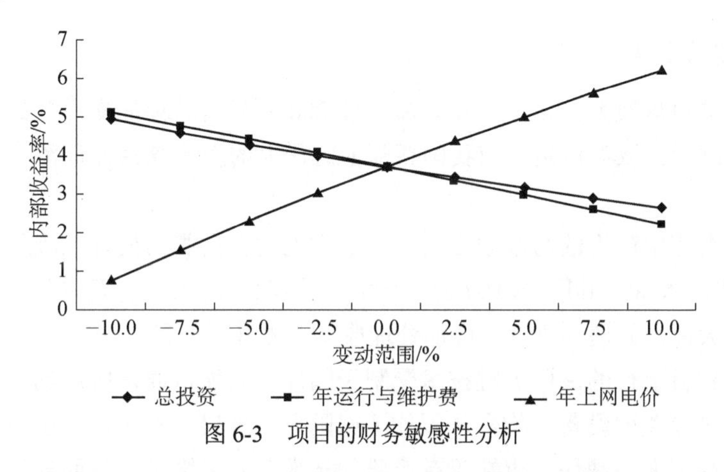

图 6-3　项目的财务敏感性分析

从财务敏感性分析来看，该项目的总投资内部收益率对年上网电价的变动较为敏感，直到年上网电价提升至 10%以上时，仍然没有达到行业基准收益率（8%）。可再生能源的上网电价均由国家相关价格主管部门进行核准和公布，在计入期内一般不会发生变动。因此，在合理的年上网电价范围内，项目活动的财务额外性仍然被支持。

从对财务敏感性的分析我们还可以看出，该项目的总投资内部收益率对年运行与维护成本的变动较为敏感，在年运行与维护成本下降至 10%以下时，仍然没有达到行业基准收益率（8%）。由于该项目地处我国西北地区的戈壁荒漠地带，受交通、技术、人才等各方面因素影响，企业的经营与运行成本相对较高，况且沼气发电厂在运营期间的主要成本为人工费用和管理维护费用，这些费用在运营期间不可能下降到如此大的幅度，因而，在合理的年运营成本的变动范围内，该项目活动的财务额外性仍然被支持。

该项目总投资的内部收益率对总投资的变动最不敏感，直到项目总投资下降到10%以下时，仍然没有达到行业基准收益率（8%），考虑到沼气发电厂发电设备的投资占该项目静态总投资的比重很大，并且近年来发电设备的引进价格较为稳定，因此项目总投资在运营期间不可能下降到如此大的幅度，所以该项目活动的财务额外性仍然被支持。

综合以上分析，在关键参数发生足够且合理的变动下，该项目的总投资内部收益率始终小于8%，财务额外性的结论仍然成立。财务敏感性分析结果支持了该项目活动不具有经济吸引力这一结论。

2. 技术障碍

（1）项目规模大。该项目每天需处理200万只商品鸡的粪污，其日产沼气约为6400米^3，该项目是目前我国新疆地区最大的畜禽粪污处理沼气发电项目之一。

（2）饲养中产生的污水浓度高。一般常见的畜禽粪污处理系统所产生的污水含总固体（total solid，TS）为2%～5%，而该项目污水中的固体含量达到8%，这将会增大污水处理的难度，增加处理成本，提升了项目风险。

（3）项目运行的一些关键技术受制于国外。该项目通常所用到的厌氧搅拌机、发电机等关键设备，均需从国外（德国等）进口。对于这些设施设备，企业缺少熟练工人去操作，也缺乏有经验的技术工人去维护，从而导致维护成本较高。

3. 常规实践分析

目前，沼气项目较多地应用于我国的中小型养殖场或农村地区。但是由于沼气项目建设和运行所需要的投资成本高，内部收益率低，所以要推进这类项目的商业化，吸引更多的企业参与其中，是件非常困难的事情。由于沼气技术及利用水平的制约，在中国还鲜有利用畜禽粪污建设大型沼气发电的项目。其中一些关键技术和重要设备需要从国外进口，项目运行缺乏有经验、能熟练操作和维护设施设备的本土工人。因此，这种项目在新疆地区乃至中国都还不是常规的实践。

根据以上分析，在替代方案二中拟建项目将会面临投资和技术等方面的障碍，因此它不是常规实践。目前在中国除现有的法律法规外，尚未出台任何法律要求企业对产生温室气体排放的畜禽粪污进行处理，这类养殖场项目活动的实施远远超过了目前中国对畜禽粪污处理的法规规定。国家和地方官员以及项目业主没有可遵照执行的现有法律和法规，也没有任何预期。但涉及温室气体排放，养殖场需要改变其传统的敞口化粪池的畜禽粪污处理技术，以减少温室气体排放。

（三）投资分析

该项目的建设还需要考虑畜禽粪污处理系统中建设厌氧池和厌氧消化池的经济分析。

正如表 6-6 和表 6-7 所示，厌氧池作为目前该项目所在地区运行的粪污处理系统，比厌氧消化池的净现值更高。因此，在没有任何核准减排量收入的情况下，养殖场继续使用厌氧池进行畜禽粪污处理的经济吸引力超过了厌氧消化池。被证明了在没有实施 CDM 项目的情形下，厌氧池将能够作为基准线情景，而厌氧消化池因具有额外性，则不会作为基准线情景被选择。

表 6-6　厌氧池的净现值计算

成本和效益	第 1 年	第 2 年	……	第 14 年	第 15 年
设备费用/百万元	−1	—	—	—	—
安装费用/百万元	−0.6	—	—	—	—
维护费用/百万元	—	−0.01	−0.01	−0.01	−0.01
其他费用（运行咨询和工程技术等）/百万元	—	−0.01	−0.01	−0.01	−0.01
出售电力的收益和项目其他合适的相关产品/百万元	—	—	—	—	—
总计/百万元	−1.6	−0.02	−0.02	−0.02	−0.02
净现值（折现率=10%）/百万元	−1.59				

表 6-7　厌氧消化池的净现值计算

成本和效益	第 1 年	第 2 年	……	第 14 年	第 15 年
设备费用/百万元	−22.5	—	—	—	—
安装费用/百万元	−0.6	—	—	—	—
维护费用/百万元	—	−4.65	−4.65	−4.65	−4.65
其他费用（运行咨询和工程技术等）/百万元	—	−0.01	−0.01	−0.01	−0.01

续表

成本和效益	第 1 年	第 2 年	……	第 14 年	第 15 年
出售电力的收益和项目其他合适的相关产品/百万元	—	6.58	6.58	6.58	6.58
总计/百万元	−23.1	1.92	1.92	1.92	1.92
净现值（折现率=10%）/百万元	−8.14				

通过上述描述得出结论：养殖场继续实行的畜禽粪污处理方式是基准线情景。

四、基于CDM项目的畜禽粪污资源供应与温室气体减排分析

该养殖场畜禽粪污处理沼气工程发电项目选择的方法学 ACM0010 符合下列条件：①家禽的品种来自美国，美国是发达国家；②养殖场根据畜禽的生长阶段、类别、体重增加等参数采用模式化定量饲养方式；③模式化定量喂养将根据养畜禽现场记录和饲养供应商提供的有关信息进行更新；④该项目畜禽的具体重量更接近于 IPCC 默认的发达国家的数值。因此，该项目选用发达国家的有关数据进行计算。

该沼气工程发电项目中的温室气体排放，主要是指将生成的沼气作为能源利用时系统所产生的 CO_2 排放（陈婷婷等，2007）。据此，我们将通过对比分析畜禽粪污在养殖场内不存在沼气工程时的基准线情况，并根据 ACM0010 方法学的适应条件和要求，计算出该项目的温室气体减排量（UNFCCC，2008；马展，2006）。

（一）项目基准线下温室气体的排放量（通过 ACM0010 方法学中基准线的选择步骤，确定畜禽粪污处理系统的基准线）

$$BE_y = BE_{CH_4,y} + BE_{N_2O,y} + BE_{elec/heat,y} \tag{6-1}$$

其中，BE_y 为第 y 年基准线的排放量（吨二氧化碳当量）；$BE_{CH_4,y}$ 为第 y 年基准线下甲烷的排放量（吨二氧化碳当量）；$BE_{N_2O,y}$ 为第 y 年基准线下氧化亚氮的排放量（吨二氧化碳当量）；$BE_{elec/heat,y}$ 为第 y 年基准线下该项目使用发电/供热的二氧化碳排放量（吨二氧化碳当量）。

（1）项目基准线下的甲烷排放量：

$$BE_{CH_4,y} = GWP_{CH_4} \times D_{CH_4} \times \sum_{j,LT} MCF_j \times B_{0,LT} \times N_{LT} \times VS_{LT,y} \times MS\%_{BL,j} \quad (6\text{-}2)$$

其中，$BE_{CH_4,y}$为第y年基准线下甲烷的排放量（吨二氧化碳当量）；GWP_{CH_4}为甲烷的温室效应潜能值（取值 21）；MCF_j为粪污管理系统j在基准线情景下每年甲烷的转化因子①；D_{CH_4}为甲烷的密度②；$VS_{LT,y}$为第y年所有进入粪污管理系统的 LT 类型畜禽的年产日挥发性固体排泄量-干物质（千克-干物质/只/年）；$B_{0,LT}$为 LT 类型畜禽产生的挥发性固体的最大产甲烷潜力，单位为千克/米^{3}③；N_{LT}为 LT 类型畜禽的存栏数；$MS\%_{BL,j}$为应用系统j处理畜禽粪污的百分比，取 100%。LT 为畜禽种类，该养殖场饲养的主要是原产于美国的商品鸡。

通过具体畜禽的平均重量调整 IPCC 默认值公式：

$$VS_{LT,y} = \frac{W_{site}}{W_{default}} \times VS_{default} \times nd_y \quad (6\text{-}3)$$

其中，$VS_{LT,y}$为该项目活动中确定的 LT 类型牲畜存栏数的每年挥发性固体的排泄量；W_{site}为该项目活动中畜禽的平均重量（千克），为 2.5 千克；$W_{default}$为畜禽平均重量的缺省值（千克）；$VS_{default}$为畜禽的日挥发性固体排泄量-干物质的缺省值[千克-干物质/（只/年）]；nd_y为第y年该项目中粪污管理系统处理粪污的运行天数（365 天）。

通过结合 IPCC 公布的相关系数值和该养殖场的实际数据④（表 6-8），利用式（6-2）和式（6-3）可以计算出基准线情形下甲烷的排放量（表 6-9）。

表 6-8 基准线情形下的数据和参数

数据/参数	分类	取值
MCF_j		66%×0.94
$B_{0,LT}$		0.39
$W_{default}$		1.8
$VS_{default}$		0.02

① 项目所在地区的年平均气温为 7℃，因此 MCF 的值为 66%。一个保守的因子被应用于多样化的 MCF 值，这个值为 0.94，是为计算《IPCC 2006 年国家温室气体清单指南（2019 年修订版）》所规定的在 MCF 值中的 20%的不确定性。

② 在温度为 20℃、1 个大气压情况下为 0.67 千克/米^3。

③ 由于品种和饲养的不同，这个值也不同。默认值可通过参考《IPCC 2006 年国家温室气体清单指南（2019 年修订版）》得出。

④ 在本项目研究中，为了方便起见，除该养殖场的数据外，其他系数均采用来自文献或 IPCC 文档默认值。

续表

数据/参数	分类	取值
$CF_{N_2O\text{-}N}$		44/28
$EF_{N_2O,D,j}$	无盖化粪池	0
	好氧处理	0.005
	淤泥池	0.006
$EF_{N_2O,ID,j}$		0.01
F_{gasm}		0.2
$N_{rate,LT}$		0.5
TAM		67.2
$EG_{d,y}$		9 700
CEF_{grid}		0.999 75

注：以上部分系数取《IPCC 2006 年国家温室气体清单指南（2019 年修订版）》中公布的默认值或养殖场监测值。

表 6-9　温室气体的基准线排放量

项目	基准线情景下/（吨二氧化碳当量/年）
$BE_{CH_4,y}$	55 177
$BE_{N_2O,y}$	1 293
$BE_{elec/heat,y}$	13 996
BE_y	70 466

（2）项目基准线下粪污处理过程中氧化亚氮的排放量：

$$BE_{N_2O,y} = GWP_{N_2O} \times CF_{N_2O\text{-}N} \times 1/1000 \times (E_{N_2O,D,y} + E_{N_2O,ID,y}) \qquad (6\text{-}4)$$

其中，$BE_{N_2O,y}$ 为第 y 年基准线下氧化亚氮的排放量；GWP_{N_2O} 为氧化亚氮的温室效应潜势（取 310）；$CF_{N_2O\text{-}N}$ 为该项目中 N_2O-N 到 N_2O 的转换因子；$E_{N_2O,D,y}$ 为第 y 年该项目中所产生的直接的（D）氧化亚氮的排放量；$E_{N_2O,ID,y}$ 为第 y 年该项目中所产生的间接的（ID）氧化亚氮的排放量。

$$E_{N_2O,D,y} = \sum_{j,LT} (EF_{N_2O,D,j} \times NEX_{LT,y} \times N_{LT} \times MS\%_{BL,j}) \qquad (6\text{-}5)$$

其中，$E_{N_2O,D,y}$ 为第 y 年该项目中所产生的直接的氧化亚氮的排放量；$EF_{N_2O,D,j}$ 为粪污管理系统中的 j 处理系统的直接的氧化亚氮排放因子；$NEX_{LT,y}$ 为该养殖场饲养的每只畜禽的年平均氮排放量。

$$E_{N_2O,ID,y} = \sum_{j,LT} (EF_{N_2O,ID,j} \times F_{gasm} \times NEX_{LT,y} \times N_{LT} \times MS\%_{BL,j}) \qquad (6\text{-}6)$$

其中，$E_{N_2O,ID,y}$ 为第 y 年该项目中所产生的间接的氧化亚氮的排放量；$EF_{N_2O,ID,j}$ 为

粪污管理系统中的 j 处理系统的间接的氧化亚氮排放因子；F_{gasm} 为该项目粪污管理系统中畜禽粪肥的氮以 NH_3 和 NO_x 形式挥发的比例。

$$NEX_{LT} = N_{rate,LT} \times TAM \times 365 / 1000 \quad (6\text{-}7)$$

其中，$N_{rate,LT}$ 为项目中默认氮排泄率；TAM 为该养殖场饲养的每只畜禽日均氮排放量（单位：克）。

（3）项目基准线下沼气发电和供热的二氧化碳的排放量：

$$\begin{aligned} BE_{elec/heat,y} = {} & EG_{BL,y} \times CEF_{BL,elec,y} + EG_{d,y} \\ & \times CEF_{grid} + HG_{BL,y} \times CEF_{BL,therm,y} \end{aligned} \quad (6\text{-}8)$$

其中，$EG_{BL,y}$ 为第 y 年该项目区没有运行畜禽粪污处理系统时项目活动时所消耗的电量；$CEF_{BL,elec,y}$ 为第 y 年没有运行该项目活动时，项目区电量消耗的碳排放因子［吨二氧化碳当量/（兆瓦·时）］；$EG_{d,y}$ 为第 y 年项目活动期间利用收集的沼气发电和输出电网的电量（兆瓦·时）；CEF_{grid} 为项目情景中电网的碳排放因子［吨二氧化碳当量（兆瓦·时）］，其计算是根据"电力系统排放因子计算工具"（01 版本）；$HG_{BL,y}$ 为第 y 年没有实施该项目活动的项目区运营畜禽粪污处理系统时，使用化石燃料的发电量。$CEF_{BL,therm,y}$ 为第 y 年项目发电的二氧化碳排放强度（吨二氧化碳当量/兆焦）。

（二）项目实施中温室气体的排放量

$$PE_y = PE_{AD,y} + PE_{Aer,y} + PE_{N_2O,y} + PE_{PL,y} + PE_{flared,y} + PE_{elec/heat,y} \quad (6\text{-}9)$$

其中，PE_y 为第 y 年该项目实施过程中温室气体的排放量；$PE_{AD,y}$ 为第 y 年项目活动中粪污管理系统产生的甲烷泄漏的排放量；$PE_{Aer,y}$ 为第 y 年项目活动中粪污管理系统好氧处理粪污时甲烷的排放量，由于厌氧消化的粪污没有经过任何好氧处理直接用作肥料，这些排放量为零；$PE_{N_2O,y}$ 为第 y 年该项目粪污管理系统中产生的氧化亚氮的排放量；$PE_{PL,y}$ 为第 y 年该项目因沼气输送过程中，网络管道泄漏而产生的温室气体排放量[①]；$PE_{flared,y}$ 为第 y 年该项目燃烧剩余气体产生的二氧化碳的排放量[②]；$PE_{elec/heat,y}$ 为第 y 年该项目用于发电和供热产生的排放量[③]。

---

① 它通常是指沼气的检测值与用于照明、发电、供暖所消耗的沼气量的差值。但如果养殖场沼气仅供应很小的一个区域（如一公里以内），则在这种从沼气收集地到使用地之间的运输管道很短的情况下，其物理泄漏可视为零。

② 由于获得的沼气都用于发电，产生的电量远远超过项目活动中粪污管理系统消耗的电量，因此这些排放量为零，不计入。

③ 由于项目活动收集的沼气用于发电，产生的电量远远超过项目活动中粪污管理系统中所消耗的电量，因此这些排放量为零。

（1）项目实施过程中粪污管理系统产生泄漏时甲烷的排放量：

IPCC 指出，厌氧处理过程中泄漏的气体相当于产生量的 15%。根据该项目中畜禽粪污的处理方式，本书将使用以下公式来计算：

$$PE_{AD,y}=GWP_{CH_4}\times D_{CH_4}\times LF_{AD}\times F_{AD}\times\sum_{j,LT}(B_{0,LT}\times N_{LT}\times VS_{LT,y}) \tag{6-10}$$

其中，D_{CH_4}为甲烷的密度；LF_{AD}为厌氧沼气池中甲烷的泄漏量[①]；F_{AD}为直接进入厌氧沼气池挥发性固体所占的比例（取 90%）。

（2）项目实施过程中畜禽粪污好氧处理产生的甲烷的排放量：

$$PE_{Aer,y}=GWP_{CH_4}\times D_{CH_4}\times 0.001\times F_{Aer}\times\left[\prod_{n=1}^{N}(1-R_{VS,n})\right]\times\sum_{j,LT}(B_{0,LT}\times N_{LT}\times VS_{LT,y}\times MS\%_{BL,j})+PE_{SL,y} \tag{6-11}$$

其中，$R_{VS,n}$为进入好氧池的粪污处理过程中的挥发性固体含量衰减的百分比；F_{Aer}为直接进入好氧沼气池的挥发性固体所占的比例（取 90%）；$PE_{SL,y}$为第 y 年污泥塘中未处理污泥的甲烷排放量，按以下公式计算：

$$PE_{SL,y}=GWP_{CH_4}\times D_{CH_4}\times MCF_{SL}\times F_{Aer}\times\left[\prod_{n=1}^{N}(1-R_{VS,n})\right]\times\sum_{j,LT}(B_{0,LT}\times N_{LT}\times VS_{LT,y}\times MS\%_{BL,j}) \tag{6-12}$$

其中，$R_{VS,n}$为污泥池中未处理的挥发性固体含量衰减的百分比（取 80%）；MCF_{SL}为污泥池中未处理的污泥的甲烷转化因子（$0.5\%\times 0.94$）。

（3）项目实施过程中堆肥所产生的氧化亚氮的排放量：

$$PE_{N_2O,y}=GWP_{N_2O}\times CF_{N_2O\text{-}N,N}\times 1/1000\times(E_{N_2O,D,y}+E_{N_2O,ID,y}) \tag{6-13}$$

$$E_{N_2O,D,y}=\sum_{j,LT}(EF_{N_2O,D,j}\times NEX_{LT,y}\times N_{LT}\times MS\%_{BL,j}) \tag{6-14}$$

$$E_{N_2O,ID,y}=\sum_{j,LT}(EF_{N_2O,ID,j}\times F_{gasm}\times NEX_{LT,y}\times N_{LT}\times MS\%_{BL,j}) \tag{6-15}$$

通过结合项目实施过程中监测到的相关系数值和该养殖场的实际数据（表 6-10），利用式（6-9）～式（6-15）可以计算出项目实施过程中各类温室气体的排放量，如表 6-11 所示。

① 《IPCC 2006 年国家温室气体清单指南（2019 年修订版）》说明厌氧消化产生的物理泄漏占沼气总产量的 15%，因此该值默认为 0.15 乘以生物质气体中的甲烷含量，即 $0.15\times 60\%$。

表 6-10　项目实施中的数据和参数

数据/参数	分类	取值
LF_{AD}		0.15×60%
F_{AD}		90%
$R_{VS,n}$	无盖化粪池	75%
	厌氧处理	80%
	好氧处理	20%
F_{Aer}		90%
MCF_{SL}		0.5%×0.94
$R_{N,n}$	无盖化粪池	60%
	厌氧处理	0
	好氧处理	70%

注：以上部分系数取《IPCC 2006 年国家温室气体清单指南（2019 年修订版）》中公布的默认值或养殖场监测值

表 6-11　温室气体的项目活动排放量

项目	项目活动排放量/（吨二氧化碳当量/年）
$PE_{AD,y}$	7204
$PE_{Aer,y}$	0
$PE_{N_2O,y}$	1293
$PE_{PL,y}$	0
PE_y	8497

（三）项目实施过程中的泄漏量

泄漏量包括项目边界之外进行堆肥处理过程中所释放出来的气体。净泄漏是项目活动的排放量中所泄漏的部分与基准线情形下排放所泄漏量的差值。只有当它们大于 0 的时候，净泄漏才会被考虑。

$$LE_y = (LE_{P,N_2O} - LE_{B,N_2O}) + (LE_{P,CH_4} - LE_{B,CH_4}) \tag{6-16}$$

其中，LE_{P,N_2O} 为在项目运行过程中（P）粪污处理时氧化亚氮的泄漏量；LE_{B,N_2O} 为在基准线情形下（B）氧化亚氮的泄漏量；LE_{P,CH_4} 为在项目运行过程中粪污处理时甲烷的泄漏量；LE_{B,CH_4} 为在基准线情形下甲烷的泄漏量。

1. 氧化亚氮的泄漏量

1）基准线情形下氧化亚氮的泄漏量

$$LE_{B,N_2O} = GWP_{N_2O} \times CF_{N_2O\text{-}N,N} \times 1/1000 \times (LE_{N_2O,land} + LE_{N_2O,runoff} + LE_{N_2O,vol}) \tag{6-17}$$

其中，$LE_{N_2O,land}$为粪肥堆积过程中直接的氧化亚氮的排放量；$LE_{N_2O,runoff}$为浸出和径流引起的间接氧化亚氮的排放量；$LE_{N_2O,vol}$为土壤和水的表面的氮沉降产生的氧化亚氮排放量。

$$LE_{N_2O,land} = EF_1 \times \prod_{n=1}^{N}(1-R_{N,n}) \times \sum_{LT} NEX_{LT,y} \times N_{LT} \tag{6-18}$$

其中，EF_1为土壤直接排放氧化亚氮的排放因子（取 0.01）。

$$LE_{N_2O,runoff} = EF_5 \times F_{leach} \times \prod_{n=1}^{N}(1-R_{N,n}) \times \sum_{LT} NEX_{LT,y} \times N_{LT} \tag{6-19}$$

其中，EF_5为径流中间接排放氧化亚氮的排放因子（取 0.0075）；F_{leach}为项目运行时土壤由于被过滤和淋失引起所有的氮的泄漏比例（取 IPCC 默认值：0.3）。

$$LE_{N_2O,vol} = EF_4 \times \prod_{n=1}^{N}(1-R_{N,n}) \times F_{gasm} \times \sum_{LT} NEX_{LT,y} \times N_{LT} \tag{6-20}$$

其中，EF_4为沉降到土壤和水体表面的大气中氮排放出的氧化亚氮的排放因子（取 0.01）。

2）项目实施过程中氧化亚氮的泄漏量

$$LE_{P,N_2O} = GWP_{N_2O} \times CF_{N_2O\text{-}N,N} \times 1/1000 \times (LE_{N_2O,land} + LE_{N_2O,runoff} + LE_{N_2O,vol}) \tag{6-21}$$

$$LE_{N_2O,land} = EF_1 \times \prod_{n=1}^{N}(1-R_{N,n}) \times \sum_{LT} NEX_{LT,y} \times N_{LT} \tag{6-22}$$

$$LE_{N_2O,runoff} = EF_5 \times F_{leach} \times \prod_{n=1}^{N}(1-R_{N,n}) \times \sum_{LT} NEX_{LT,y} \times N_{LT} \tag{6-23}$$

$$LE_{N_2O,vol} = EF_4 \times \prod_{n=1}^{N}(1-R_{N,n}) \times F_{gasm} \times \sum_{LT} NEX_{LT,y} \times N_{LT} \tag{6-24}$$

其中，$CF_{N_2O\text{-}N,N}$为转化因子（=44/28）；$R_{N,n}$为系统基准线粪污废弃物衰减的百分比。

2. 粪肥处理过程中甲烷的泄漏量

基准线情形下的粪肥处理甲烷的泄漏量：

$$LE_{B,CH_4} = GWP_{CH_4} \times D_{CH_4} \times MCF_d \times \left[\prod_{n=1}^{N}(1-R_{VS,n})\right] \times \sum_{j,LT}(B_{0,LT} \times N_{LT} \times VS_{LT,y} \times MS\%_j) \quad (6\text{-}25)$$

项目活动中的粪肥处理甲烷的泄漏量：

$$LE_{P,CH_4} = GWP_{CH_4} \times D_{CH_4} \times MCF_d \times \left[\prod_{n=1}^{N}(1-R_{VS,n})\right] \times \sum_{j,LT}(B_{0,LT} \times N_{LT} \times VS_{LT,y} \times MS\%_j) \quad (6\text{-}26)$$

其中，MCF_d为 CH_4 的转化因子，设定为 100%。

3. 泄漏总量

$$LE_y = (LE_{P,N_2O} - LE_{B,N_2O}) + (LE_{P,CH_4} - LE_{B,CH_4}) \quad (6\text{-}27)$$

通过结合项目实施过程中监测到的相关系数值和该养殖场的实际数据（表 6-12），利用公式（6-16）～公式（6-27）可以计算出项目实施过程中可能产生的各类温室气体的泄漏量，如表 6-13 所示。

表 6-12　泄漏时的数据和参数

数据/参数	分类	取值
EF_1		0.01
EF_5		0.0075
F_{leach}		0.3
EF_4		0.01
$CF_{N_2O\text{-}N}$		44/28
$EF_{N_2O,D,j}$	无盖化粪池	0
	好氧处理	0.005
	淤泥池	0.006
$EF_{N_2O,ID,j}$		0.01
F_{gasm}		0.2
$N_{rate,LT}$		0.5
TAM		67.2
MCF_d		100%

表 6-13　项目泄漏量

项目	项目活动中泄漏量/（吨二氧化碳当量/年）
LE_{P,N_2O}	9 218
LE_{B,N_2O}	4 609
LE_{P,CH_4}	14 230
LE_{B,CH_4}	22 234
LE_y	−3 395

（四）温室气体总减排量

减排量（ER_y）是项目活动第 y 年的基准线排放量与项目排放量以及泄漏的差值：

$$ER_y = BE_y - PE_y - LE_y \tag{6-28}$$

其中，ER_y 为项目实施过程中该养殖场所产生的温室气体的总减排量；BE_y 为基准线情形下的温室气体排放量；PE_y 为项目实施中的温室气体排放量；LE_y 为项目实施中的温室气体泄漏量。

由 ACM0010 方法学测算可知，项目实施过程中每年的温室气体总排放量约为 8497 吨二氧化碳当量，基准线情形下每年的温室气体排放量约为 70 466 吨二氧化碳当量。根据方法学 ACM0010 的适用条件和要求，净泄漏不同于项目活动和基准线情形下的泄漏排放，只有当它们大于 0 时，净泄漏才会被考虑，因此该项目没有考虑。综上所述，我们可以计算出在该项目实施过程中，其每年的温室气体减排量约为 61 969 吨二氧化碳当量（项目审定时需要得到的数据和参数，请见附录 A）。

（五）项目监测

按照项目设计要求，监测应当对收集的所有数据进行电子存档并且至少保存至一个计入期结束后两年。我们应对所有数据进行监测，所有的测量值均应来自测量仪器，测量仪器需要经过校验且符合相关的行业标准。

1. 项目监测计划及要求

监测计划可划分为一系列的监测任务。为了确保项目中所建议的长期温室气体减排量是真实的、可测量的，必须根据监测计划实施监测任务。实施项目监测计划的目的是确保在减排计入期内使项目活动减排量受到监测及确保减排量计算的准确、透明和可核查性。

该养殖场利用厌氧消化处理粪污和通过获得的沼气进行发电来减少温室气体的排放。因此，监测指标包括畜禽数量和质量、沼气流量、上网电量，以及沼气中的 CH_4 含量等。另外，监测内容还包括有关基准线排放、项目排放和泄漏的所有参数。项目监测计划主要包括监测的负责人员、仪表的安装和校准、监测对象、数据管理系统、监测结果核查以及监测报告。

2. 项目监测的实施

1）监测计划必备条件

项目管理者必须通过测量系统、收集系统、追踪系统来得到可信的、透明的、充分的监测数据，这些数据和监测系统是项目监测设计（design of experiment，DOE）核查项目执行情况的部分依据。对于 CER 的买方来说，数据的监测过程保证了减排量的真实性和可信度。

减排可以通过改进养鸡场的粪污管理系统来实现，也可以通过利用沼气发电或代替传统能源发电来实现。因此，监测者需要明确动物数量、沼气发电量、项目耗电量这些关键监测活动的内涵。

2）监测计划的执行者

项目业主将根据监测计划指导监测活动。为确保监测是可信的、透明的、保守的，项目业主可根据实际条件以及 DOE 提出的要求调整监测计划。

3）关键概念

监测计划将对监测和核查做出如下定义。

监测：是对项目执行情况的系统监测，是在温室气体减排的前提下，通过测量和记录监测指标来进行的。

核查：是指定的 DOE 针对监测结果的定期审计，以及对减排量和相关项目标准执行情况的评估。

4）计量器的校准和测量

根据合适的国内或国际标准，以及计量仪器的产品技术说明，沼气流量仪、电力测量仪、泵、安装在现场的仪器或实验室使用的仪器应由官方授权的实体对其进行定期校准。如果沼气温度测量仪、沼气压力测量仪也在监测活动中使用，则也需要校准。只有市级的、取得资质的实验室或检测中心才能对收集的所有样品进行分析，它们的检测分析仪器也必须根据合适的国内或国际标准进行定期校准。

5）监测

根据 ACM0010 方法学，监测参数、测量仪器的现场安装位置、样本采集点如图 6-4 所示。

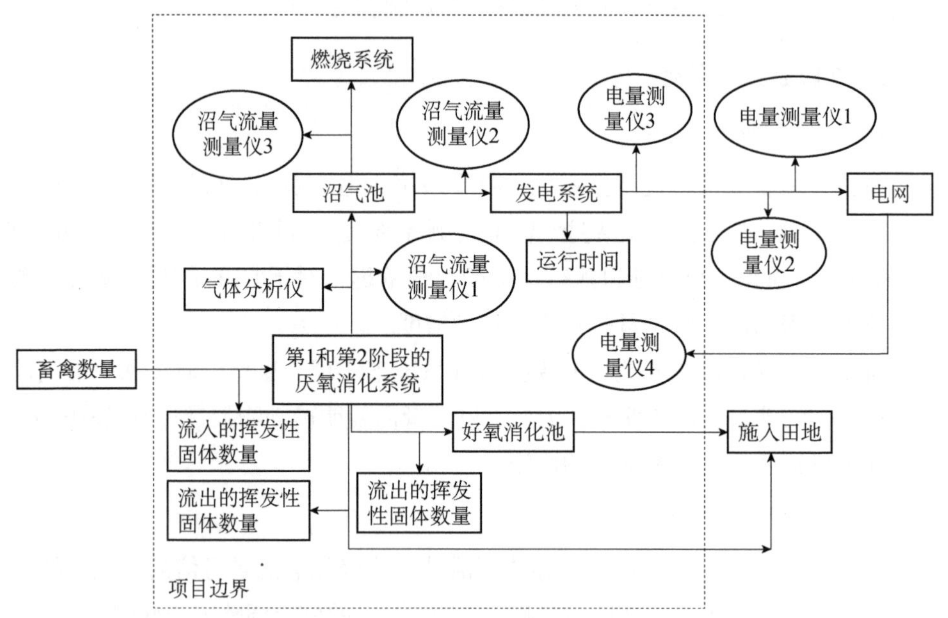

图 6-4　该项目中沼气流量、电量等测量仪器安装及监测计划示意图

资料来源：项目所在企业提供

A. 发电量的测量

项目的发电量将由公共电力公司指定的电量测量仪（电量测量仪 1）测量，电力公司将每月定期记录电量测量仪 1 的读数。项目业主将在变压器位置安装备用的电量测量仪（电量测量仪 2），并且操作、读取和维修电量测量仪 2。此外，业主将在沼气发电系统的出口处安装电量测量仪 3，并且每月定期记录读数。

业主将向 DOE 提供电量测量仪 2 和 3 的读数记录，以及公共电力公司出具的电量收据。电量测量仪应根据中国的相关标准，由官方授权的实体进行定期校准。精度水平应从平均测量中扣除。

B. 项目耗电量的测量

项目本身电力消耗量将由安装在沼气发电装置旁的电量测量仪 4 测量。项目业主将每月定期记录电量测量仪 4 的读数。电量测量仪应根据中国的相关标准，由官方授权的实体进行定期校准。精度水平应从平均测量中扣除。业主将向 DOE 提供电量测量仪 4 的读数记录。

C. 商品鸡的特征及数量计算

年均商品鸡数量由《IPCC 2006 年国家温室气体清单指南（2019 年修订版）》中定义的公式计算：

$$N_{\mathrm{LT}} = N_{\mathrm{da}} \left\{ \frac{N_{\mathrm{P}}}{365} \right\} \tag{6-29}$$

其中，N_{LT} 为第 y 年年均 LT 型商品鸡数量，用数字表示；N_{da} 为第 y 年养殖场商品鸡存栏时间，用数字表述；N_{P} 为第 y 年商品鸡平均出栏量，用数字表述。

业主将收集商品鸡在屠宰或出售之前的整个成长环节中的数量信息，以及每一个种群出栏时间的数据。业主将记录每一个种群的基因来源，采取模式化的方式定量饲养。业主将以 0.2%的比例抽取存栏商品鸡，测量其平均体重，一周一次。业主将向 DOE 提供商品鸡数量、基因来源及模式化定量饲养等数据。

D. 沼气产量测量

项目沼气产量由安装在厌氧消化系统出口的沼气流量测量仪 1 测量。同时，其他两个沼气流量测量仪（2 和 3）分别安装在发电系统和燃烧系统的入口处。业主将每周记录沼气流量测量仪 1、2 和 3 的读数。所有沼气流量测量仪应遵守中国的相关标准，由官方授权的实体根据技术说明对其进行定期校准。为了确保流量读数的合理性，业主应提供保证沼气流量测量仪正常工作的环境。沼气的温度和压力也需要用温度计与压力表来测量，如果沼气流量测量仪不能自动记录沼气的温度和压力，则温度计和压力表的安装位置应在沼气流量测量仪之前。根据合适的国内或国际标准，测量仪器应遵守维护、检测制度。

E. 甲烷浓度测量

甲烷浓度由安装在厌氧消化系统出口的气体分析仪进行连续测量。业主将每月记录气体分析仪的读数。气体分析仪应根据中国的相关标准，由官方授权的实体进行定期校准。精度水平应从平均测量中扣除。业主将向 DOE 提供甲烷浓度的测量记录。

F. 气候参数测量

根据国家标准，监测项目所在地的月均温度、月均压强、月均降水量和月均蒸发量数据所使用的监测仪器均将由官方授权的单位（实体）进行定期校正。业主将购买的气候参数数据提供给 DOE。

G. 挥发性固体浓度测量

样本将从三个点抽取，一年四次。第一个样本点位于沼气池入口前；第二个样本点位于未清理出的污泥里；第三个样本点位于好氧消化池入口之前。业主将向 DOE 提供挥发性固体浓度的测量记录。

H. 流入率和流出率测量

流入率和流出率将在所描述的三个点进行抽样，挥发性固体数量通过记录泵的工作时间来测量。泵应根据中国的相关标准，由官方授权的实体根据技术说明进行定期校准。业主将向 DOE 提供泵工作时间的记录以及校准证明。

6）数据管理系统

监测记录是监测程序中最重要的活动。准确、有效的记录是核查项目减排量的依据。下面是如何管理项目记录的概要。

监测温室气体减排的全部责任应与项目所在地的责任人相对应。CDM 指南以文件的形式规定了从数据来源到数据计算的监测程序。如果数据和信息可以从互联网获得，则需要注明网址。业主有责任向每一个 DOE 提供核查和证明所需的数据与信息。实物性的文件，如纸质地图、图表、环境影响评价等将与监测计划一起，由项目业主集中存放，所有纸质信息至少保留一份副本。

7）核查程序

针对项目监测结果的项目核查程序是所有 CDM 项目必须执行的强制性程序。核查的主要目的是要独立核实所建议的项目已经取得了项目设计文件中所提及的减排量。核查一年一次。主要核查活动包括以下内容（项目实施过程中监测的数据和参数，参见附录 B）。

项目业主应与指定的 DOE 签订核查服务合同，遵照 EB 规定的时间表及买家的时间安排来进行核查活动。业主应该为开展高效率、高质量的核查活动做准备。在核查活动开始之前或进行过程中，业主应向 DOE 提供完全的、必需的核查信息。业主应与 DOE 合作，并且建议其员工和管理者如实回答 DOE 提出的所有与核查活动相关的问题。如果业主认为 DOE 的要求超出了 EB 规定的核查范围，他应当联系项目开发商或其他取得资质的实体来确定 DOE 的要求是否合理。如果不合理，应以书面形式向 DOE 提交拒绝信，并说明理由。如果项目业主和 DOE 不能达成一致意见，则将此事提交 EB 或 UNFCCC 请求仲裁。项目业主应签订向监测和核查程序全权负责的责任书，这对 DOE 来说很重要。

（六）项目实施的主要结论

本章聚焦大型养殖场畜禽粪污处理沼气工程发电项目，依据 CDM 方法学构建了大型养殖场畜禽粪污处理沼气工程发电项目温室气体减排量计算方法，结合实地调研、项目运行、机器设备以及当地气候条件等多重因素，运用建立的大型养殖场畜禽粪污处理沼气工程发电项目中温室气体减排量的计算方法，评估了我国新疆地区某大型养殖场畜禽粪污处理沼气工程发电项目的减排潜力。选取 2018 年 1 月 1 日至 12 月 31 日为一个项目执行与监测期，以新疆某大型养殖场畜禽粪污处理沼气工程发电项目作为典型案例，通过实际监控，运用实测数据，对该工程温室气体减排量进行了 CDM 项目建设与运行分析，分别计算了基准线情形下的排放量、工程实施过程中的排放量以及所产生的泄漏量，从而计算出了该工程的温室气体减排总量，定量评价了该养殖场畜禽粪污处理沼气工程发电项目的减排效益，并提出了大型养殖场畜禽粪污处理沼气工程发电项目减排策略。

2018 年，该养殖场畜禽粪污处理沼气工程发电项目基准线下温室气体的年排放量为 70 466 吨二氧化碳当量，其中甲烷的年排放量为 55 177 吨二氧化碳当量，占 78.3%；粪污处理时氧化亚氮的年排放量为 1293 吨二氧化碳当量，占 1.83%；沼气发电和供热的二氧化碳的年排放量为 13 996 吨二氧化碳当量，占 19.87%。项目实施过程中温室气体的年排放量为 8497 吨二氧化碳当量，其中厌氧处理产生甲烷的年排放量为 7204 吨二氧化碳当量，占 84.78%；堆肥产生的氧化亚氮的年排放量为 1293 吨二氧化碳当量，占 13.9%。项目实施过程中温室气体的年泄漏量为 −3395 吨二氧化碳当量。该项目每年的温室气体减排量为 61 969 吨二氧化碳当量。根据该沼气工程的运行时间为 15 年计算，该沼气发电项目可实现温室气体总减排量为 9.30×10^5 吨二氧化碳当量。

第三节　CDM 项目参与碳国际交易的建议

一、大型养殖场粪污处理沼气工程发电项目参与碳交易的重大意义

在碳国际交易市场中将大型养殖场粪污处理沼气工程发电项目巨大的减排

潜力转化为丰厚的经济效益，实现人类生态环境效益与企业经济发展效益的双赢，意义重大。

大型养殖场粪污处理沼气工程发电项目需要企业在建设初期一次性投资投入较大，运行成本较高，且工程经济效益普遍较低。这些项目的建设和有效运转，更多依靠的是国家政策的扶持和资金的补贴。实际情况是，大型养殖场粪污处理沼气工程发电项目市场化、产业化、规模化的道路还较为漫长。如果能将大型养殖场粪污处理沼气工程发电项目的温室气体减排量在碳国际市场上出售，将会为该工程项目带来显著的经济效益，不仅可有效提高大型养殖场对粪污处理沼气工程发电项目建设的积极性，而且可对我国节能减排和全球的温室气体排放工作做出贡献。

2002 年，中国碳交易市场以 CDM 形式开始。随着《京都议定书》第一承诺期的完成，我国对碳交易有了更深入的了解。2011 年，国务院安排部署和实施了碳排放权交易试点工作，提出了要在全国范围内逐步开展碳排放权，即以“配额+CCER”为核心的交易市场试点的建立与推广。2013 年 6 月，深圳率先建立了国内第一个关于碳排放权的交易市场，这标志着中国国内的碳交易市场正式形成。2014 年，北京、上海、天津等省（直辖市）的 7 个试点市场已经全部启动上线交易。2015 年 9 月签署的《中美元首气候变化联合声明》提出，我国计划在 2017 年全面启动包括钢铁、电力、建筑等重点行业在内的全国碳排放交易体系。2016 年 4 月，中国签署《巴黎协定》，积极应对气候变化，加强国际合作，郑重承诺完成温室气体减排任务，展现了负责任大国的使命和担当。在国家的强力推动下，我国碳市场的发展建设步伐进一步加快。

2017 年 1 月，国家发展和改革委员会、农业部联合印发的《全国农村沼气发展“十三五”规划》提出，坚持“政府支持、企业主体、市场化运作”的原则，积极引导各类社会资本参与和支持沼气工程建设。支持地方政府建立运营补偿机制，保障社会资本获得合理投资回报，积极探索碳排放权交易机制。可以看出，大型养殖场粪污处理沼气工程参与到碳排放交易机制中有极大的可行性和美好的前景。

二、大型养殖场粪污处理沼气工程发电项目提升自身减排能力对策

大型养殖场粪污处理沼气工程发电项目以畜禽粪污作为主要厌氧发酵原料，利用生物发酵技术，在达到畜禽粪污资源化利用、无害化处理目标的同时，利用生产的沼气进行发电或者取暖，实现生活能源清洁化；沼肥可以部分替代化肥，减少化肥污染、降低化石能源的消耗。大型养殖场粪污处理沼气工程发

电项目既有效利用了畜禽粪污资源，又发展了低碳经济、循环经济，带动了当地能源消费结构改革和优化，减少了以 CO_2 和 CH_4 为主的温室气体排放，减少了畜禽粪污的排放，减少了环境污染，具有显著的生态效益、经济效益和社会效益。但需要注意的是，大型养殖场粪污处理沼气工程发电项目在实现温室气体减排的同时，在其运行和管理过程中，也在释放着温室气体。大型养殖场粪污处理沼气工程发电项目要参与到碳国际交易市场中，这部分的生态负效应应尽力降到最低。

以我国新疆地区某一大型养殖场建设畜禽粪污处理沼气工程发电项目实施温室气体减排为例，该项目每年减排温室气体的量为 61 969 吨二氧化碳当量，约相当于 23 297 吨标准煤的 CO_2 排放量。从该项目运行和管理的实际情况来看，畜禽粪污处理沼气工程发电项目的排放主要集中在实施过程中的泄露和耗能两方面。随着近年来沼气工程技术的不断发展成熟，畜禽粪污处理沼气工程发电项目运行和管理过程的负效应是可以降低的。此外，工艺技术的不断创新、管理水平的不断提升，以及我国对新能源开发利用程度、效率的不断提升，大型畜禽粪污处理沼气工程发电项目的温室气体减排效应将得到最大限度的发挥。

三、大型养殖场粪污处理沼气工程发电项目参与碳国际交易市场探索

虽然推动大型养殖场粪污处理沼气工程发电项目参与到碳国际交易市场意义重大，且具有理论上的可行性，但从目前的国内外情况来看，该类型项目的可操作性还比较低，主要原因是国际市场尚未完全放开、相关的减排方法学不够完善、开展能力需提升等。

目前，我国的碳交易市场主要针对的是钢铁、电力、化工和有色金属等重点工业行业，政府也基本上是优先考虑其业务涉及上述重点行业的企业作为 CDM 项目参与主体。这是政府相关职能部门基于我国当前国情和各类型企业发展实际情况制定的政策。对于人型养殖场粪污处理沼气工程发电项目乃至畜牧养殖业温室气体减排领域而言，现在的市场尚未完全开放，但这并不意味着市场大门永久的关闭。随着我国以及碳国际交易市场各项制度政策的逐步成熟完善，大型养殖场粪污处理沼气工程发电项目参与碳交易市场将会变得更加容易。因此，当前的研究应重点围绕做好参与准备工作，夯实基础，才能保证市场大

门开放之时，大型养殖场粪污处理沼气工程发电项目的减排潜力可以为企业快速地换取到更为客观的经济回报和生产技术提升。

此外，相关企业在建设CDM项目之前，还有一项非常重要的工作，就是在市场开放、有方法可依的基础上，提升实施企业主体推进项目发展的能力，这一点尤为重要。首先，需要解决的是由谁来做实施主体。如果是由业主做实施主体，必然要将大量的人力、财力投入核算、申请文件撰写中。从目前情况来看，具备这样能力的业主少之又少。考虑到大型养殖场粪污处理沼气工程发电项目在养殖场主打产业中属于附属的、可建设或不建设的项目，为了刺激养殖企业建设此项项目的积极性，建议由地方政府成立主管职能部门或委托有资质的第三方对行政区域内符合标准的大型养殖场粪污处理沼气工程发电项目提供相关专业化的服务。当地政府支持主管职能部门设立专职人员负责碳排放权交易工作，组织协同落实和推进各项具体工作任务。其次，争取安排政府专项资金，为项目建设提供相应的资金保障和技术支持。

另外，在企业参与碳交易过程中，建议采用“整合打包”捆绑式进行交易。以地方政府为单位，由政府主管部门或第三方牵头整合地方行政区域内（一般地区级或市级）的大型养殖场粪污处理沼气工程项目，集中打包减排量，参与交易，收取少量服务费，这样也能降低大型养殖场粪污处理沼气工程发电项目业主的参与成本。该项目也可由政府进行采购，这样可以缩短业主的回报周期。

2017年底，国际碳排放交易欧洲市场的价格约在10欧元/吨（国内外碳排放交易价格会随市场供需的变动而发生波动，此外碳交易价格还会受国际货币汇率变化等多重因素的影响）。该工程温室气体减排量通过出售CER，每年可获得2329.7万元的额外收入（该项目可研时基于当时的国际碳市场情况计算得出）。据估算，在养殖场只考虑沼气发电CDM项目和在初始投资等其他条件不变的前提下，通过出售CO_2减排量获得额外性收益，工程的内部收益率将会由原来的2.09%提高到41%，远高于行业基准内部收益率（8%），企业的经济效益将有明显的提高，这将极大地激励养殖企业参与CDM项目的主动性与积极性。

第七章　生物质能及其产业的发展前景与影响

生物质能产业作为一个新兴的清洁性能源产业，从目前发展的阶段来看，像沼气、生物质固体成型燃料、生物质发电、生物质气化以及生物柴油等均已在不同程度上实现了产业化。开发具有巨大资源潜力的生物质能资源，以生物质生产生物燃气和液体燃料代替石油燃料，以生物基化学品代替石油化学品，建立多种能源形式并存的可持续发展能源体系，可以提升可再生能源在能源中的比重，降低对进口能源的依赖，从而有效改善我国能源结构，缓解和扭转能源短缺的局面，保障国家能源安全。

第一节　生物质能及其产业发展面临的问题

世界能源结构正加速向低碳化、无碳化方向演变，发展清洁、低排放的新能源和可再生能源已成为世界能源转型的大势所趋。单一能源品种利用的局限性已愈发凸显，因此建设多种能源有机整合、集成互补的综合能源体系，将成为中国推进能源现代化转型，建设清洁低碳、安全高效能源体系的重要突破口。生物质能作为可再生能源的一种，具有巨大的发展潜力和前景。发展生物质能产业既能有效控制环境污染，也能优化能源消费结构，减轻对石油等化石能源资源的依赖，同时又能推动农业产业链的发展，是解决全球能源危机的最理想途径之一。但随着各国生物技能产业的进一步推进，一些专家学者提出了不同意见。如何有效推进生物质能产业的发展，解决生物质能面临的难题和挑战，成为新时期我国能源发展与转型迫切需要解决的问题。

一、生物质能的利用与温室气体减排的问题

许多关于生物质能的研究主要基于碳中性[①]的物理假设，并将温室气体减排设定为其政策目标之一。但在实际生产过程中，在资源、效率、产品等方面存在着诸多尚未解决的瓶颈问题，使得生物质能资源从原料种植、生产加工到能源利用等环节均需投入大量的化石能源，致使单位产品碳排放系数升高，因此生物质能的碳中性问题受到了一定的质疑。有学者的研究表明，生物质发电单

① 碳中性，即从理论上来讲，生物燃料燃烧所排放的二氧化碳与能源作物生长过程中从大气中固定的二氧化碳之间实现了碳平衡。

位产品碳排放系数是风电的29～35倍，也均远高于水电、核电以及太阳能光伏发电等发电方式（刘胜强等，2012）。也有学者认为，与汽油相比，我国夏玉米燃料乙醇的生产并不能明显减少温室气体的排放（张治山和袁希钢，2006）。此外，还有学者认为，如果因使用能源植物，其种植遭受到破坏，并对当地生态系统造成影响，如导致森林覆盖率下降，那么消耗能源植物带来的温室气体减排的好处不足以弥补森林减少所带来的环境影响（Searchinger et al.，2008）。至此，我们在加强生物能源研究和利用时，还要更加注重对生物质能温室气体减排效益进行进一步的研究，以充分证明不同类型的生物质能资源利用所具有的温室气体减排效益到底如何。

二、生物质能资源的利用与土壤退化和土壤碳流失的问题

不断扩大的能源作物的种植面积在满足不断增长的生物质燃料的需求方面发挥了重要作用。但是目前，大部分能源作物的种植需要利用高质量的农田，以及使用大量的化肥、农药和水等物质资源，才能保障有经济可行的产量。此外，人们还可以通过改进技术和加强管理等方式来提升土地集约化程度的辅助作用，这也是必不可少的。然而，这种集约化的生产可能会对当地的土壤产生较大的负面影响，但这些影响在一定程度上都取决于人类的耕作技术和耕作水平。倘若耕作方式不当，将会使永久性土壤覆盖层被剥离，从而减少土壤中的有机质，土壤被加剧侵蚀。此外，人们为收集生物质能资源，会清除田间农业废弃物等，可能导致土壤中养分含量的减少，破坏土壤和环境的物质循环，从而引起土壤碳的流失，进而增加温室气体排放。

三、生物质能资源的利用与粮食价格上涨的问题

在过去的较长时间里，一些国家和地区生物质能的生产仍较多以粮食作物为原料，如美国用玉米，欧盟用菜籽等。一方面，因为玉米、大豆等粮食作物被大量消耗，势必会引起该国家和地区粮食作物供给格局的改变。根据市场供需理论，这也必然会引起市场价格波动，而这种引起粮食价格波动的现象在美国玉米市场和欧盟大豆市场中已经得到验证。鼓励燃料乙醇生产导致了玉米需求量增加，使得2020～2021年度美国的玉米种植面积预计将达到9200万英亩①，比

① 1英亩≈0.40公顷。

2019～2020 年度、2018～2019 年度的种植面积分别增加了 230 万英亩和 310 万英亩。2020 年 4 月，美国玉米期货价格达到 3.7375 美元/蒲式耳（合 144.1 美元/吨），处于近年来的一个较高价位。另一方面，随着市场对生物燃料及其产品需求的快速增长，人们势必会加大能源作物的种植面积，进而非能源作物的种植面积可能会减少，这种土地利用方式的转变将会带来较大的市场变动。尤其要注意的是，生物质能发展所引起的粮食价格变动并非局限于本地，而是扩大至全球，尤其对落后国家影响更甚。

在国家禁止以粮食为原料生产生物能源的背景下，我国生物能源研究转向非粮原料和边际土地的利用上。因此，在发展生物质能及相关产业时，为避免“与粮争地”“与人争粮”，我们应该大力发展非粮食生物质能（其原料来源主要包括农林废弃物、畜禽粪污、工厂有机废水以及利用边际性土地种植的能源植物等），这不仅不会影响粮食安全，还能有效利用废弃物资源替代传统化石能源，促进环境保护和节能减排。此外，随着科学技术发展，利用海洋藻类生产生物柴油、用人工细菌或胚胎微生物生产类似于汽油和柴油的能源替代品等技术趋于成熟，生物质能产业可以逐渐摆脱对农田的依赖，解决“与粮争地”的冲突。

四、生物质能资源的利用与水危机和水污染的问题

近年来，随着生物质能产业的快速发展及其产品占有市场份额的不断提升，市场对能源作物的需求量逐渐增大，大量的能源作物由单一集约化生产导致了大量农业用水的消耗，也占用了大量农业用地，这些都给水土资源保持带来了很大的难度。许多能源作物（如甘蔗、玉米等）需要消耗较多的水才能达到商业化产量。近年来，人们为了满足对生物燃料及其原料的需求，往往通过大规模种植能源作物来实现，这在一定程度上已经严重地影响到了能源作物种植地的水资源平衡以及水资源的质量。

此外，人们往往对能源作物采取大规模的单一种植方式，过度施用化肥，造成了土壤中氮和磷等养分向地表水流失以及向地下水渗透等问题。例如在美国的一些地区，玉米和大豆的轮作方式在近些年已被连续的玉米生产所取代，在种植过程中，氮肥的大量使用加剧了水资源的污染。例如在一些雨水较充沛的地区，能源作物靠雨水灌溉，在这里，水并非作物生长的制约因素，但施用化肥、农药等造成的水污染是人们必须关注的主要问题。对于一些多样化程度较高的草类生物质，其每产出一个单位的能量，有时所需氮肥、磷肥等化学肥

料以及杀虫剂的用量会相对于玉米、大豆等农作物的需求要小一些，从而对当地水质的负面影响也较小。

五、生物质能资源的利用与生物多样性减少的问题

随着化石燃料资源的减少和全球环境问题的加剧，全球生物质能的生产增长迅速，生物质能资源作物种植面积不断增长。全球生物质能资源作物的大面积种植、片面种植会对生物多样性造成一定的影响：不但直接或间接侵占了大片自然或半自然生态系统，造成生物原生栖息地的退化和消失，而且易造成生态系统单一并改变生态系统结构与功能，加剧面源污染，引起外来物种入侵，甚至增加转基因生物安全风险。此外，农林生物多样性在大规模连作情况下也是很脆弱的，表现为农林作物遗传的单一性，增加了这些农林作物感染新发病虫害的可能性，从而引发新的生态环境问题。

为减少生物质能资源作物种植对生物多样性的影响，政府或相关单位需要制定可持续发展的生物质能生产管理规范，合理规划，以避免在生物多样性丰富或脆弱区种植生物质能资源作物，积极开发新技术并改变生物质能资源原料的利用效益，加强生产方式管理并改变传统种植模式。

第二节　生物质能及产业的发展前景及影响

近年来，随着科学技术的不断成熟以及新设备、新工艺的研发使用，生物质能产业发展的不利影响将被逐渐降低。由于原料资源的有偿属性，与风能、太阳能、水能等可再生能源相比，生产同一产品，生物质能利用的经济成本较高，市场瓶颈难以突破。此外，风能、太阳能、水能等可再生资源经转化后仅能提供电能和热能，虽然随着储能技术的快速发展，电能利用范围越来越广，但电能并不能完全满足交通等领域的动力需求（如航空燃油）。生物质能资源可在发酵、热解等条件下产出燃料乙醇、生物柴油等液体燃料，是唯一可直接转化为液体燃料的可再生资源，因此开发利用生物质能资源可以有效缓解石油资源紧缺、农村面源污染等问题，亦可为特殊行业提供动力燃料等。

一、相关政策措施的制定和完善，为生物质能及其产业发展提供了良好机遇

自 2006 年 1 月 1 日《中华人民共和国可再生能源法》生效以来，国家有关部门相继出台了《可再生能源发电有关管理规定》《可再生能源发电全额保障性收购管理办法》《可再生能源发展专项资金管理暂行办法》等配套实施细则，《能源发展“十三五”规划》《可再生能源发展“十三五”规划》《生物质能发展“十三五”规划》《农业生物质能产业发展规划》等产业发展专项规划，以及《碳排放权交易管理办法（试行）》《清洁发展机制项目运行管理办法》等制度措施，重点支持了可再生能源尤其是生物质能及其产业的发展。上述政策措施的出台，无疑有力地保障了生物质能产业发展过程中各方的利益，生物质能的开发利用迎来前所未有的历史机遇，这将全面促进中国生物质能产业的发展。

二、技术水平及装备制造业的提升，为生物质能及其产业的发展拓宽了新的路径

随着生物质能资源的开发利用及其产业的发展，相关技术也在实践中得到了发展提升。中国政府及有关部门已经连续在多个五年计划中将生物质能利用技术的研究和应用列为重点科技攻关项目，集中人力、物力、财力，开展了生物质能利用技术的研究与开发。此外，政府还积极引导高端装备制造领域的骨干企业向生物质能装备制造产业聚集，以装备制造规模化、集约化发展为目标，规划、研发、生产、销售生物质能利用设备，形成生物质能装备全产业链和相关设备、产品集散地，为我国生物质能及其产业的发展拓宽了新的路径。

三、各类型企业的积极参与，为生物质能及其产业的发展注入了强劲的动力

从政府相关部门发布的生物质能产业发展现状及市场分析来看，目前从事生物质能产业的企业不仅有中小企业，还有大型国有企业和跨国公司参与其中，并发挥着越来越大的影响作用，这极大地促进了生物质能产业的发展，使得生物质能产业呈现出快速发展的势头。例如，中粮集团已将生物质能作为其重点发展方向，在全国的很多地区建立了规模化燃料乙醇等项目；国家能源集团和

中国节能环保集团有限公司也将生物质直燃发电作为其重点领域。国能生物发电集团有限公司已经在山东、江苏、河南、吉林、黑龙江和新疆等地相继立项投资建设了一大批生物质发电厂并投产发电。此外，许多跨国公司对中国生物质能产业也逐渐表现出了浓厚的兴趣，并开始涉猎其中，这些都为我国生物质能及其产业的发展注入了强劲的动力。

四、乡村振兴战略的实施，为生物质能及其产业的发展提出了新的更高要求

乡村振兴战略的实施对我国农村地区的生产生活用能提出了新要求，但是就目前的情况来看，生物质能传统利用仍将在我国农村生活用能中占据重要地位。由于目前我国农村地区生物质能传统利用方式比重很高，90%以上的生物质能源化利用仍以传统燃烧为主，现代化生物能源产业的规模化发展将需耗费很长一段时间。因此，在未来一段时间，我国生物质能产业仍将是传统利用和现代化利用方式并存的状态，且生物质能源传统利用仍将占据重要地位。我国是农业大国，生物质能资源尤其是农业废弃物资源丰富。目前，这些资源利用率还比较低，广泛存在于农村环境中，造成了较为严重的面源污染，给农村居民生活带来很大影响。例如，农村畜禽粪污废弃物随意堆放发酵会散发出大量恶臭气味；畜禽粪污中的氮、磷、重金属等有毒有害物质随污水或雨水进入江河湖泊，进入土壤和地下水中，可造成地下水中含氮化合物的增加，轻者水中的硝酸盐、亚硝酸盐会使人中毒，严重时会诱发食道癌、胃癌等重大疾病。又如，农作物秸秆露天焚烧排放的污染物严重影响大气环境、交通运行，还易造成火灾等。厌氧发酵和热解气化等生物质能现代化利用方式，在产生清洁能源的同时，还有效处理了农村有机废弃物，这在改善农村卫生环境条件、促进农村生态环境保护、实现乡村振兴等方面具有重要影响。

五、交通运输燃料等特殊燃料的大量需求，为生物质能及其产业的发展开拓了新领域

在世界石油资源紧缺和环境污染等问题日趋严重、汽车保有量快速增加的背景下，发展新能源汽车已在全球范围内达成共识。在我国，新能源汽车也被置于国家战略性新兴产业的战略制高点，产业发展迅速。2018 年，其产量为

2780.9 万辆，2018 年销量为 2808.1 万辆，也有人称“电动汽车时代已经到来”。中国新能源汽车继续保持高速增长。2018 年，中国新能源汽车产销分别完成 127 万辆和 125.6 万辆，比上年同期分别增长 59.9%和 61.7%。但由于电池容量和配套基础设施等因素的限制，无论储能技术如何发展，电动汽车产量如何扩张，未来储能电池并不能完全替代交通领域对石油的需求（如航空燃油需求）。因此可以说，未来交通燃料领域，在石油基替代燃料中，除电能以外，势必仍有其他新能源交通燃料的存在空间。

在现有的新能源资源中，生物质能资源是唯一可直接转化为液体燃料的可再生资源，且所转化的燃料与石油基燃料相比，组成成分和燃烧性能类似，无需对现有发动机进行改造，可以直接以一定比例掺入现有的汽油或柴油体系中。因此，生物质能是除电能以外石油基替代燃料的首选，在未来交通能源、航空燃油等领域也必将占据一定地位。

参考文献

蔡飞，张兰，张彩虹. 2012. 我国林木生物质能源资源潜力与可利用性探析. 北京林业大学学报（社会科学版），11（4）：103-107.

蔡亚庆，仇焕广，徐志刚. 2011. 中国各区域秸秆资源可能源化利用的潜力分析. 自然资源学报，26（10）：1637-1646.

陈凤英. 2004. 全球经济安全问题综述. 国际资料信息，（4）：1-12.

陈洪章. 2008. 生物质科学与工程. 北京：化学工业出版社.

陈婷婷，周伟国，阮应君. 2007. 大型养殖业粪污处理沼气工程导入 CDM 的可行性分析. 中国沼气，25（3）：7-9.

程备久. 2008. 生物质能学. 北京：化学工业出版社：10-21.

程传玉. 2011. 浅谈清洁发展机制在水电项目建设中发挥的作用. 云南水力发电，27（1）：128-130.

崔明，赵立欣，田宜水，等. 2008. 中国主要农作物秸秆资源能源化利用分析评价. 农业工程学报，24（12）：291-296.

杜成华，陆广发. 2010. 工业锅炉生物质燃烧技术. 资源与发展，（1）：30-31.

段茂盛，王革华. 2003. 畜禽养殖场沼气工程的温室气体减排效益及利用清洁发展机制（CDM）的影响分析. 太阳能学报，24（3）：386-389.

房照增. 2001. 美国国家能源政策介绍. 中国煤炭，27（9）：51-58.

宓春秀. 2018. 江苏省生物质能源供给能力评价及影响因素研究. 南京林业大学硕士学位论文.

傅志华，王向阳，王桂娟. 2008. 构建支持农村生物质能源发展的政策体系. 经济研究参考，（7）：9-24.

高春雨，毕于运，王磊. 2017. 大型秸秆沼气工程温室气体减排计量研究. 北京：中国农业科学技术出版社：6-7.

高文永，李景明. 2015. 中国农业生物质能产业发展现状与效应评价研究. 中国沼气，33（1）：46-52.

郭利磊，王晓玉，陶光灿，等. 2012. 中国各省大田作物加工副产物资源量评估. 中国农业大学学报，17（6）：45-55.
郭小哲，段兆芳. 2005. 我国能源安全多目标多因素监测预警系统. 中国国土资源经济，18（2）：13-15，46.
国际能源网. 2005.《京都议定书》设置的清洁发展机制（CDM）介绍. https：//www.in-en.com/finance/html/energy-137805.shtml[2005-11-15].
国家环保总局. 2004. 关于减免家禽业排污费等有关问题的通知. http：//www.mee.gov.cn/gkml/zj/wj/200910/t20091022_172271.htm[2020-07-07].
国家林业和草原局. 2018. 中国林业统计年鉴 2017. 北京：中国林业出版社.
国家能源局. 2005. 中共中央关于制定国民经济和社会发展第十一个五年规划的建议. http：//www.nea.gov.cn/2005-11/03/c_131215099.htm[2005-11-03].
国家能源局. 2017. 国家发展和改革委员会、国家能源局关于印发能源发展“十三五”规划的通知. http：//www.nea.gov.cn/2017-01/17/c_135989417.htm[2017-01-17].
国家统计局. 2019. 中国统计年鉴 2019. 北京：中国统计出版社.
国家统计局农村社会经济调查司. 2020. 中国农业统计资料（1949—2019）. 北京：中国统计出版社.
国家自然科学基金委员会，中国科学院. 2011. 能源科学. 北京：科学出版社：11-16.
韩雪晴. 2011. 俄欧能源合作模式探析. 俄罗斯中亚东欧市场，（7）：27-33.
何皓，胡徐腾，齐泮仑，等. 2012. 中国第 1.5 代生物燃料乙醇产业发展现状及展望. 化工进展，（S1）：1-6.
黄晓勇. 2014. 中国的能源安全. 北京：社会科学文献出版社：14-27.
拉佩兹. 1990. 科学技术百科全书. 中国科学院译. 北京：科学出版社.
李布青，葛昕. 2015. 秸秆沼气工程设计若干问题的探讨. 安徽农业科学，（5）：354-357.
李果仁，刘亦红，等. 2009. 中国能源安全报告：预警与风险化解. 北京：红旗出版社：3-7.
李恒仁. 2008. 俄罗斯能源安全战略研究. 哈尔滨：黑龙江大学.
李天籽，李霞. 2014. 东北亚区域能源安全与能源合作. 北京：社会科学文献出版社：21-26.
林伯强. 2010. 越清洁越安全. 中国中小企业，（2）：38-39.
林琳. 2017. 中国生物质能经济与环境的评价. 北京：中国社会科学出版社：21-26.
刘德海. 2016. 绿色发展. 南京：江苏人民出版社：13-27.
刘德江，张晓宏，饶晓娟. 2015. 不同农作物秸秆干发酵产沼气对比试验. 中国沼气，33（4）：54-56.
刘刚，沈镭. 2007. 中国生物质能源的定量评价及其地理分布. 自然资源学报，22（1）：9-19.
刘强，姜克隽，胡秀莲. 2007. 中国能源安全预警指标框架体系设计. 中国能源，29（4）：16-21.

刘胜强，毛显强，邢有凯. 2012. 中国新能源发电生命周期温室气体减排潜力比较和分析. 气候变化研究进展，8（1）：48-53.

刘延春，赵彤堂，刘明. 2009. 我国发展林木生物质能源的制约因素与对策. 中国能源，31（4）：21-23.

刘页辰. 2014. 我国农业生物质能源产业发展问题研究. 华北电力大学硕士学位论文.

吕宏涛. 2018. 山东省农村生物质能产业发展战略研究：以枣庄市为例. 湖北工业大学硕士学位论文.

吕指臣. 2016. 我国主要农作物生物质能开发潜力与策略研究. 重庆理工大学硕士学位论文.

马隆龙，唐志华，汪丛伟，等. 2019. 生物质能研究现状及未来发展策略. 中国科学院院刊，34（4）：434-442.

马展. 2006. 养殖场甲烷回收利用清洁发展机制项目案例研究. 清华大学硕士学位论文.

美国白宫网站. 2014. 作为经济可持续增长路径的全方位能源战略（The All-of-the-Above energy strategy as a path to sustainable economic. growth）. https：//www.whitehouse.gov/sites/default/files/docs/aota_energy_strategy_as_a_path_to_sustainable_economic_growth.pdf[2014-05-29].

《能源百科全书》编辑委员会. 1997. 能源百科全书. 北京：中国大百科全书出版社.

能源基金会. 2014. 世界主要国家生物液体燃料产业政策. http://cn.chinagate.cn/news/2014-08/08/content_33180248.htm[2020-07-07].

潘琼，袁兴中，李欢，等. 2006. 集约化养殖场废弃物的处理及综合利用技术. 黑龙江畜牧兽医，（10）：65-66.

普罗. 2018. 生物质能源产业发展现状与展望. 绿色科技，（10）：172-174，179.

钱伯章. 2010. 生物质能技术与应用. 北京：科学出版社：7-15.

人民日报. 2007. 胡锦涛在中国共产党第十七次全国代表大会上的报告（全文）. http：//cpc.people.com.cn/GB/64162/64168/106155/106156/6430009.html[2007-10-15].

申玉铭. 2003. 经济全球化与国家能源安全. 世界地理研究，12（3）：78-83.

沈佳璐. 2006. 上海城市生活垃圾处置对策研究及其评价. 东华大学硕士学位论文.

沈西林. 2011. 影响我国生物质能源发展的因素分析. 西南石油大学学报（社会科学版），4（1）：75-80，128-129.

沈小钰. 2010. 美国能源战略与对非能源外交. 当代世界，（4）：45-47.

石元春. 2007. 一个年产亿吨的生物质油田设想. 科学中国人，（4）：33-36.

史英栋. 2018. 甘肃省农业生物质能潜力评价研究. 兰州大学硕士学位论文.

宋鸿. 2011. 美国新能源政策的转变对我国可再生能源发展的影响，电力与能源. 32（6）：437.

苏晋. 2012. 基于市场机制与政府规制的中国农业生物质能产业发展研究. 东北林业大学博士学位论文.
孙凤莲，王雅鹏. 2007. 中国与欧盟发展生物质能的政策比较研究. 世界农业，(10)：4-7.
田宜水. 2012. 中国规模化养殖场畜禽粪便资源沼气生产潜力评价. 农业工程学报，28 (8)：230-234.
王朝才，刘金科. 2010. 促进生物质能发展的财税政策思考. 经济研究参考，(37)：10-17，47.
王家枢. 2002. 石油与国家安全. 北京：地震出版社：3-21.
王磊. 2016. 大型秸秆沼气工程温室气体减排计量研究. 中国农业科学院硕士学位论文.
王欧. 2007. 中国生物质能源开发利用现状及发展政策与未来趋势. 中国农村经济，(7)：10-15.
王亚静，毕于运，高春雨. 2010. 中国秸秆资源可收集利用量及其适宜性评价. 中国农业科学，43 (9)：1852-1859.
王宇波，王雅鹏. 2007. 我国能源危机的诱因与应对策略. 中外能源，12 (3)：15-18.
王哲，肖志远. 2009. 阿克苏地区规模化畜禽养殖场粪污沼气工程效益分析：基于联合国清洁发展机制（CDM）. 干旱区资源与环境，23 (6)：161-164.
王哲，肖志远，代燕. 2009. 干旱区大型养殖场 CDM 项目开发与温室气体减排量估算. 生态与农村环境学报，25 (4)：1-7.
魏可迪，吕建燚. 2008. 河北省农林生物质能资源量估算及开发应用. 中国资源综合利用，(7)：11-14.
吴创之，庄新姝，周肇秋，等. 2007. 生物质能利用技术发展现状分析. 中国能源，29 (9)：35-41，10.
习近平. 2014. 习近平谈治国理政. 北京：外文出版社：130-131.
习近平. 2020-12-13. 继往开来，开启全球应对气候变化新征程：在气候雄心峰会上的讲话. 人民日报，第 2 版.
谢克昌. 2017. 推动能源生产和消费革命战略研究. 北京：科学出版社：31-37.
新华社. 2010. 温家宝所作政府工作报告（十一届人大三次会议）. http://www.gov.cn/2010lh/content_1555767.htm[2010-03-15].
修光利，侯丽敏. 2008. 能源与环境安全战略研究. 北京：中国时代经济出版社：121.
闫金定. 2014. 我国生物质能源发展现状与战略思考. 林产化学与工业，34 (4)：151-158.
闫瑾，姜姝. 2013. 债务危机下的欧盟能源气候政策：多层治理的视角. 当代世界与社会主义，(3)：124.
杨鹏宇. 2015. 北京市农村生物质能利用现状与发展预测研究. 北京工业大学博士学位论文.

杨泽伟. 2008. 中国能源安全问题：挑战与应对. 世界经济与政治，(8)：52-60，4-5.

衣瑞建，张万钦，周捷，等. 2015. 基于 LCA 方法沼渣沼液生产利用过程的环境影响分析. 可再生能源，33（2)：301-307.

殷培红，王媛，李蓓蓓，等. 2013. 金融危机前主要经济体温室气体减排路径研究. 北京：气象出版社：101-106.

于丹. 2016. 林木生物质能源资源供给能力评价及影响因素分析. 北京林业大学硕士学位论文.

袁振宏，吴创之，马隆龙. 2005. 生物质能利用原理与技术. 北京：化学工业出版社：23-31.

约瑟夫・罗姆. 1993. 对国家安全的重新界定. 美国对外关系委员会.

张蓓蓓. 2018. 我国生物质原料资源及能源潜力评估. 中国农业大学博士学位论文.

张波，张进江，陈晨，等. 2004. 中国能源安全现状及其可持续发展. 国土与自然资源研究，(3)：75-76.

张迪茜. 2015. 生物质能源研究进展及应用前景. 北京理工大学硕士学位论文.

张雷. 2001. 中国能源安全问题探讨. 中国软科学，(4)：7-12.

张敏. 2015. 解读“欧盟 2030 年气候与能源政策框架”. 中国社会科学院研究生院学报，(6)：137-141.

张培栋，杨艳丽. 2016. 中国生物质能开发与二氧化碳减排. 北京：科学出版社：50-62.

张生玲. 2009. 中国能源贸易研究. 北京：经济日报出版社：168-169.

张生玲. 2011. 能源资源开发利用与中国能源安全研究. 北京：经济科学出版社：34-39.

张仕荣. 2018. 中国能源安全问题研究. 北京：人民出版社：24-30.

张艳. 2011. 我国东部沿海区域能源安全评价及保障路径设计. 中国地质大学博士学位论文.

张治山，袁希钢. 2006. 玉米燃料乙醇生命周期碳平衡分析. 环境科学，27（4)：616-619.

赵玲，王聪，田萌萌，等. 2015. 秸秆与畜禽粪便混合厌氧发酵产沼气特性研究. 中国沼气，33（5)：32-37.

中国科学院成都文献情报中心. 2016.《中国生物工业投资分析报告》公开发布. http：//www.clas.ac.cn/xwzx2016/ttxw2016/201610/t20161028_4687415.html[2016-10-28].

中国农业科学院农业环境与可持续发展研究所，环境保护部南京环境科学研究所. 2009. 第一次全国污染源普查畜禽养殖业源产排污系数手册.

中国农业科学院农业环境与可持续发展研究所，环境保护部南京环境科学研究所. 2017. 畜禽养殖业产污系数与排污系数手册.

中国质量认证中心. 2009. 温室气体减排方法学理论和实践. 北京：中国标准出版社：6-18.

中华全国工商业联合会新能源商会. 2008. 二〇〇八中国新能源产业年度报告：82-93.

中华人民共和国国家发展和改革委员会.2007.国家发展改革委关于印发可再生能源中长期发展规划的通知. https://www.ndrc.gov.cn/xxgk/zcfb/ghwb/200709/t20070904_962079.html[2007-08-31].

中华人民共和国国家发展和改革委员会. 2020. 深入贯彻落实能源安全新战略 为全面建设社会主义现代化国家提供坚强能源保障. https://www.ndrc.gov.cn/fzggw/wld/zjh/ldtd/202012/t20201223_1260005_ext.html[2020-12-23].

中华人民共和国农业农村部. 2019. 中国农业统计资料 2017. 北京：中国农业出版社.

中商产业研究院. 2020. 中商产业研究院数据库. https://m.askci.com/news/maoyi/20200306/1011301157690.shtml[2020-03-06].

中投顾问产业与政策研究中心. 2017. 2017—2021 年中国沼气产业投资分析及前景预测报告. https://www.docin.com/p-1984902101.html[2017-08-02].

周捷，段茂盛，周胜. 2006. 农村户用沼气池 CDM 项目方法学探讨. 太阳能，(5)：23-26.

朱建春，李荣华，杨香云，等. 2012. 近 30 年来中国农作物秸秆资源量的时空分布. 西北农林科技大学学报（自然科学版），40（4）：139-145.

朱行. 2001. 植物油制成生物柴油. 粮食与油脂，14（5）：50.

BP 石油公司. 2019a. 2018 年的能源市场：一条不可持续的路. BP 世界能源统计年鉴，(68)：2-8.

BP 石油公司. 2019b. BP 世界能源展望. https://www.bp.com/zh_cn/china/home/news/reports/bp-energy-outlook-2019.html[2019-04-09].

BP Amoco. 2013. BP Energy Outlook 2030. http://www.bp.com/conteni/dam/bp/pdf7statistical-review/BP World Energy Outlook booklet_2013.pdf[2013-01-03].

Daniel Y.2002. Oil Diplomacy. https://ihsmarkit.com/industry/oil-gas.html [2002-06-20].

European Commission. 2010. Energy 2020：A Strategy for Competitive，Sustainable and Secure Energy，Brussels，November 10.

Gerard A F，Yochanan S. 2008. Modeling and forecasting energy consumption in China：Implications for Chinese energy demand and imports in 2020. Energy Economics，30（3）：1263-1278.

Intergovernmental Panel on Climate Change（IPCC）. 2001. Climate Change 2001：Synthesis Report . Cambridge：Cambridge University Press：34.

IRENA. 2020. Data & Statistics. https://www.irena.org/Statistics[2020-07-07].

Leibniz Institute for Agricultural Engineering. 2013. IEA Bioenergy Task 37，Report：Germany.

Liu D，Zhu L. 2014. Assessing China's legislation on compensation for marine ecological damage：

A case study of the Bohai oil spill. Marine Policy，50（1）：18-26.

Liu X，Guo J，Guo M，et al. 2015. Modelling of oil spill trajectory for 2011 Penglai 19-3 coastal drilling field，China. Applied Mathematical Modelling，39（18）：5331-5340.

Mukherji S，Swain A K，Venkataraman C. 2002. Comparative mutagenicity assessment of aerosols in emissions from biofuel combustion. Atmospheric Environment，36（36-37）：5627-5635.

Report of the National Energy Policy Development Group.2001.U.S. National Energy Policy.

Searchinger T，Heimlich R，Houghton R A，et al. 2008. Use of U. S. croplands for biofuels increases greenhouse gases through emissions from land-use change. Science，319：1238-1240.

Shen L，Liu L，Yao Z，et al. 2010. Development potentials and policy options of biomass in China. Environmental Management, 46（4）：539-554.

Swedish Gas Center. 2013. IEA Bioenergy Task 37，Country Report：Sweden.

UNFCCC. 2008. ACM0010：Consolidated Caseline Methodology for GHG Emission Reductions from Manure Management Systems. http：//cdm.unfccc.int/methodologies［2008-10-03］.

Xiao Z. 2020. Energy management model of marine biomass energy industry based on supply and demand adjustment. Journal of Coastal Research，103（SI）：1002-1005.

附　　录

附录A 基于生物质能资源利用CDM项目碳减排量计算（核准）

一、对减排量的事前计算

（一）基准线排放量计算

1. 甲烷排放量

$$VS_{LT,y}=\frac{W_{site}}{W_{default}}\times VS_{default}\times nd_y=2.5/1.8\times 0.02\times 365=10.13\text{kg-dm/chicken/a}$$

$$N_{LT}=N_{da}\times \frac{N_P}{365}=73\times 8\ 000\ 000/365=1\ 600\ 000$$

$$BE_{CH_4,y}=GWP_{CH_4}\times D_{CH_4}\times \sum_{j,LT} MCF_j\times B_{0,LT}\times N_{LT}\times VS_{LT,y}\times MS\%_{BL,j}$$

$$=21\times 0.000\ 67\times（66\%\times 0.94）\times 0.39\times 1\ 600\ 000\times 10.13\times 100\%$$

$$=55\ 177\ tCO_2e/a$$

2. 氧化亚氮排放量

$$E_{N_2O,D,y}=\sum_{j,LT}(EF_{N_2O,D,j}\times NEX_{LT,y}\times N_{LT}\times MS\%_{BL,j})=0$$

$$E_{N_2O,ID,y}=\sum_{j,LT}(EF_{N_2O,ID,j}\times F_{gasm}\times NEX_{LT,y}\times N_{LT}\times MS\%_{BL,j})$$

$$=0.01\times 0.2\times 0.83\times 1\ 600\ 000\times 100\%=2656\text{kg}$$

$$BE_{N_2O,y}=GWP_{N_2O}\times CF_{N_2O\text{-}N}\times 1/1000\times（E_{N_2O,D,y}+E_{N_2O,ID,y}）$$

$$=310\times 44/28\times 1/1000\times（0+2656）\approx 1293\ tCO_2e/a$$

3. 来自发电和供热项目边界内的二氧化碳排放量

$$BE_{elec/heat,y}=EG_{BL,y}\times CEF_{BL,elec,y}+EG_{d,y}\times CEF_{grid}+HG_{BL,y}\times CEF_{BL,therm,y}$$

$$=0+14\ 000\ (MW\cdot h)\times 0.999\ 75tCO_2e/(MW\cdot h)+0\approx 13\ 996tCO_2e/a$$

$$BE_y=BE_{CH_4,y}+BE_{N_2O,y}+BE_{elec/heat,y}=55\ 177+1293+13\ 996=70\ 466\ tCO_2e/a$$

（二）项目活动排放量计算

1. 粪污管理系统中获得的气体的甲烷排放量（$PE_{AD,y}$）

$$PE_{AD,y}=GWP_{CH_4}\times D_{CH_4}\times LF_{AD}\times F_{AD}\times \sum_{j,LT}(B_{0,LT}\times N_{LT}\times VS_{LT,y})$$

$$=21\times 0.000\ 67\times 0.15\times 60\%\times 90\%\times 0.39\times 1\ 600\ 000\times 10.13=7204tCO_2e/a$$

2. 粪污管理系统中的氧化亚氮的排放量（$PE_{N_2O,y}$）

$$E_{N_2O,D,y}=\sum_{j,LT}(EF_{N_2O,D,j}\times NEX_{LT,y}\times N_{LT}\times MS\%_{BL,j})=0$$

$$E_{N_2O,ID,y}=\sum_{j,LT}(EF_{N_2O,ID,j}\times F_{gasm}\times NEX_{LT,y}\times N_{LT}\times MS\%_{BL,j})$$

$$=0.01\times 0.2\times 0.83\times 1\ 600\ 000\times 100\%=2656kg$$

$$PE_{N_2O,y}=GWP_{N_2O}\times CF_{N_2O\text{-}N,N}\times 1/1000\times (E_{N_2O,D,y}+E_{N_2O,ID,y})$$

$$=310\times 44/28\times 1/1000\times (0+2656)\approx 1293tCO_2e/a$$

$$PE_y=PE_{AD,y}+PE_{Aer,y}+PE_{N_2O,y}+PE_{PL,y}+PE_{flare,y}+PE_{elec/heat,y}$$

$$=7204+0+1293+0+0+0=8497tCO_2e/a$$

（三）泄漏

1. 氧化亚氮的泄漏量

1）基准线情景氧化亚氮的泄漏量

$$LE_{N_2O,land}=EF_1\times \prod_{n=1}^{N}(1-R_{N,n})\times \sum_{LT}NEX_{LT,y}\times N_{LT}$$

$$=0.01\times (1-50\%)\times 0.83\times 1\ 600\ 000=6640kgN_2O\text{-}N/a$$

$$LE_{N_2O,runoff}=EF_5\times F_{leach}\times \prod_{n=1}^{N}(1-R_{N,n})\times \sum_{LT}NEX_{LT,y}\times N_{LT}$$

$$=0.0075\times 0.3\times (1-50\%)\times 0.83\times 1\ 600\ 000=1494kgN_2O\text{-}N/a$$

$$LE_{N_2O,vol}=EF_4\times \prod_{n=1}^{N}(1-R_{N,n})\times F_{gasm}\times \sum_{LT}NEX_{LT,y}\times N_{LT}$$

$$=0.01\times (1-50\%)\times 0.2\times 0.83\times 1\ 600\ 000=1328kgN_2O\text{-}N/a$$

$$LE_{B,N_2O}=GWP_{N_2O}\times CF_{N_2O\text{-}N,N}\times \frac{1}{1000}\times (LE_{N_2O,land}+LE_{N_2O,runoff}+LE_{N_2O,vol})$$

$=310\times44/28\times1/1000\times(6640+1494+1328)=4609tCO_2e/a$

2）项目实施过程中氧化亚氮的泄漏量

$$LE_{N_2O,land}=EF_1\times\prod_{n=1}^{N}(1-R_{N,n})\times\sum_{LT}NEX_{LT,y}\times N_{LT}$$

$$=0.01\times(1-0)\times0.83\times1\ 600\ 000=13\ 280kgN_2O\text{-}N/a$$

$$LE_{N_2O,runoff}=EF_5\times F_{leach}\times\prod_{n=1}^{N}(1-R_{N,n})\times\sum_{LT}NEX_{LT,y}\times N_{LT}$$

$$=0.0075\times0.3\times(1-0)\times0.83\times1\ 600\ 000=2988kgN_2O\text{-}N/a$$

$$LE_{N_2O,vol}=EF_4\times\prod_{n=1}^{N}(1-R_{N,n})\times F_{gasm}\times\sum_{LT}NEX_{LT,y}\times N_{LT}$$

$$=0.01\times(1-0)\times0.2\times0.83\times1\ 600\ 000=2656\ kgN_2O\text{-}N/a$$

$$LE_{P,N_2O}=GWP_{N_2O}\times CF_{N_2O\text{-}N,N}\times1/1000\times(LE_{N_2O,land}+LE_{N_2O,runoff}+LE_{N_2O,vol})$$

$$=310\times44/28\times1/1000\times(13\ 280+2988+2656)\approx9218\ tCO_2e/a$$

2. 粪污处理过程中甲烷的泄漏量

$$LE_{B,CH_4}=GWP_{CH_4}\times D_{CH_4}\times MCF_d\times[\prod_{n=1}^{N}(1-R_{VS,n})]\times\sum_{j,LT}(B_{0,LT}\times N_{LT}\times VS_{LT,y}\times MS\%_j)$$

$$=21\times0.000\ 67\times100\%\times(1-75\%)\times0.39\times1\ 600\ 000\times10.13\times100\%$$

$$\approx22\ 234\ tCO_2e/a$$

$$LE_{P,CH_4}=GWP_{CH_4}\times D_{CH_4}\times MCF_d\times[\prod_{n=1}^{N}(1-R_{VS,n})]\times\sum_{j,LT}(B_{0,LT}\times N_{LT}\times VS_{LT,y}\times MS\%_j)$$

$$=21\times0.000\ 67\times100\%\times(1-80\%)\times(1-20\%)\times0.39\times1\ 600\ 000\times10.13\times100\%=14\ 230\ tCO_2e/a$$

3. 泄漏总量

$$LE_y=(LE_{P,N_2O}-LE_{B,N_2O})+(LE_{P,CH_4}-LE_{B,CH_4})$$

$$=(9218-4609)+(14\ 230-22\ 234)=-3395tCO_2e/a$$

（四）减排量

减排量 ERy 是通过项目活动第 y 计算年的基准线排放量（BEy）与项目排放量（PEy）以及泄漏（LEy）的差值，根据 ACM0010 方法学的规定，净泄漏不同于项目活动和基准线情形下的泄漏排放，只有当它们大于 0 时，净泄漏才会被考虑。该项目测算出来的净泄漏值小于 0，因此不需要予以考虑：

$$ER_y=BE_y-PE_y-LE_y=70\ 466-8497=61\ 969tCO_2e/a$$

二、事前估算的减排量概要

项目的温室气体排放与减排总量见附表 1-1。

附表 1-1　该项目的温室气体排放与减排总量

年份	项目活动排放量估算值/吨二氧化碳当量	基准线排放量估算值/吨二氧化碳当量	泄漏排放量估算值/吨二氧化碳当量	全部减排量估算值/吨二氧化碳当量
2016	8 497	70 466	0	61 969
2017	8 497	70 466	0	61 969
2018	8 497	70 466	0	61 969
2019	8 497	70 466	0	61 969
2020	8 497	70 466	0	61 969
2021	8 497	70 466	0	61 969
2022	8 497	70 466	0	61 969
2023	8 497	70 466	0	61 969
2024	8 497	70 466	0	61 969
2025	8 497	70 466	0	61 969
2026	8 497	70 466	0	61 969
2027	8 497	70 466	0	61 969
2028	8 497	70 466	0	61 969
2029	8 497	70 466	0	61 969
2030	8 497	70 466	0	61 969
项目计划运行期（15 年）总计	127 455	1 056 990	0	929 535

附录B　项目审定时需要得到的数据和参数

项目	内容
数据/参数	$R_{\mathrm{VS},n}$
数据单位	—
数据描述	挥发性固体含量衰减的百分比
数据来源	拟修订的规模化养殖场畜禽污染物排放和污水排放处理的法规指导
数据值	敞口厌氧池：75% 厌氧消化池：80% 好氧处理：20%
数据选用的合理性、测量方法以及程序步骤	参考项目运行5年以上的电子档案
评价意见	选取使用最保守数值

项目	内容
数据/参数	N_{da}
数据单位	—
数据描述	第y年养殖场畜禽的存栏天数
数据来源	项目建设者
数据值	73
数据选用的合理性、测量方法以及程序步骤	每月监测。参考项目运行5年以上的电子档案
评价意见	—

项目	内容
数据/参数	N_{P}
数据单位	—
数据描述	第y年养殖场LT类型畜禽出栏数
数据来源	项目建设者
数据值	8 000 000
数据选用的合理性、测量方法以及程序步骤	每月监测。参考项目运行5年以上的电子档案
评价意见	—

项目	内容
数据/参数	$\mathrm{EF}_{\mathrm{N_2O,D},j}$
数据单位	kg N_2O-N/ kg N

续表

项目	内容
数据描述	氧化亚氮排放因子（直接排放）
数据来源	《IPCC 2006 年国家温室气体清单指南（2019 年修订版）》
数据值	项目活动：0，基准线情景：0.1
数据选用的合理性、测量方法以及程序步骤	参考项目运行 5 年以上的电子档案
评价意见	使用《IPCC 2006 年国家温室气体清单指南（2019 年修订版）》的默认值

项目	内容
数据/参数	$EF_{N_2O,ID,j}$
数据单位	kg N_2O-N/ kg N
数据描述	氧化亚氮排放因子（间接排放）
数据来源	《IPCC 2006 年国家温室气体清单指南（2019 年修订版）》
数据值	0.01
数据选用的合理性、测量方法以及程序步骤	参考项目运行 5 年以上的电子档案
评价意见	使用《IPCC 2006 年国家温室气体清单指南（2019 年修订版）》的默认值

项目	内容
数据/参数	F_{gasm}
数据单位	—
数据描述	项目粪污管理系统中畜禽粪肥的氮以 NH_3 和 NO_x 形式挥发的比例
数据来源	《IPCC 2006 年国家温室气体清单指南（2019 年修订版）》
数据值	0.2
数据选用的合理性、测量方法以及程序步骤：	参考项目运行 5 年以上的电子档案
评价意见	使用《IPCC 2006 年国家温室气体清单指南（2019 年修订版）》的默认值

项目	内容
数据/参数	EF_1，EF_4，EF_5
数据单位	kg N_2O-N/ kg N for EF_1，EF_5 and NO_x-N for NH_4 and kg N_2O-N/ kg NH_3-N for EF_5
数据描述	不同情形下的氧化亚氮排放因子
数据来源	《IPCC 2006 年国家温室气体清单指南（2019 年修订版）》
数据值	0.01，0.01，0.0075
数据选用的合理性、测量方法以及程序步骤	参考项目运行 5 年以上的电子档案
评价意见	使用《IPCC 2006 年国家温室气体清单指南（2019 年修订版）》的默认值

项目	内容
数据/参数	F_{leach}
数据单位	—
数据描述	土壤由于被过滤和淋湿引起氮的泄漏比例

续表

项目	内容
数据来源	《IPCC 2006 年国家温室气体清单指南（2019 年修订版）》
数据值	0.3
数据选用的合理性、测量方法以及程序步骤	参考项目运行 5 年以上的电子档案
评价意见	使用《IPCC 2006 年国家温室气体清单指南（2019 年修订版）》的默认值

项目	内容
数据/参数	$VS_{default}$
数据单位	Kg-dm/chicken/d
数据描述	养殖场畜禽的日挥发性固体排泄量–干物质的默认值
数据来源	《IPCC 2006 年国家温室气体清单指南（2019 年修订版）》
数据值	0.02
数据选用的合理性、测量方法以及程序步骤	参考项目运行 5 年以上的电子档案
评价意见	使用《IPCC 2006 年国家温室气体清单指南（2019 年修订版）》的默认值

项目	内容
数据/参数	nd_y
数据单位	—
数据描述	第 y 年该项目中粪污管理系统处理粪污的运行天数
数据来源	项目建设者
数据值	365
数据选用的合理性、测量方法以及程序步骤	参考项目运行 5 年以上的电子档案
评价意见	—

项目	内容
数据/参数	$MS\%_{BL,j}$
数据单位	—
数据描述	基准线情景下养殖场畜禽粪污处理系统 j 中粪污处理的比例
数据来源	项目建设者
数据值	1
数据选用的合理性、测量方法以及程序步骤	参考项目运行 5 年以上的电子档案
评价意见	—

项目	内容
数据/参数	GWP_{CH_4}
数据单位	tCO_2e/tCH_4
数据描述	甲烷的温室效应潜势
数据来源	《IPCC 2006 年国家温室气体清单指南（2019 年修订版）》

续表

项目	内容
数据值	21
数据选用的合理性、测量方法以及程序步骤	第一个承诺期为 21。应根据今后任何缔约方会议/议定书的决定进行更新
评价意见	使用《IPCC 2006 年国家温室气体清单指南（2019 年修订版）》的默认值

项目	内容
数据/参数	$B_{0,LT}$
数据单位	—
数据描述	养殖场 LT 类型畜禽产生的挥发性固体的最大产甲烷潜力
数据来源	《IPCC 2006 年国家温室气体清单指南（2019 年修订版）》
数据值	0.39
数据选用的合理性、测量方法以及程序步骤	应根据今后任何缔约方会议/议定书的决定进行更新
评价意见	使用《IPCC 2006 年国家温室气体清单指南（2019 年修订版）》的默认值

项目	内容
数据/参数	GWP_{N_2O}
数据单位	tCO_2e/tN_2O
数据描述	氧化亚氮的温室效应潜势
数据来源	《IPCC 2006 年国家温室气体清单指南（2019 年修订版）》
数据值	310
数据选用的合理性、测量方法以及程序步骤	应根据今后任何缔约方会议/议定书的决定进行更新
评价意见	使用《IPCC 2006 年国家温室气体清单指南（2019 年修订版）》的默认值

项目	内容
数据/参数	D_{CH_4}
数据单位	t/m^3
数据描述	甲烷的密度
数据来源	技术文献
数据值	0.000 67
数据选用的合理性、测量方法以及程序步骤	在常温 20℃和 1 个大气压的条件下，取 0.000 67 吨/米^3
评价意见	—

项目	内容
数据/参数	MCFd
数据单位	—
数据描述	计算泄漏时甲烷的转化因子，假定为 1
数据来源	参见表 6-12
数据值	100%

续表

项目	内容
数据选用的合理性、测量方法以及程序步骤	该值为 1，符合保守原则
评价意见	—

项目	内容
数据/参数	$CF_{N_2O\text{-}N,N}$
数据单位	—
数据描述	转化因子= 44/28
数据来源	ACM0010 方法学
数据值	44/28
数据选用的合理性、测量方法以及程序步骤	项目运行 5 年以上的电子档案
评价意见	—

附录 C　项目实施过程中监测的数据和参数

项目	内容
数据/参数	MCF
数据单位	—
描述	项目运行时甲烷的转化因子
数据来源	《IPCC 2006 年国家温室气体清单指南（2019 年修订版）》
测量方法和程序的描述	项目运行 5 年以上的电子档案
监测频率	每年
将要应用的质量保证/质量控制（QA/QC）程序	使用《IPCC 2006 年国家温室气体清单指南（2019 年修订版）》中的默认值，避免了因测量而产生的误差
任何评价	MCF 因子是从《IPCC 2006 年国家温室气体清单指南(2019 年修订版)》中获得的。如果年均温低于 10℃而高于 5℃，则每年 MCF 应该用线性内插法来估算，假定年均温为 5℃时的 MCF=0

项目	内容
数据/参数	MCF_{SL}
数据单位	—
描述	作为基准线排放部分，厌氧消化后储存在污泥池中未处理的污泥的甲烷转化因子
数据来源	《IPCC 2006 年国家温室气体清单指南（2019 年修订版）》
测量方法和程序的描述	项目运行 5 年以上的电子档案
监测频率	每年
将要应用的 QA/QC 程序	使用《IPCC 2006 年国家温室气体清单指南（2019 年修订版）》中的默认值，避免了因测量而产生的误差
任何评价	MCF 因子是从《IPCC 2006 年国家温室气体清单指南(2019 年修订版)》中获得的。如果年均温低于 10℃而高于 5℃，则每年 MCF 应该用线性内插法来估算，假定年均温为 5℃时的 MCF=0

项目	内容
数据/参数	$B_{0,LT}$
数据单位	m^3/kg
描述	甲烷最大产生量养殖场 LT 类型畜禽产生的挥发性固体的最大产甲烷潜力
数据来源	《IPCC 2006 年国家温室气体清单指南（2019 年修订版）》
测量方法和程序的描述	项目运行 5 年以上的电子档案
监测频率	每年。估算或以诸如 IPCC 等公开发行的信息为参考

续表

项目	内容
将要应用的 QA/QC 程序	运用科技文献中的参考值，这样测量方法不会产生误差
任何评价	投入生产运行的畜禽品种来源于发达国家，并参考《IPCC 2006 年国家温室气体清单指南（2019 年修订版）》中的 B_0 值

项目	内容
数据/参数	$VS_{LT,y}$
数据单位	千克–干物质/只/年
描述	第 y 年所有进入粪污管理系统的 LT 类型畜禽的年产日挥发性固体排泄物–干物质
数据来源	《IPCC 2006 年国家温室气体清单指南（2019 年修订版）》
测量程序	项目运行 5 年以上的电子档案
监测频率	每年，估算或者根据公开发行的信息计算，如 IPCC
将要应用的 QA/QC 程序	运用科技文献中的参考值，这样测量方法不会产生误差
任何评价	投入生产运行的家禽品种来源于发达国家，并参考《IPCC 2006 年国家温室气体清单指南（2019 年修订版）》中的 VS 值

项目	内容
数据/参数	$CEF_{BL,elec,y}$
数据单位	tCO_2/（MW·h）
描述	第 y 年没有运行该项目活动时（基准线），项目区电量消耗的碳排放因子
数据来源	联合国政府间气候变化专门委员会、中国的国家发展和改革委员会在 2008 年 7 月 18 日颁布的中国地区上网电力排放因子公告
测量程序	项目运行 5 年以上的电子档案
监测频率	项目一开始
将要应用的 QA/QC 程序	—
任何评价	按基准线方法学中所描述的每一步骤计算

项目	内容
数据/参	CEF_{grid}
数据单位	tCO_2/（MW·h）
描述	项目情景中电网的碳排放因子
数据来源	联合国政府间气候变化专门委员会、中国的国家发展和改革委员会在 2008 年 7 月 18 日颁布的中国地区上网电力排放因子公告
测量程序	项目运行 5 年以上的电子档案
监测频率	每年
将要应用的 QA/QC 程序	—
任何评价	按基准线方法学中所描述的每一步骤计算

项目	内容
数据/参数	LF_{AD}
数据单位	—

续表

项目	内容
描述	厌氧沼气池中甲烷的泄漏量
数据来源	《IPCC 2006 年国家温室气体清单指南（2019 年修订版）》
测量程序	项目运行 5 年以上的电子档案
监测频率	每年
将要应用的 QA/QC 程序	使用《IPCC 2006 年国家温室气体清单指南（2019 年修订版）》中的默认值，这样不会出现测量导致的误差
任何评价	《IPCC 2006 年国家温室气体清单指南（2019 年修订版）》中的默认值为 0.15

项目	内容
数据/参数	$R_{N,n}$
数据单位	—
描述	氮含量衰减因子
数据来源	ACM0010 方法学
测量程序	项目运行 5 年以上的电子档案
监测频率	每年
将要应用的 QA/QC 程序	使用《IPCC 2006 年国家温室气体清单指南（2019 年修订版）》中的默认值，这样不会出现测量导致的误差
任何评价	依据 ACM0010 方法学进行估算

项目	内容
数据/参数	type
数据单位	—
描述	养殖场畜禽类型
数据来源	项目建议者
测量程序	项目运行 5 年以上的电子档案
监测频率	—
将要应用的 QA/QC 程序	—
任何评价	养殖场畜禽类型及品种来源

项目	内容
数据/参数	T
数据单位	℃
描述	项目所在地附近的气象站记录的年均气温
数据来源	新疆维吾尔自治区昌吉州专业气象台
监测程序	项目运行 5 年以上的电子档案
监测频率	每月
将要应用的 QA/QC 程序	—
任何评价	用于每年从《IPCC 2006 年国家温室气体清单指南（2019 年修订版）》中选择 MCF 的值，因为 MCF 的值与当地平均气温有关

续表

项目	内容
数据/参数	rainfall
数据单位	mm
描述	项目所在地附近的气象站记录的年均降水量
数据来源	新疆维吾尔自治区昌吉州专业气象台
监测程序	项目运行 5 年以上的电子档案
监测频率	每月
将要应用的 QA/QC 程序	—
任何评价	—

项目	内容
数据/参数	evaporation
数据单位	mm
描述	项目所在地附近的气象站记录的年均蒸发量
数据来源	新疆维吾尔自治区昌吉州专业气象台
监测程序	项目运行 5 年以上的电子档案
监测频率	每月
将要应用的 QA/QC 程序	—
任何评价	—

项目	内容
数据/参数	$EG_{d,y}$
数据单位	MW·h
描述	第 y 年项目活动期间利用收集的沼气发电和输出电网的电量
数据来源	项目建议者
监测程序	项目运行 5 年以上的电子档案
监测频率	每年
将要应用的 QA/QC 程序	电量的测量应根据适当的工业标准进行维护和校准。应根据购电公司的收据修改测量记录的精度
任何评价	—

项目	内容
数据/参数	N_{LT}
数据单位	—
描述	养殖场用于估计基准线和项目活动排放的畜禽存栏数量
数据来源	项目建议者
监测程序	对于每一类畜禽生长周期，基于每年出栏数和生长周期的畜禽数量
监测频率	每一类畜禽
将要应用的 QA/QC 程序	应该记录购买饲料的情况，用来核对畜禽数量
任何评价	监测畜禽数量方法在 ACM0010 方法学中有所描述

续表

项目	内容
数据/参数	N_P
数据单位	—
描述	养殖场用于估计基准线和项目活动排放的畜禽出栏数量
数据来源	项目建议者
监测程序	项目运行 5 年以上的电子档案
监测频率	每个月
将要应用的 QA/QC 程序	—
任何评价	监测畜禽数量方法在 ACM0010 方法学中有所描述，应估计这个值和其他间接信息（出售量、饲料购买记录）的一致性

项目	内容
数据/参数	W_{site}
数据单位	kg
描述	养殖场畜禽的重量
数据来源	项目建议者
监测程序	每周以 0.2%的比例对养殖场内的畜禽进行抽样称重，计算畜禽的平均重量 项目运行 5 年以上的电子档案
监测频率	每周
将要应用的 QA/QC 程序	—
任何评价	—

项目	内容
数据/参数	F_{AD}
数据单位	—
描述	直接进入厌氧沼气池的挥发性固体所占的比例
数据来源	项目建议者
监测程序	项目运行 5 年以上的电子档案。基于挥发性固体的浓度和沼气流量，计算厌氧沼气池中处理的挥发性固体部分。挥发性固体的浓度通过流量样本测量。流量通过泵的运行时间来测量
监测频率	每个季度一次
将要应用的 QA/QC 程序	泵应该与中国的相关标准保持一致，泵的刻度应根据技术规格由官方认可的实体标度。样本中挥发性固体的浓度将被送到取得资质的实验室或检测中心进行分析
任何评价	—

项目	内容
数据/参数	F_{Aer}
数据单位	—
描述	直接进入好氧沼气池的挥发性固体所占的比例

续表

项目	内容
数据来源	项目建议者
监测程序	项目运行 5 年以上的电子档案。基于挥发性固体的浓度和沼气罐流量的数量，计算直接进入好氧沼气池的挥发性固体部分。挥发性固体的浓度通过流量样本测量。流量通过对泵运行时间测量
监测频率	每个季度一次
将要应用的 QA/QC 程序	泵应该与中国的相关标准保持一致，泵的刻度应根据技术规格由官方认可的实体进行标度。样本中挥发性固体的浓度将被送到取得资质的实验室或检测中心进行分析
任何评价	—

项目	内容
数据/参数	$EL_{Pr,y}$
数据单位	MW·h
描述	项目运行中养殖场畜禽粪污管理系统所耗电量
数据来源	项目建议者
监测程序	项目运行 5 年以上的电子档案
监测频率	每年
将要应用的 QA/QC 程序	电量的测量应适当的工业标准进行维护和校准。应根据购电公司的收据修改测量记录的精度。测量的偏差产生于生产商。这个误差包含在计算 CER 的每一步骤中过程中的，在 ACM0010 方法学中应有相应的描述
任何评价	—

项目	内容
数据/参数	$HG_{Pr,y}$
数据单位	MJ
描述	项目运行中养殖场畜禽粪污管理系统所需热量
数据来源	项目建议者
监测程序	项目运行 5 年以上的电子档案
监测频率	—
将要应用的 QA/QC 程序	将燃料购买记录与估计值对照
任何评价	—

项目	内容
数据/参数	V_f
数据单位	m^3
描述	沼气流量
数据来源	项目建议者
监测程序	项目运行 5 年以上的电子档案
监测频率	每周持续通过流量测量仪持续监测

续表

项目	内容
将要应用的 QA/QC 程序	沼气流量的测量应适当的工业标准进行维护和校准
任何评价	流量的测量如同图 6-4 中的监测计划所示

项目	内容
数据/参数	T_{Biogas}
数据单位	℃
描述	沼气温度
数据来源	项目建议者
监测程序	测量甲烷的密度；当使用流量测量仪时，沼气的温度、压力、流量会被自动记录，此时不需要另外测量温度。项目运行 5 年以上的电子档案
监测频率	持续
将要应用的 QA/QC 程序	测量工具应遵循通常的维护和监测体制，与适当的国内或国际标准保持一致
任何评价	—

项目	内容
数据/参数	P_{Biogas}
数据单位	Pa
描述	沼气压力
数据来源	项目建议者
监测程序	测量甲烷的密度；当使用流量测量仪时，温度、沼气的压力、流量会被自动记录，此时不需要另外测量压力。项目运行 5 年以上的电子档案
监测频率	持续
将要应用的 QA/QC 程序	测量工具应遵循通常的维护和监测体制，与适当的国内或国际标准保持一致
任何评价	—

项目	内容
数据/参数	C_{CH_4}
数据单位	—
描述	沼气中的甲烷含量
数据来源	项目建议者
监测程序	项目运行 5 年以上的电子档案
监测频率	持续监测，每月汇报一次
将要应用的 QA/QC 程序	项目建议者应该定义浓度的稳定性，也应该定义不同测量频率产生的估计误差。精确的水平应当从测量的平均浓度中扣除
任何评价	—

项目	内容
数据/参数	$\text{PE}_{\text{flare},y}$

续表

项目	内容
数据单位	t
描述	第 y 年该项目燃烧剩余气体产生的二氧化碳的排放量
数据来源	项目参与方监测
监测程序	—
监测频率	—
将要应用的 QA/QC 程序	—
任何评价	由于获得的沼气都用于发电，产生的电量远远超过项目活动中粪污管理系统消耗的电量，因此这些排放量为 0，不计入

项目	内容
数据/参数	MS% j
数据单位	—
描述	项目运行中系统 j 畜禽粪污处理的百分比
数据来源	项目建议者
监测程序	项目运行 5 年以上的电子档案
监测频率	每年
将要应用的 QA/QC 程序	—
任何评价	粪污将通过管道流入处理系统

项目	内容
数据/参数	$NEX_{LT,y}$
数据单位	千克/氮/只/年
描述	该养殖场饲养的畜禽每只年均氮排放量。ACM0010 方法学中已经做出估算
数据来源	《IPCC 2006 年国家温室气体清单指南（2019 年修订版）》
监测程序	参考项目运行 5 年以上的电子档案
监测频率	每年参考《IPCC 2006 年国家温室气体清单指南（2019 年修订版）》中的数值
将要应用的 QA/QC 程序	—
任何评价	在新《IPCC 2006 年国家温室气体清单指南（2019 年修订版）》发布之前，仍然使用《IPCC 2006 年国家温室气体清单指南（2019 年修订版）》中的默认值

项目	内容
数据/参数	GE_{LT}
数据单位	MJ/day
描述	养殖场畜禽日均摄入能量总量
数据来源	项目建议者
监测程序	项目运行 5 年以上的电子档案
监测频率	—

续表

项目	内容
将要应用的 QA/QC 程序	—
任何评价	—

项目	内容
数据/参数	DE_{LT}
数据单位	—
描述	养殖场畜禽饲料中可消化能量的百分比[在《IPCC 2006 年国家温室气体清单指南（2019 年修订版）》中有默认值]
数据来源	项目建议者
监测程序	参考项目运行 5 年以上的电子档案
监测频率	—
将要应用的 QA/QC 程序	—
任何评价	—

项目	内容
数据/参数	genetic source
数据单位	—
描述	养殖场畜禽品种
数据来源	项目建议者
监测程序	品种来源证书
监测频率	每年
将要应用的 QA/QC 程序	—
任何评价	—

附录D　英文缩略表

英文缩写	英文全称	中文名称
BP	British Petroleum	英国石油公司
CAD	centralized anaerobic digestion	集中厌氧消化
CAPP	Canadian Association of Petroleum Producers	加拿大石油生产商协会
CCER	Chinese Certified Emission Reduction	核证自愿减排量
CDM	clean development mechanism	清洁发展机制
CER	certified emission reduction	核证减排量
CHP	combined heat and power	热电联产
COD	chemical oxygen demand	化学需氧量
CORSIA	the Carbon Offsetting and Reduction Scheme for International Aviation	国际航空碳抵消和减排计划
CRA	collectable resource amount	可能源化利用的收集资源量
CRQ	collectable resources quantity	可收集资源量
DOE	design of experiment	项目监测设计
EB	Executive Board	执行理事会
ECT	Energy Charter Treaty	能源宪章条约
EIA	Energy Information Administration	美国能源信息署
EU-ETS	European Union Emissions Trading Scheme	欧盟碳排放交易体系
GS	Gold Standard	黄金标准
HATC	humid air turbine cycle	湿空气透平循环
IEA	International Energy Agency	国际能源署
IET	International Emissions Trading	国际排放贸易
IGCC	integrated gasification combined cycle	整体煤气化联合循环
IPCC	Intergovernmental Panel on Climate Change	政府间气候变化专门委员会
IRENA	International Renewable Energy Agency	国际可再生能源机构
ISO	International Standards Organization	国际标准化组织
JI	Joint Implementation	联合履约
LAC	life cycle assessment	生命周期评价
NGO	non-governmental organization	非政府组织

续表

英文缩写	英文全称	中文名称
OECD	Organization for Economic Co-operation and Development	经济合作与发展组织
OPEC	Organization of the Petroleum Exporting Countries	石油输出国组织
PDD	project design document	项目设计文件
RD	resources density	资源分布密度
SRA	suitable resource amount	可能源化利用的适宜资源量
TPPs	tradable pollution permits	可交易的排放许可
TRQ	theoretic resources quantity	理论资源量
UASB	upflow anaerobic sludge Blanket	升流式厌氧污泥床
UNEP	United Nations Environment Programme	联合国环境规划署
UNFCCC	United Nations Framework Convention on Climate Change	《联合国气候变化框架公约》
VCS	Verified Carbon Standard	经核证的碳减排量标准
WMO	World Meteorological Organization	世界气象组织

后　记

党的十九大制定了夺取新时代中国特色社会主义伟大胜利的宏伟蓝图和行动纲领，同时对加快国家经济社会发展、农业农村建设、生态文明建设等方面都明确提出了新的更高要求。当前，我国经济已由高速增长阶段转向高质量发展阶段，国家发展面临着经济增长和环境保护的双重压力，与此同时，生态环境、能源消费结构等方面也到了加快改善而且有条件加快改善的重要时期。因此改变能源生产和消费方式，开发利用生物质能等可再生的清洁能源资源对建立可持续的能源系统、落实国家能源安全战略、促进国民经济和社会发展以及生态文明建设等具有重大意义。

本书系著者多年来从事能源安全以及生物质能领域研究的重要成果之一。

本书的编写得到了北京交通大学国家经济安全研究院的全力支持，得到了北京交通大学经济管理学院多位专家学者的热情帮助；本书的出版得到了科学出版社的大力支持，尤其是得到了科学出版社张莉和姚培培的帮助，在此一并表示衷心感谢。

同时还需要说明的是，这些年来关于国家能源安全以及生物质能等相关研究成果逐年增多，但是学术研究依然还有较大的空间，尤其是实践方面的研究。本书也只能算是一个初步探索性的研究，研究框架、研究路径与论述所及未必完整合理通达，加之国际碳汇市场上对生物质能温室气体排放的测算方法在不断变化和完善，因此难免会存在一些不足之处，祈望各位专家学者同人不吝指正。同时，本书在编写过程中参考和引用了许多机构、专家、学者的研究成果，在此谨致以谢意！

李孟刚

2021 年 1 月